AMV

Thomas Renk
Elsenpfuhlstraße 43
1000 Berlin 26
Tel. 030 / 411 74 26

Argyris Sfountouris

Kometen, Meteore, Meteoriten

Geschichte und Forschung

Mit 29 Abbildungen auf Kunstdrucktafeln sowie 61 Abbildungen, Zeichnungen und Diagrammen im Text

Albert Müller Verlag
Rüschlikon-Zürich · Stuttgart · Wien

Für Ada Klein, die den Halleyschen Kometen bereits 1910 sehen konnte, mit den herzlichsten Glückwünschen zum 90. Geburtstag!

A.S.

Zeichnungen von Stefan Hager

 – ISBN 3-275-00877-3. – 1/5-86. – Printed in Switzerland.

Inhalt

Vorwort

Dieses Buch vermittelt in allgemeinverständlicher Form das heutige Wissen über die Kometen, Meteore und Meteoriten, diese noch immer geheimnisumwitterten Himmelskörper, ohne beim Leser spezielle Kenntnisse in Astronomie, Mathematik und Physik vorauszusetzen. In den letzten dreihundert Jahren ist es der modernen Naturwissenschaft gelungen, einige der vielen Rätsel zu lösen und erste Erklärungen auch über die Herkunft der Kometen zu finden. Sie sind als Mitglieder unseres Sonnensystems erkannt worden, und möglicherweise stellen sie sogar die letzten, uralten Zeugen dar, die uns über dessen frühe Entstehungsphase Auskunft geben können.
Den Hauptteil des Buches machen die Kapitel 2 bis 5 aus, die der Darstellung der Kometenerforschung gewidmet sind. Außerdem werden im 6. Kapitel die Meteorerscheinungen und Meteorite behandelt, die in vielen Fällen nachgewiesenermaßen in enger Beziehung zu Kometen stehen. Wer sich speziell für den Halleyschen Kometen und die Raumsonden interessiert, die im März 1986 an ihm vorbeifliegen, kann die Lektüre des Buches mit dem 7. Kapitel beginnen. Dort findet man viel Wissenswertes über diesen berühmten Kometen. Vorgestellt werden die verschiedenen Halley-Missionen mit ihren Experimentierausrüstungen, und zudem wird auch deren Bedeutung für die Kometenerforschung geschildert.
Von Kometen sprechen und dabei nur die wissenschaftlich-rationale Betrachtungsweise erwähnen, würde beinahe an Geschichtsfälschung grenzen. Denn die Irrationalität ist über Jahrtausende hinweg eine treue Begleiterin der Kometenerscheinungen geblieben. Die ersten beiden Kapitel befassen sich daher mit den frühen Anschauungen über Kometen und Meteore. Geht das 1. Kapitel mehr auf die spekulativen, aus der Angst geborenen und den Aberglauben nährenden Ansichten zu solchen Himmelserscheinungen ein, so erläutert das 2. Kapitel die ersten philosophisch-naturwissenschaftlichen Betrachtungen über die Kometen, wobei allerdings eine strenge Unterscheidung nicht immer möglich ist.
Diese historischen Zusammenhänge kennenzulernen, fördert das Verständnis in besonderem Maße, da die Entwicklung der Menschheit in der Auseinandersetzung mit den Naturerscheinungen sich in den wesentlichen Schritten bei jedem einzelnen Individuum wiederholt. Erst nach der Überwindung naiv-subjektiver Anschauungen lassen sich andere Zusammenhänge ausdenken, erforschen und begreifen. Überwindung heißt aber in erster Linie bewußte Auseinandersetzung und kritische Überprüfung der eigenen Anschauungen, um für andere, objektivere Argumente zugänglich und empfänglich zu werden. Im Bestreben, diese Art von Begreifen möglich zu

machen, teilt dieses Buch nicht bloß Ergebnisse und Fakten oder abgeschlossene Erkenntnisse mit; vielmehr wird auch der Werdegang aufgezeigt, die Suche nach besseren Erklärungen und die kritische Sichtung der Ergebnisse. Auf diese Weise kann es auch gelingen, die Wissenschaft zu entdämonisieren, was sich in den letzten Jahren nicht immer von selbst verstand, und sie als das erscheinen zu lassen, was sie im Grunde immer war: ein nie abgeschlossener Prozeß.

Die Öffnung der Basis zur tieferen Begründung der modernen naturwissenschaftlichen Betrachtungsweise dient dazu, unsere heutigen Anschauungen über den Kosmos – ein Produkt jahrtausendelanger Forschung zur Überwindung vieler Irrtümer – besser zu verstehen. Sie trägt aber auch dazu bei, die moderne Betrachtungsweise transparenter und zugänglicher zu machen, ist sie doch (bei entsprechendem Bemühen) auch eine von jedermann verstehbare Sicht der Welt, dem Menschen zugewandt, demokratisch und sich ständig wandelnd und verbessernd. Unser heutiges astronomisches Weltbild besteht aus Teilantworten auf gezielte Fragen, die sich selten zu einem lückenlosen Ganzen zusammenfügen. Und eben darin liegt der wesentliche soziale Unterschied zu früheren, nicht-naturwissenschaftlichen Betrachtungsweisen des Kosmos, die zu Doktrinen erstarrten.

Neben solch doktrinären Ansichten fand der Aberglaube ein breites Wirkungsfeld. Die neuzeitliche Wissenschaft setzte große Hoffnungen darauf, dieser Aberglaube würde wie ein Kartenhaus in sich zusammenstürzen, sobald der «aufgeklärte» Mensch die Naturerscheinungen verstehen gelernt hätte. Diese Hoffnungen haben sich indes im Lauf der letzten drei Jahrhunderte nur bedingt erfüllt. Dafür gibt es zwei entscheidende Gründe. Erstens hat sich die irrationale Angst, die den Aberglauben erzeugt, durch die Rationalisierung der Naturbetrachtung nur teilweise abgebaut, sonst aber verlagert. Kündeten zum Beispiel im Altertum die Kometen undefiniertes Unheil an und standen sie im Mittelalter als Geißel für die sündige Menschheit am Himmel, so bildete sich im Jahre 1910 die Angst vor dem Halleyschen Kometen allein durch modernes astronomisches Wissen, das allerdings unvollständig und verzerrt verbreitet wurde.

Zweitens liegt es in der Natur moderner Forschung, nur das Berechenbare in der Welt zu erfassen, um es präzis in Formeln und Zahlen auszudrücken. In dieser Bescheidung steckt das Geheimnis des unaufhaltsamen Erfolgs der Technik. Erführen wir Menschen nur diesen verhältnismäßig einfachen Teil der Welt, wären wir leicht durch Computer zu ersetzen. Unsere menschliche Welt ist aber vielschichtiger und von komplexer Dimensionalität. Auf sehr viele Fragen gibt die Naturwissenschaft keine Antworten, sondern erzeugt im Gegenteil selber neue Ängste, indem sie uns vor Fragen stellt, die nicht nur oder überhaupt nicht mehr aus wissenschaftlicher Sicht beantwortet werden können.

Vielleicht war das Ziel der Aufklärung, den Menschen von seinen irrationalen Ängsten zu befreien, zu hochgesteckt. Vergleichen wir illusionslos unsere heutigen Ängste mit jenen früherer Epochen (das 1. Kapitel liefert dazu

einige Beispiele), müssen wir feststellen, daß wenig Grund zu selbstzufriedenem Lächeln besteht. Sicherlich wird 1986 bei der nächsten Sonnenannäherung des Halleyschen Kometen den modernen Angstmachern einiges einfallen, das dank der elektronischen Medien weltweites Aufsehen erregt. Und die Astronomen werden mit Bedauern den immer häufiger an heutige Wissenschaftler adressierten Vorwurf vernehmen müssen, ihre Forschungen seien, ähnlich jenen der altägyptischen Priester-Astronomen, ein Geheimkult fernab vom Verständnis der breiten Volksmassen.
Dieses Buch ist ein kleiner Beitrag dazu, dieses Verständnis für möglichst viele Leserinnen und Leser in begreifbare Nähe zu rücken.
Das Zustandekommen dieses Buches war nur möglich dank der Hilfsbereitschaft vieler Menschen und Institutionen. Für die Vermittlung von Literatur- und Illustrationsquellen gilt mein besonderer Dank Prof. H. Balsiger sowie Frau W. Burgat und J. Utzinger, Bern, R. Germann, Wald ZH, A. Höpfel und P. Lippuner, Winterthur, Dr. L. Kohoutek, Hamburg, Frau I. Langen, Frankfurt, Dr. J. H. Seiradakis, Bonn, und den Mitarbeitern der ETH- und der Zentralbibliothek Zürich. Den Kollegen Kurt Locher, Grüt/Wetzikon, und Walter Staub, Burgdorf, bin ich für die Durchsicht des Manuskripts und die wertvollen Verbesserungsvorschläge sehr verbunden. Den im Bildnachweis aufgeführten Personen und Institutionen danke ich für die Erlaubnis des Nachdrucks von Illustrationen. Außerordentlich dankbar bin ich auch allen Mitarbeitern des Albert Müller Verlags, die sich für ein schönes und möglichst fehlerfreies Buch einsetzten, speziell Kurt Knobel, ohne dessen Initiative dieses Buch nicht entstanden wäre.

Argyris Sfountouris

1. Kapitel

Geschwänzte Sterne und kosmische Geschosse

Irrationale Deutungen der Kometenerscheinungen und Wandlungen der Kometenfurcht

Kometen kommen und gehen. Seit Menschengedenken wird über diese unangemeldeten Besucher aus dem Weltall berichtet. Schon chinesische, babylonische, ägyptische und viele andere antike Chroniken erwähnen ausführlich solche Beobachtungen. Trotz der vielen Beobachtungen und Aufzeichnungen ist man aber der Vermutung, es könnte sich bei einzelnen dieser Erscheinungen um regelmäßige Wiederholungen des Vorbeiflugs ein und desselben Himmelskörpers handeln, erst seit wenigen hundert Jahren konsequent nachgegangen. Dies hängt einerseits damit zusammen, daß die Bahnen der Kometen (wie wir heute wissen) meistens viel komplizierter verlaufen als jene von Sonne, Mond und Planeten, deren Bewegungen schon im frühen Altertum mit großer Präzision untersucht worden sind. Andererseits wechselt das optische Erscheinungsbild der Kometen oft so rasch und augenfällig, daß man darin nicht wie bei den übrigen Gestirnen die ewigen Gesetze himmlischer Regelmäßigkeit vermuten konnte. So sind die Kometen und Meteorerscheinungen innerhalb der Harmonie der himmlischen Sphären von vornherein als Dissonanzen vernommen worden. Diese sinnlichen Wahrnehmungen waren für die Deutung stärker und entscheidender als das (damals ohnehin nicht so vorherrschende) wissenschaftliche Verlangen, sachliche Zusammenhänge zu suchen und zu finden. Zudem ist zu bedenken, daß in jenen Zeiten die Voraussetzungen sowohl in technischer als auch in theoretischer Hinsicht für so komplexe sachliche Beobachtungen, Messungen und Interpretationen noch nicht entwickelt waren. Man war vielmehr allgemein der Auffassung, die Himmelserscheinungen, die wir heute als astronomische Phänomene bezeichnen, stellten den Ausdruck der himmlischen Mächte dar, den zu deuten oberste Pflicht der geistigen Führung sei. Angesichts solcher Gegebenheiten können wir nachvollziehen, wie es zu den phantastischen Ansichten über die Kometenerscheinungen kam, für die wir sonst als aufgeklärte Bürger des 20. Jahrhunderts kaum Verständnis aufzubringen vermöchten.
Jede Zeit hat – und braucht vielleicht auch bis zu einem gewissen Grad – ihre Götzen und ihren Aberglauben. Sucht man Verständnis für frühere Formen des Aberglaubens und bemüht sich, seine Entstehung aus einem kulturellen Kontext heraus zu begreifen und seine Wandlungen zu verfolgen, kann dies dazu beitragen, unsere heutigen Götzen eher zu erkennen und unserem eigenen Aberglauben nachzuspüren, der allerdings kaum mehr in irgendeinem direkten Zusammenhang mit den Kometen steht. Im Frühling 1957 konnte ich als Gymnasiast einige Wochen lang den damals erschienenen Kometen Arend-Roland (1956 h bzw. 1957 III) beobachten, wohl den berühmtesten mit *zwei* gut ausgeprägten Schweifen. Alle Augen waren

während dieser Wochen immer wieder auf die ungewöhnliche, höchst seltene Himmelserscheinung gerichtet. Man sprach und las davon, aber ich erinnere mich an keine, auch nicht die geringste ernsthafte Bemerkung über irgendein Unheil, das der Komet ankündigen könnte, oder an sonst eine irrationale Deutung. Der doppelschweifige Komet war eine astronomische und geometrische Angelegenheit, und wir mobilisierten unsere Vorstellungskräfte, um zu verstehen, welche Lage die Kometenbahn bezüglich der Ekliptik einnahm. Die zwei Schweife, die in Wirklichkeit beide von der Sonne weggerichtet waren, erschienen nämlich von unserem irdischen Standort aus unter einem Winkel von 180°, als verliefen sie auf derselben Geraden auseinander (vergleiche Darstellung auf Seite 101). Ich ahnte damals nicht, welche wissenschaftliche Leistung dahintersteckte und wie viele Generationen daran gearbeitet hatten, um diesen Anblick für uns zu einem delikaten geistigen Vergnügen zu gestalten. Damals hörte ich zum ersten Mal von den Weltuntergangsprophezeiungen, die 1910 anläßlich des Vorbeiflugs des Halleyschen Kometen kursierten, weil die Erde durch den Kometenschweif dringen würde. Dank der modernen Astronomie war die genaue Berechnung der Kometenbahn und der Lage des Schweifs möglich geworden, und somit dessen Begegnung mit der Erde voraussehbar. Es war indes ebenfalls vorausgesagt worden, daß überhaupt nichts zu befürchten sei, da die Schweifmaterie aus einem außerordentlich dünn verteilten Gas bestehe, dessen Wechselwirkung mit der Erdatmosphäre höchstens zu einer kleinen Erhöhung der Sternschnuppenaktivität führe. Dennoch blieb die Angst vor dem Weltuntergang nicht aus. Vorsichtige Bürger kauften sich Gasmasken, um die Zyangifte, die in die Erdatmosphäre eindringen könnten, nicht einatmen zu müssen, während in Oklahoma allzufromme Leute dem modernen Moloch ein Ritualopfer darbringen wollten und dazu schon eine Jungfrau ausgesucht hatten. Ein Chemiker leistete sich in New Jersey den Spaß, Feuerwerkskörper in einem Ballon aufsteigen zu lassen; der herabprasselnde Feuerregen versetzte die Menschen in Angst und Schrecken, da sie darin erste Anzeichen der befürchteten Katastrophe sahen. Im New Yorker Central Park dagegen versammelten sich vor Tagesanbruch die Lehrer mit ihren Klassen, um ihnen in aller Ruhe den Sternhimmel zu erklären und womöglich den Kometen zu zeigen. Setzte sich also zwischen 1910 und 1957 die wissenschaftliche Betrachtungsweise der Himmelserscheinungen auf derart breiter Ebene durch, daß zumindest in den industrialisierten Ländern der Kometen-Aberglaube als überwunden betrachtet werden kann? Oder führten die beiden Weltkriege und die Entwicklung von Kernwaffen der Menschheit deutlicher denn je vor Augen, daß ihr durch Menschen selber größere Gefahr droht als durch den Himmel? Gewiß ist, daß sich die Angst wandelte. Im 20. Jahrhundert verstehen wir uns darauf, kosmische Ereignisse mit der ihnen zustehenden Wahrscheinlichkeit zu gewichten. An und für sich ist eine «kosmische Katastrophe», etwa ein Zusammenstoß der Erde mit einem Kometenkopf, zwar nicht unmöglich, aber doch so unwahrscheinlich, daß sich ein vernünftiger Mensch darüber weniger Sorgen zu machen braucht, als wenn er sich als Fahrzeuglenker oder

Fußgänger auf die Straße begibt. Nur infolge dieser statistischen Dosierung unserer Angst gelingt es uns überhaupt, in dieser technisierten Welt seelisch einigermaßen heil davonzukommen. Vielleicht ist dies der Preis, den wir dafür zahlen müssen, daß wir es in der Beherrschung der Natur so weit gebracht haben. Weder Wind und Wetter noch Fluten oder Erdbeben können uns in der Regel etwas anhaben, und auch Pest und Dürrekatastrophen gehören wenigstens hierzulande längst der Vergangenheit an. Ebenso fern steht für die meisten von uns der Himmel mit seinen Erscheinungen: er spielt in unserem Leben keine wesentliche Rolle mehr.

Für die früheren Menschen indes, die in enger Beziehung mit der Umwelt lebten und ungewöhnlichen Naturereignissen meist hilflos ausgeliefert waren, hatte der Himmel noch eine ganz andere Dimension. Damals schaute der Mensch zu den Gestirnen auf und erblickte in ihnen göttliche Mächte, die sein Schicksal bestimmten, lange bevor er sich Götter in menschlicher Gestalt auszudenken begann. Die *Sonne,* die ihm unveränderlich als blendend helle Scheibe entgegenstrahlte, war der Gott des Tages, der Licht und Wärme, der Leben spendete. In Ägypten verehrte man Rê als Gott-Sonne, bevor um die Mitte des dritten vorchristlichen Jahrtausends der menschengestaltige Atum-Rê als Schöpfergott und Vater der Pharaonen den Götterreigen anführte. In Indien opferte man Sūrya lange vor Savitar und Visnu, und die Iraner warfen sich vor Hvar nieder, bevor der mystische Mithras-Kult entstand und sich später über Kleinasien und Rom bis nach Germanien ausbreitete. In Babylon betete man Schamasch vor Nergal und dem Stadtgott Marduk an, der dem syrisch-kanaanäischen Baal entspricht und als Bel auch weiter westwärts Verehrung fand. Vom römischen Kaiser Aurelian im Jahr 273 zum Reichsgott eingesetzt, erhielt er den Namen Sol invictus («Unbesiegbare Sonne») und den 25. Dezember zum Festtag. Bei den Slaven war Svaroq der Sonnengott, der im Altlitauischen Suaixtix hieß, während bei anderen Völkern Sonnengöttinnen herrschten, so Áine bei den Iren und Amaterasu in Japan. Beim peruanischen Sonnenkult war der regierende Inka selber die menschgewordene, auf Erden weilende Gottheit, während die Griechen Helios huldigten und später seinem menschlichen Abbild Phoibos Apollon, der als erster griechischer Gott von den Römern übernommen wurde.

Generationen von Menschen, Reiche und Völker lösten einander ab, doch die Sonne erschien allmorgendlich von neuem am Himmel und bestätigte so die ewigen Naturgesetze, die göttliche Macht und Ordnung. Aber auch der *Mond,* dessen Gestalt ständig wechselt, ließ sich leicht in diese unwandelbare Gesetzmäßigkeit einbetten, da seine Phasen schon früh als wechselnde Aspekte erklärt werden konnten, die sich im monatlichen Rhythmus seines Umlaufs um die Erde regelmäßig wiederholten. Man erblickte darin die launische Göttin Selene, die in vollem Glanze erstrahlt, wenn sie nachts Helios verführerisch gegenübersteht, sich aber zusehends verschleiert, wenn sie sich ihm nähert. Und die fünf *Planeten,* deren Lauf das menschliche Auge am Himmel deutlich von den Fixsternen unterscheiden kann, glänzen als Punkte, deren Helligkeit periodisch wechselt, je nach ihrer Stellung zu Sonne

und Erde. Von Zeit zu Zeit treffen sie sich zu zweit oder in kleinen Gruppen, um über das Schicksal der Völker Rat zu halten, folgen im übrigen jedoch in harmonischen Rhythmen ihren Bahnen entlang des schmalen Gürtels des Tierkreises. Es sind die günstigen Rhythmen, die den glücklichen Ablauf der Jahre und Epochen bestimmen und für die rechtzeitige Überschwemmung der Flüsse sorgen, die Fruchtbarkeit der Felder, das Wehen warmer Winde zum Reifen der Frucht, und so fort – seit Menschengedenken unverändert verläßlich das Leben und die Sitten bestimmend.
Da taucht am Himmel auf einmal etwas ganz Ungewöhnliches auf. Ein Stern, der nicht wie andere Sterne ist, weil sein heller Mittelpunkt von einem schwachen Schimmer umgeben ist, von einem Hof oder einem Halo, dessen Größe und Helligkeit ständig wechselt und an das leuchtende Haar um ein Gesicht erinnert, weshalb man dieser Erscheinung den Namen *Komet* (nach dem griechischen Wort kome = Haar) gab. Völlig unerwartet tauchen solche Kometen oder «Haarsterne» auf, und ebenso plötzlich verschwinden sie wieder. Ihr Lauf ist unberechenbar, ihr Erscheinungsbild jedesmal anders. Bei einigen entwickelt sich aus dem rundlichen Schimmer einseitig ein Schweif, der wie eine Rute oder ein Besen, ein Dolch oder ein Säbel aussieht. Der Volksmund bezeichnete sie daher als *geschwänzte Sterne* oder *Himmelsschwerter.* Sie passen sich nicht der himmlischen Ordnung an, sondern laufen quer durch den Tierkreis, ohne sich um die planetarischen Verkehrsregeln zu kümmern, und oft wandern sie bis in die Gegend des Polarsterns, einen Bereich, der eigentlich den Fixsternen vorbehalten ist und wohin sich weder Sonne noch Mond und Planeten je wagen.
Bedenkt man, daß die Naturvölker engverbunden mit den Erscheinungen des Tag- und Nachthimmels lebten, ihr Tun und Lassen nach diesen richteten und zum Firmament aufblickten, wie wir nach der Uhr, dem Kalender oder der Agenda schauen, so erstaunt es kaum, daß sie der Anblick eines solchen Kometen in Angst und Schrecken versetzen konnte. Außergewöhnliche Vorkommnisse in der Natur und Katastrophen, die während oder kurz nach dem Erscheinen eines Kometen eintraten, wurden mit diesem in Verbindung gebracht, ohne daß es damals jemand eingefallen wäre, nach statistisch belegbaren Korrelationen zu fragen. Selbst in unserer Zeit geschieht dies ja nur in der Wissenschaft mit der nötigen Sorgfalt. Und sogar dort werden hie und da Schlüsse gezogen, die sich später als unhaltbar erweisen. Viel entscheidender ist indessen, daß in früheren Epochen Glaube und Aberglaube viel enger miteinander verflochten waren als heute. Seit dem 17. Jahrhundert allerdings trennte man den Himmel in einen astronomischen und einen transzendenten Bereich. Es ist das große Verdienst *Galileo Galileis,* den Kampf um diese Trennung mit der katholischen Kirche ausgefochten zu haben. Auch wenn er in der Auseinandersetzung persönlich unterlag, so gewann letztlich doch die moderne Wissenschaft. Die offiziellen Kirchen hörten sehr bald danach auf, sich in Interpretationen der von unseren Sinnen oder von technischen Instrumenten erfaßbaren Himmelsbeobachtungen einzumischen. Seither unterzieht die Wissenschaft jede ungewöhnliche Beobachtung einer Analyse,

die wenig Raum für irrationale Ängste oder gar Massenhysterien offenläßt. Trotzdem gab es auch im 17., 18. und 19. Jahrhundert solche Reaktionen, von denen noch zu berichten ist. Die schon erwähnten Geschehnisse bei der Wiederkehr des Halleyschen Kometen von 1910 zeigen, daß auch unser 20. Jahrhundert kein völlig ungestörtes Verhältnis zum Himmel entwickelte. Allerdings ist in der Art, wie die Ängste begründet und demgemäß die Himmelserscheinungen erklärt wurden, im Laufe der letzten Jahrhunderte ein deutlicher Wandel festzustellen. Um ihn nachvollziehen zu können, ist es unerläßlich, etwas ausführlicher auf die früheren Bedeutungen einzugehen, die den Kometen zugeschrieben wurden, und auf die entsprechenden Reaktionen der Bevölkerung beim Erscheinen eines solchen Schwanzsterns.
In einem 1680 bei Heinrich Müller in Zürich erschienenen «Bericht von den natürlichen Ursachen der Cometen oder Sternruten» von *Dr. Jacob Ziegler* werden einige historisch berühmte Kometen und deren Folgen für die Menschheit aufgezählt:

Der erste Comet / dessen man schriftlichen Bericht hat / ist erschienen von Erschaffung der Welt 1657 [entspricht vermutlich dem Jahr 2316 vor Christus] und in dem 600. Jahr des Alters Noæ / in dem Zeichen der Fischen: hatte in einem Monat alle 12. Zeichen durchwandert: Gleich darauf war die übermachte Boßheit der Menschen durch ein allgemeinen Sündfluß gestraft.
2018. Erschiene ein Comet / alß Abraham 70. Jahr alt war / in dem Zweylings-Zeichen / ist 22. tag gestanden. Was darauf erfolget / ist in dem 1. Buch Mosis / am 19. Cap. [dort wird vom Untergang von Sodom und Gomorra erzählt] mit schrecken zulesen.
3480. Ist ein grosser Strubel-Stern gesehen worden. Darauf sich grosse gewaltige Sturmwinde erhaben / welche ganze Berg und Felsen versezt / und zum Fall gebracht. Wie zu Plurs in Pündten A. 1618. auch beschehen ist.
3617. Hat Altkindus ein alter Sterngugger einen Cometen gesehen / gleich einer Posaunen / worauf eine Volkhinraffend Pestilenz erfolget seye.
3781. Erschiene ein Comet. Hernach führten die Römer ein schweren Krieg / wider Antiochum König in Syrien: Und so fortan in alten und neuen Historien / findet man zulesen / wie meistentheils die Stern-Ruhten / schwere Strafen angedräuet / und nachsich gezogen. Wann die Menschen nicht mit waarer / unverfälschter Buß / in die Hand des Barmherzigen grossen Gottes gefallen sind.

Die Exempel lassen sich beinahe beliebig vermehren. So wurde auch berichtet, daß zur Zeit der Seeschlacht bei Salamis, 480 v. Chr., ein Komet am Himmel gestanden habe. Auch nach der Ermordung Cäsars, 44 v. Chr., trat über Rom ein großer Komet auf, den viele für die zum Himmel aufsteigende Seele Cäsars ansahen. Und 400 n. Chr. erschien ein Komet in Degenform über Konstantinopel, der die Stadt in jenem Augenblick berührte, als die Goten sie unter ihrem Führer Gainas plünderten ...

Es gab so viele Kriege und anderes Unheil, daß es ein Leichtes ist, zu jeder Kometenerscheinung einen Krieg oder eine andere Katastrophe im Buch der Menschheitsgeschichte zu finden. Die Frage, wieso es so viele Kriege und andere schreckliche Ereignisse gab, die *nicht* durch solch unheilverkündende Zeichen am Himmel vorausgesagt oder begleitet wurden, stellt sich für Menschen, die durch die Irrationalität der Kometenfurcht geprägt sind, kaum. Ihre Furcht weicht dem rational Erfaßbaren stets aus, um in jenen Bereichen des menschlichen Wesens von neuem zu keimen, die nicht durch die Vernunft gesteuert werden. Und obwohl diese Bereiche das Individuellste, Urpersönlichste darstellen, bleiben sie für die große Mehrheit unartikulierbar. Nur wenigen gelingt es, auf den Gebieten der Kunst, der Philosophie und Psychologie etwas davon allgemeinverständlich zum Ausdruck zu bringen. Meist entwickeln sich deshalb konturlose Ängste, die verschiedene Formen verdrängten Aberglaubens annehmen und im Zustand eines sehr labilen Gleichgewichts verweilen. Da braucht es nur einen kleinen, unerwarteten äußeren Anstoß, um eine flutartige Massenreaktion auszulösen, die von begabten und geschickten Technikern der Macht kanalisiert und genutzt werden kann. So wird berichtet, daß die ägyptischen Priesterastronomen, die mit den Herrschern ständig um die Vormachtstellung rangen, einmal einen beim Volk beliebten Pharao, der ihre Rechte beschneiden wollte, geschickt ausmanövrierten, indem sie ihr geheimes astronomisches Wissen ausnutzten. Als das Volk mit Duldung des Pharao einen Aufstand gegen sie ins Werk setzte, erwarteten die Priester eben eine Sonnenfinsternis. Sie brauchten daher bloß gelassen auf den Himmel zu verweisen und zu verkünden, der Sonnengott werde seine Mißbilligung durch die Verdunkelung seines Angesichts manifestieren, um als sichere Sieger dazustehen.
Diese Haltung der Priesterschaft blieb bis ins christliche Mittelalter mehr oder weniger unverändert. Die Kometen wurden als göttliche Signale zu Reue und Buße ausgelegt. Und die frommen Sterblichen fügten sich und unterstützten diese Auslegung, auch so berühmte Forscher wie *Paracelsus,* der die chemische Biologie und Pathologie begründete und in seiner Naturphilosophie zukunftsweisende Gedanken vertrat. Er schrieb in seiner «Ußlegung des Cometen erschynen im hochbirg, zu mitlem Augsten Anno 1531»:

So nun Gott sein Licht so offenbar stellt und zu scheinen und zu färben, so sollen wir das Licht nicht nach der Augurischen Weise auslegen, sondern die Auslegung nehmen von dem, der das Licht gemacht hat. Von dieser Auslegung gebürt sich eine Vorrede zu halten, daß alle Zeichen so durch Gott im Himmel gestellt werden, in der Schrift beider Testamente vor den Sternen Gebärung gesetzt sind, dahin müssen wir nicht aus uns schreien. Denn da gilt weder unsere Vernunft noch Weisheit, weder unsere Astronomie noch Astrologie, weder unsere Magia noch Auguria nicht, allein die Schrift muß dieses Lichtes Interpretation erhalten und auslegen, damit wir nicht hypocrite geheißen werden, gleich den Pharisäern und Saducceern, die nach ihren Schriften dem Himmel sein Angesicht auslegen, und nicht aus Mittel des Herzens Gottes. (...) Die Zeichen der Zeit verstehen also, daß sei antreffend den Angriff göttlicher Gewalt, das ist, es wird gesprochen: Es kommt eine Pestilenz, es kommt eine gräßliche unerhörte Krankheit, eine mächtige Dürre, und Krieg im Volk. Es kommen Kometen und Zeichen am Himmel. Nun merket: diese Dinge haben zwei Auslegungen.

Die erste ist aus dem Angesicht des Himmels, als man spreche, es ist eine Konjunktion Scorpionis und Saturni. Nun ist Saturnus einer solchen Art, Scorpion einer Solchen Art. Daraus folgt nun, daß die Saturnischen Scorpionischen nun also und also hantieren werden. Dies ist eine Saduceisch-pharisäische Auslegung. Denn Gott hat die Menschen nicht geteilt, noch den Sieben Planeten zu läben oder zu sein, wie Ptolemäus und sein Anhang schreiben, darum ist das eine hypocritische Auslegung, aus dem Angesicht des Himmels den Menschen gemacht.

Die andere Auslegung ist also, so Pestilenz, Hunger und Jamer ins Volk kommt, daß man desselbig in die Auslegung der Schrift führe und sage, daß nach Inhalt des Evangelions, Zeichen kommen werden in der Sonnen, im Mond, in Sternen, so werden auch kommen Hunger und Durst im Volk, und wird je ein Reich wider das andere sein und also verkünde und zeige an der Eigenschaft und Natur des Evangeliums und laß die Natur Saturni und Martis still stehen im Angesichte des Himmels, denn sie dienen der Arznei, den Arzt zu erkennen, die Krankheiten, und aber die Zeichen die dienen oft der Seele ...

Für uns dürfte es schwierig sein, zwischen diesen zwei nicht-wissenschaftlichen Auslegungen wesentliche Unterschiede zu erkennen. Sachliche Beobachtungen, Messungen und Vergleiche mit ähnlichen Erscheinungen, von denen gründliche Berichte aus früheren Zeiten vorliegen, werden beidesmal nicht zur Diskussion gestellt. Die Kometen selber stehen auch gar nicht im Vordergrund, sondern theologisch geprägte Weltbilder, wobei die Kometen als Vorwand dienen, deren Gültigkeit zu bestätigen. Im Wettstreit miteinander lagen damals hauptsächlich das babylonisch-astrologische und das jüdisch-christliche Weltbild. Paracelsus verteidigte das zweite.

Ein berühmter Zeitgenosse von Paracelsus, der als engster Mitarbeiter Luthers bekannte *Philipp Melanchthon,* wegen seiner kulturellen Verdienste «Praeceptor Germaniae» (Lehrer Deutschlands) genannt, beobachtete 25 Jahre später den berühmten Kometen von 1556 und teilte in Briefen seine Wahrnehmungen und Befürchtungen mit. So schrieb er am 13. März 1556:

Daß bald die Strafen erfolgen werden, kann man ebenso gewiß aus der Wuth der Feinde des Evangeliums abnehmen, als es auch angedeutet wird durch die Erscheinung des furchtbaren Cometen, den wir schon in mehreren Nächten sahen.

Und am 19. März 1556:

Bei denen, welche nicht ungelehrt sind, ist, wie ich glaube, das Wüthen gegen die Wahrheit, so wie die offenbaren Schmeicheleien ein größeres und betrübenderes Anzeichen, als die Cometen und seltsamen Geburten es sind. Und doch mehren auch diese Zeichen meinen Schmerz. Ich glaube, auch ihr werdet den Cometen beobachtet haben, welcher im Laufe dieses Monat März gesehen worden ist.
Wir sahen ihn zuerst am 5. März, als er nahe bei der Spica war, was auf Wissenschaften und Gesetze deutet. Von da stieg er rasch zum Arktur auf, dann zum kleinen Bär, wovon er sich nördlich hinaufzog. Der Schweif war nach unserem Dafürhalten den Niederlanden zugekehrt. Gleichzeitig war eine Conjunction des Saturn und Mars. So trugen sich auch, ehe Philipp, der Vater des Kaisers Karl, starb, zur nämlichen Zeit ein Conjunction des Saturn und Mars und die Erscheinung eines Cometen zu.

Im Gegensatz zu Paracelsus sind bei Melanchthon noch (oder schon wieder) astrologische Zeichendeutung und biblische Phobien miteinander vermengt. Die Bemerkung, der Stand des Kometen nahe bei der Spica (dem Hauptstern des Tierkreissternbildes Jungfrau) deute auf Wissenschaften und Gesetze, geht auf hellenistische, vermutlich sogar babylonische astrologische Interpretationen dieses Sternzeichens zurück. Dies gilt ebenso für die Aussage, die Konjunktion von Saturn und Mars stelle ein schlechtes Vorzeichen

Komet von 1577

dar, das durch die Präsenz des Kometen zusätzlich verstärkt werde. Der allgemein verbreitete Glaube, Kometen kündigten den «Tod Hoher Herren» an, hat seinen Ursprung wohl in frühgeschichtlichen Zeiten, als sich die Herrscher als leibhaftige Kinder der überirdischen Mächte wähnten und annahmen, diese würden durch Zeichen des Himmels direkt mit ihnen kommunizieren. Dieser Glaube blieb mindestens so lange erhalten, wie sich die Herrschenden als «von Gottes Gnaden» eingesetzt betrachteten. Der von Melanchthon erwähnte Philipp I. starb 1506, und es stand ein Komet am Himmel, der diesen Tod angekündigt haben soll. Kaiser Karl V. wiederum bezog den Kometen von 1556 auf sich, da er sich als den einzigen Sterblichen betrachtete, an den dieses himmlische Zeichen adressiert sein konnte. «His ergo indiciis me mea fata vocant!» (Fort muß ich, meine Uhr ist abgelaufen!) soll er in panischem Schrecken ausgerufen und alle weltlichen Würden niedergelegt haben. Er starb zwei Jahre später, als wieder ein Komet am Himmel stand. *Taust* berichtet in seiner Schrift «Cometa redivivus» von weiteren Todesfällen in jenem Jahr 1558: «Es starb auch der König in Frankreich, und folgeten also diese beyde auf einander im Tode, nachdem sie zuvor auff der Welt einander mercklich gekräncket hatten. Es starb König Johannes in Portugal. Maria die Königin in Engelland. Deßgleichen auch die Königin in Ungarn und Pohlen. Christianus III. König in Dännemark. Hercules Hertzog zu Ferrara. Der Hertzog von Venedig. Pabst Paulus IV und mit ihm 15 Cardinäle.»

Noch bis in unser Jahrhundert hinein lebte der Glaube an die Verknüpfung von Himmelszeichen mit dem Schicksal der Großen immer wieder auf. So starb der englische König Eduard VII. im Jahre 1910, nachdem der große Johannesburger oder Januar-Komet mehrere Wochen vor dem Halleyschen und wesentlich brillanter als dieser am Himmel erschienen war. Im Zürcher «Tages-Anzeiger» vom 17. Mai 1910 steht unter dem Titel «Der Unheilbringer ‹Komet›»: «Die Tatsache, daß in England der Halleysche Komet zum erstenmal mit freiem Auge gerade an dem Abend gesehen wurde, an dem König Eduard VII. starb, hat in der Bevölkerung den alten Glauben an den Zusammenhang des Erscheinens des Halleyschen Kometen mit dem Schicksal der Großen oder von Reichen befestigt. Es ist da nicht uninteressant, sich ins Gedächtnis zurückzurufen, daß tatsächlich schon oft dem Erscheinen des Halleyschen Kometen bedeutsame Ereignisse vorangegangen oder unmittelbar gefolgt sind. So vor Christi Geburt: 240: Niederlage der Karthager im Ersten Punischen Krieg; 163: Judas Makkabäus besetzt Jerusalem; 87: Bürgerkrieg in Rom; 11: Agrippas Tod; nach Christi Geburt: 66: Vespasian beginnt den Krieg mit den Juden; 218: Tod des Kaisers Macrinius; 296: Wiedereroberung Britanniens durch Konstantin; 375: Hunneninvasion in Italien; 452: Attila verwüstet Gallien und Italien; 610: Mohammeds Auftreten in Mekka; 1066: Normannische Invasion in England; 1146: Zweiter Kreuzzug; 1223: Tod Philipps II. von Frankreich; 1531: Überschwemmung in Holland, Erdbeben in Portugal; 1607: Zerstörung der spanischen Flotte bei Gibraltar; 1910 Tod König Eduards VII.»

Auch *Shakespeare* knüpfte an diesen Glauben an, als er 1600 in «Julius Caesar» schrieb:

When beggars die, there are no comets seen;
The Heavens themselves blaze for the death of Princes.

(Kometen sieht man nicht, wenn Bettler sterben;
Der Himmel selbst flammt Fürstentod herab.)

Der englische Dramatiker verspottet aber die Kometenaufregung auch als bloßen Sensationsrummel, wie er in allen Gesellschaften bei ungewöhnlichen Ereignissen üblich ist. Heinrich IV. zum Beispiel läßt er sagen:

By being seldom seen, I could not stir,
But like a comet I was wonder'd at.

(Doch selten nur gesehn ging ich nun aus,
So ward ich angestaunt wie ein Komet.)

Kometen führen völlig unfaßbare Bewegungen innerhalb des Sternhimmels aus, und ihre Wege unterscheiden sich von den verhältnismäßig einfachen, regelmäßigen und miteinander harmonierenden Bahnen von Sonne, Mond und Planeten dadurch, daß in ihnen schwerlich eine Gesetzmäßigkeit zu entdecken ist, die an die Ordnung erinnert, die im Himmel herrscht und die auch von den Stern-Göttern uneingeschränkt respektiert wurde. So lag es nahe, in diesen merkwürdigen Erscheinungen dämonische Wesen zu vermuten, die sich den himmlischen Gesetzen nicht unterordnen, sondern sie im Gegenteil willentlich stören wollen. Würden wir in unserer politisierten Zeit die heutigen Begriffe für irdische Verhaltensweisen auf den Himmel übertragen, müßten wir die Kometen als Revolutionäre und Anarchisten bezeichnen. Früher, als sich am Firmament das religiöse Empfinden der Völker spiegelte, hatten die Kometen die Rolle von Unwesen, von Dämonen, von unreinen, bösen Geistern zu übernehmen. Und in der durch das Alte und das Neue Testament geprägten mittelalterlichen Kultur deutete man sie als Widersacher, Versucher, Verderber und Zerstörer, als gefallene Engel und Herrscher der Finsternis. *John Milton* formulierte 1667 in seinem «Paradise lost» auf unvergleichliche Art die Vermengung von mythischer Astrologie und Astronomie, biblischer Schuld- und Angstsymbolik mit der elementaren Furcht vor kosmischem Unheil, die zum Kometen-Aberglauben amalgamiert wird:

On th' other side
Incenst with indignation Satan stood,
Unterrifi'd, and like a Comet burn'd
That fires the length of Ophiuchus huge
In th' Arctick sky, and from his horried hair
Shakes pestilence and war.

(Ihr gegenüber
Vor Entrüstung lodernd stand Satan,
Unerschrocken, hell entbrannt wie ein Komet
Mit ungeheurem Schweif, vom Schlangenträger
Bis zur Nacht der Arktis, der aus den grausen Haaren
Pestilenz und Kriege schüttelt.)

Die Kometen kamen solchen Deutungen auch durch ihre schwach umrissenen, sich rasch wandelnden Formen entgegen, die der verängstigten Phantasie viel freien Interpretationsraum gewährten. Als «Himmelsschwerter» kündeten sie vom Todesengel, der die Mächtigen abholt, oder von bevorstehenden Kriegen, in denen das Volk scharenweise abgeschlachtet wird; als «Sensen» von Seuchen, Dürren, Hungerkatastrophen, während denen die Bewohner ganzer Städte und Landstriche niedergemäht werden, und als «geschwänzte Sterne» vom Teufel selber, der unberechenbares Unheil, unfaßbares Leid ausbreitet.

Komet von 1702 über Neapel

So melden sich in damaligen Schriften und auf Flugblättern fast ausschließlich jene zum Wort, die solche Interpretationen der Kometenerscheinungen befürworten und das Volk zu Reue, Buße und Gehorsam aufrufen. Interessanterweise läßt sich aber in einigen dieser Schriften eine Entwicklung feststellen, die sich in einem langsamen Wandel der Argumentation ausdrückt, im tropfenweisen Eindringen von echtem astronomisch-physikalischem Gedankengut, das allerdings zunächst nur zitiert ist, um widerlegt zu werden. Bei einigen Schriften indes gewinnt diese Denkweise an Gewicht und erweist sich als sehr geeignet, die Kometenerscheinungen zu entdämonisieren und als Teil der astronomisch-physikalischen Welt zu begreifen. Doch die Rationalität kann nicht auf einen Schlag alles Irrationale vertreiben. Sie ist wie ein Sonnenstrahl, der die Wolken zernagt und zerfranst und der, nachdem diese sich wieder geschlossen haben, zu neuem Durchbruch ansetzt.

In der bereits erwähnten, 1680 bei Heinrich Müller in Zürich erschienenen Schrift und einer vom selben Verlag schon 1677 herausgegebenen Publikation, die sich an Melanchthon anlehnt, sind nebeneinander theologische Aufrufe, Versuche sachlich-materieller Deutungen und erste Ansätze zur Ordnung der Beobachtungen enthalten, letztere am Beispiel der verschiedenen Schweif-Formen der Kometen:

Und billich werden dise Wunder Zeichen Gottes, von den sündtlichen sterblichen Menschen in acht genommen, weil solche verachten, nichts anderes ist, alß Gott den Herrn selbst, und alle seine Theure Wahrnungen verachten ...

Was die Cometen seyen: begert man fürnemlich zuwüssen / zu der Zeit / wann solche erscheinen.

Wann der Heilige und gerechte Gott / über die vilfaltigen Sünden / Sicherheit und Gottlosigkeit der Menschen erzörnet ist / laßt Er die Natur / neben anderen seinen Zornzeichen oftmalen Materi zu einem Cometen samlen / welchen Er anzündet / seinen Schweiff außstrecket / und nicht allein denen / gegen welchen Er denselben wendet / sonder auch allen / welche denselben sehen / die wolverdienten Straffen dräuet.

Von den Cometen halten die Naturkündiger folgendes.

Es werden warme / trokne / schleimige / und zehe dämpf / durch die kraft der Sonnen / und des andern himlischen Gestirns / von der Erden übersich in die Höhe erhaben / und bis in die oberste Region oder Gegne des Lufts / erstlich zwar dünn und subtil / hernach aber je länger je gröber und dicker aufgezogen / daselbst gesamlet / vest zusamen getrieben / und endlich theils von dem Elementarischen Feur / theils von benachbarten brennenden Sternen und Hitz der Sonnen / theils durch die schnelle bewegung / in welche / dise in die höhe gehabene Materi / von den himlischen / mit hochverwunderlicher Behendigkeit sich bewegenden Körpern und Zirkeln / mit hingeraft wird / angezün-

det: und brenne so lang / bis dise trokne / schleimige und zehe Materi sich selbs durchs Feur aufgezehrt habe. [Diese Darstellung beruht auf der aristotelisch-ptolemäischen Auffassung, wonach die Kometen irdische Ausdünstungen sind.]
Die Cometen haben nach ihrer Form und Gestalt / nach deren sie den Augen vorkommen mancherley Namen.
1. Wann ihre Streimen dünnlecht untersich hangen / werden sie *Barbati,* oder gebartet genennet.
2. *Caudati,* das ist / geschwänzt / wann sie ihren Schweiff oder Bäsen fürsich strecken / oder nach sich ziehen: Welches geschihet/ je nachdem sie die Sonn von Auf- oder Nidergang anscheinet.
3. *Criniti,* oder Haarichte Cometen / wann derselbe der Sonnen just entgegen stehet / wie der Follmond. So gibt es keine außgestrekte Streimen / sonder ringsweis um den Cometen / sihet es rauh und Haarecht auß.

Daneben werden auch hier die Wirkungen früherer Kometen geschildert und womöglich durch historische Berichte belegt:

Josephus der Jüdische Geschichtsschrieber, zeuget hiervon, daß ein großer, erschröckenlicher Comet, ein ganzes Jahr lang, ob dem Tempel zu Jerusalem gesehen worden, ehe dann die Statt von den Römern belegert ward: welcher des Tempels Zerstörung angekündet, und des großen Jamers und Ellends, darein das Jüdische Volk hernachmahls gerahten, ein gewüsser und trauriger Vorbott gewesen.
Im Jahr 1312 ist ein schrockenlicher Comet 14. Tage lang am Himmel gesehen worden. Darauf ist ein große Pestilenz oder Sterbend, an Menschen und Viehe, durch das ganze Teutschland gefolget, daß der dritte Theil der Menschen domahl an der Pest dahin gestorben. Auch ist ein solche Theurung und Hungersnoth erfolget, das die Eltern ihre Kinder, und widerum die Kinder ihre Eltern geschlachtet, und geessen, ja auch etliche allbereit vergrabnen todten Cörperen nicht verschohnet worden. Und die Theurung hat bis in das vierte Jahr nach einander gewähret.

Es folgen Schilderungen über die Kometen von 1477, 1500 und einem weiteren Dutzend bis 1672. Vom Kometen des Jahres 1677 heißt es in der ersten, in jenem Jahr erschienenen Schrift: «Was dieser Brennende Comet bedeutet, weißt der liebe Gott.»
In der zweiten Schrift von 1680 berichtet der Autor Genaueres:

Nach Christi Geburt 1677. als vor 3. Jahren / ist ein Comet erschienen im Aprelen / wer seine Würkung hört / dem müssend beyde Ohren gellen. Das Lesenswürdige Tractätlein / Merks Wien / kan nicht genugsam darthun / wie grausam die Pest serpiert und gewütet habe. Prag /

Dreßden / Leipzig / und vil andere Volkreiche Stätte / haben den Effect empfindlich verspürt; wie vast alle Zeitungen damit angefüllet sind.

Aber viel bedeutender ist der präzise Hinweis auf einen weiteren Kometen, der Ende 1680 erschienen war:

In disem 1680. Jahr / erschiene an dem Martins-Tag den 11. Winterm. aber ein Comet / morgens um 2. uhren / den sahe man bis auf Catharinæ-Tag den 25. Winterm. alle Morgen bis um 6. Uhr. Unter dem *Zodiaco* oder Sonnenstraßen ware sein Stell / in dem Jungfrau-Zeichen / unfehrn von der *Spica Virginis,* oder so genanten Korn-Aehre.

Es handelt sich um den berühmten Kometen, den am 14. November 1680 als erster *G. Kirch* in Koburg beobachtete, den ersten Kometen überhaupt, der mit einem Fernrohr entdeckt wurde. Er konnte bis zum 19. März 1681 verfolgt werden, wobei seine größte Annäherung an die Sonne am 18. Dezember 1680 stattfand. Vor diesem Datum stand der Komet vor Sonnenaufgang am Osthimmel, anschließend nach Sonnenuntergang über dem Westhorizont. Er war von außergewöhnlicher Helligkeit und hatte einen Schweif, dessen Länge bis zu 80° betragen haben soll. Eine selten schöne Erscheinung, die auch zu jener Zeit, die mit überdurchschnittlich vielen Kometen beschenkt worden war, für großes Aufsehen und Aufregung sorgte. Man stelle ihn sich am Morgenhimmel vor, mit einem von Osten bis Süden reichenden Schweif, in der aufkommenden Dämmerung zusehends verblassend, bis nur noch der Kometenkopf sichtbar ist, der dann im

Der große Komet von 1680/81

günstigsten Fall für das geübte Auge sogar am Taghimmel erkennbar bleibt. Oder am Abendhimmel, wenn der Kometenkopf kurz nach Sonnenuntergang immer deutlicher aufleuchtet und mit wachsender Dunkelheit seinen Schweif immer höher und höher auszubreiten scheint, bis er fast – mit dem Band der Milchstraße wetteifernd – bis zum Zenit reicht und seine äußersten Fransen erst gegen Mitternacht untergehen. Es gibt kaum einen Kometen, weder früher noch später, über den mehr geschrieben – und gepredigt! – worden ist. In *Th. Carls* «Repertorium der Kometen», das 1864 in München herauskam, sind über ihn mehr als hundert Schriften aufgeführt, die meisten von Theologen und theologisch interessierten Laien verfaßt. Nur wenige davon können als wissenschaftliche Arbeiten im modernen Sinn bezeichnet werden, aber gerade die sind von einzigartiger Bedeutung, allen voran jene von Newton, Halley und Dörffel, auf die im 2. Kapitel näher eingegangen wird. In mancher Hinsicht ist «Komet 1680 Kirch», wie er nun heißt, als Wendepunkt in der Kometenforschung anzusehen. Doch was im nachhinein als plötzlicher Durchbruch erscheint, wenn man nur die wissenschaftlichen Ergebnisse betrachtet, ist in Wirklichkeit oft ein langes Ringen um die bessere Idee, den genialeren Einfall, die fruchtbarere Phantasie – ein Ringen, das mit Vorstellungen, die nur noch Ballast darstellen, aufräumt und das Problem als eine beantwortbare Frage formuliert. Und nach der Beantwortung dieser Frage beginnt dann auf einer ganz anderen Ebene eine neue Auseinandersetzung, um die zunächst nur von Wenigen begriffene und getragene bessere Idee breiteren Kreisen zugänglich und verständlich zu machen. Was wir heute in der Volksschule lernen, ist zum größten Teil in früherer Zeit eine utopische, unrealistische, verrückte, verwegene und verbotene Vorstellung gewesen.

Die Verfasser von Kometenschriften im Jahr 1681, die etwas von den neuen Vorstellungen über diese Erscheinungen unters Volk bringen wollten, hatten den delikaten inneren Auftrag, die Kometen als «gewöhnliche» Himmelskörper mit allerdings außergewöhnlichen Bahnen darzustellen, die sich indes durchaus in die göttliche Harmonie der Sphären einordnen ließen. Die Verfasser mußten ja verhindern, selber als Störefriede der theologischen Eintracht abgestempelt zu werden. Das damals zu Ende gehende 17. Jahrhundert, dessen Fruchtbarkeit an modernen wissenschaftlichen Ideen und an aufklärerischem Geist erst später richtig erkannt worden ist, war durch den Scheiterhaufen auf dem Campo de' Fiori in Rom eingeleuchtet worden, auf dem am 17. Februar 1600 *Giordano Bruno* verbrannte. Und 1633 noch mußte *Galilei* vor der Inquisition der kopernikanischen Lehre abschwören. Sein «Dialog über die beiden hauptsächlichsten Weltsysteme, das ptolemäische und das kopernikanische» von 1632 stand bis 1822 auf dem kirchlichen Index. Für die Verfasser fortschrittlicher Traktate über die Kometen hieß es also auf der Hut sein und psychologisches Feingefühl entwickeln.

In diesem Sinn ist die Einleitung zu verstehen, die *J.C. Burggraven* 1681 seinem «Wolgemeinten und Nicht weniger wahrhafften Discours von Den Prognosticis und Deutung der Cometen» vorausstellt:

So ist es mit dem Menschlichen Leben in gemein bewand, was selten geschieht, deucht uns verwunderbahr und offt entsetzlich zu sein: Das gewöhnliche aber lassen wir ohne sonderliche Betrachtung fürüber gehen, ob schon seiner Wichtigkeit wegen es öffters ein größeres Nachsinnen verdient. Zeiget sich irgend was Ungewöhnliches und Seltsames, es sey gleich an dem Himmel, in dem Meer, und auff der Erden, und wissen so bald dessen keine Ursach, so machen wir forran ein Portentum, ein Prodigium und Wunder daraus, welches diß oder jenes vorbedeuten, und einen großen Anhang vieler traurigen Würkkungen hinterlassen soll. Höre aber, es sind alle keine Wunderzeichen, die du dafür hältest, deine Leichtgläubigkeit, deine Einfalt und Unwissenheit machet offt diese Wunder, welche sonst nicht als in der Einbildung bestehen.

Es folgt eine gläubige Schilderung und Erläuterung der wahren biblischen Wunder, und die Einleitung beendet der Satz:

Die Furcht gebieret Aberglauben, und dieser ist schlimmer als der Unglaube der Gottlosen.

Auch in der 1681 in Schweidnitz erschienen Schrift von *Benjamin Berlach* «Unvorgreifliches Urtheil, von der Cometen Würckung und Bedeutung» geht es in erster Linie darum, den Aberglauben und die irrationale Kometenfurcht zu bekämpfen, sie als heidnisch anzuprangern:

Nun will ich mein Urtheil entdecken. Ich habe mich niemal bereden lassen könne, daß die Cometen etwas Grausames an sich haben, und daß sie so erschröckliche Dinge auswürcken und vorbedeuten sollen. Denn die Ursachen, welche die Sternen-Weissager darstellen, haben mir niemals einen Grund gezeigt, worauf ein vernünftiges Gemüthe bauen darf. Wer seine Augen in dem Himmel, als den Geburts Ort der Cometen hat, wird ihnen nimmer beystehen. Dieses ist mein unvorgreifliches Urtheil.
Erstlich: Der Comete hat in seiner Natur und Wesen keine Krafft etwas schädliches auszuwürcken. Es ist aus dem obigen bekannt, daß die Cometen aus den Ausdunstungen der Sonnen und anderer Planeten Cörper geboren werden. Der Comet kan keine andere Würckung haben, als die aus seiner Natur fleust, und seine Natur kann nichts anderes in sich haben, als ihr das Wesen, woher sie entsprossen, mittheilt. Ich setze, daß der Comet allein aus den Sonnen-Dünsten geboren werde. Nun hab ich niemals gelesen, oder erfahren, daß die Sonne den Königen und Printzen schädlich sei, oder daß sie ein Kabinet sey, da Kriegs-Rathschläge abgefasset, oder ein Zeug-Haus, woraus die Waffen über uns arme Sterbliche geführet werden. Dahero folget, daß der Comet anders nicht als die Mutter geartet, das ist, ganz unschuldig sey ...

Zum andern: Die Cometen können keine Zeichen solcher grausamen Dinge seyn. Sie sollen eine Zorn-Fackel, eine Zorn-Ruthe Gottes seyn, usw. Die Sterblichen sollen in sich gehen und durch wahre Buße sich für Gott demütigen. Nun sind nicht alle Christen so einfältig, daß sie alles, als aus Gottes Ordnung, annehmen sollten, was andere ihnen mit einem solchen Fürwande fürschwatzen ...
So spricht der Herr: ihr sollet nicht der Heyden Weise lernen, und sollet euch nicht fürchten für den Zeichen des Himmels, wie die Heyden sich fürchten ...
Ein erleuchteter und gläubiger Christ soll sich vor den Zeichen des Himmels, wohin die Cometen gehören, nicht fürchten, denn sie können nichts, und sollen auch nichts andeuten, was Gott in sienem heiligen Rathe über Könige, Königreiche und Länder beschlossen hat. Wer es dennoch thut, der schreibet den Zeichen zu, was Gott nicht haben will, und begehet einen greulichen Aberglauben ...
Alle Geschöpfe weisen auf den Schöpfer, und sind des vernünftigen Menschen Wegweiser zur Erkenntnis, daß ein Gott sey. Das ist das erste Werk aller Geschöpfe. Das andere bestehet darinn, daß sie GOTT loben.

Ob diese Argumente für die damals verängstigten Massen einleuchtend sein konnten, läßt sich kaum schlüssig beurteilen. Für uns erscheint heute der Unterschied in der Begründungsart der Auffassungen, ob die Kometen nun böse Vorzeichen darstellten oder nicht, als fast bedeutungslos und kaum wahrnehmbar, obwohl sich die Auffassungen selbst diametral gegenüberstehen. Die Auseinandersetzung fand eben nicht auf der wissenschaftlich-sachlichen Ebene statt, sondern auf einer weltanschaulichen. In diesem Sinn hat die Kometendiskussion des ausgehenden 17. Jahrhunderts manche Ähnlichkeit mit heutigen, bei denen der sachliche Hintergrund deshalb nicht allen zugänglich ist, weil er zu komplex und gleichzeitig zu kompliziert ist, um ohne Spezialkenntnisse verstanden zu werden, oder weil Informationssperren bestehen. Er umfaßt also auf eine neue Art ein «Geheimwissen», ähnlich jenem der Priester im antiken Ägypten. In den letzten dreihundert Jahren hat sich in der Trägheit des menschlichen Geistes, sich neuen Vorstellungen unbefangen zu öffnen, wenig geändert. Vielleicht wird aus diesem Grund die kleine Minderheit, die neuen Ideen zum Durchbruch verhilft, (im nachhinein) bewundert. Allgemein sind wir nur bereit, Neuerungen sofort zu akzeptieren, wenn es sich um technische Entwicklungen handelt, die unserer Bequemlichkeit dienen.
Wird aber, entsprechend der andersartigen Betrachtungsweise, mit unerwarteten, überraschend sachlichen und überprüfbaren Indizien und Begründungen argumentiert, so werden die Gegner herausgefordert, die mit ihren alten Waffen zurückschlagen, bis diese (nach mehr oder minder langer Zeit) abgestumpft sind. Unter der Unmenge der Schriften zum großen Kometen von 1680/81 gibt es auch für solche Duelle fesselnde Beispiele.
Ein Ungenannter veröffentlichte sein «Unmaßgebliches Bedenken, ob die

Cometen zukünfftige Unglücks-Fälle, als Krieg, Theuerung, Pestilenz, großer Herren Tod, etc. verkündigen. Aus Veranlassung des jüngsthin neuerschienenen Cometen, auff vielfältiges Begehren und Anhalten kürzlich, eilfärtig und einfältig entworffen». Der Autor hat offenbar in der Angelegenheit der Kometen (wie wir heute sagen) gut recherchiert:

Damit ich aber auch nicht davor angesehen werde, als wann ich so bloß hin und ohne Beweiß dieses rede, muß ich kürtzlich anzeigen den vermeynten Hauptgrund, der von der Cometen Bedeutung gefaßten Meynung. Dieser nun besteht darinnen, daß dafür gehalten wird, die Cometen entstehen aus den dicken, fetten, trockenen und schweffelichten Dünsten, so von der Erden auffsteigen, und sich in der Lufft von der Sonnen und anderen hitzigen Planeten entzünden, wie Aristoteles, und seine ihm nachfolgende, die so genannte peripatetici lehren; Aus welcher Entzündung dann die Lufft so ausgedrocknet werde, daß es nicht regne, und dahero nothwendig, nicht nur allein Unfruchtbarkeit und Theurung und dieweil nachmals in solchem Fall viel gezwungen würden, ungewöhnliche und ungesunde Speise zu sich zu nehmen, allerhand Kranckheiten erfolgen müssen; sondern es würde auch die Lufft selbsten mit einer schädlichen Beschaffenheit angesteckt, die hitzige Fieber, Pest und dergleichen verursache. Dieses scheinet wol glaublich genug zu sein, wann man aber bey solchen Dünsten ein Liecht anstekken, will sagen, die Sachen genau genug erforschen, so wird man sehen, daß sie so bald verschwinden, und vielleicht nirgend mehr zu finden seynd, als in der Peripateticorum ihrem Gehirn, die wie sonst, auch hierinn die Wahrheit vorbey spazieret, wie gar leicht dargetan und erwiesen werden kann mit vielen kräfftigen Bewissthumern und Gründen, deren wir etliche anführen wollen.

Und er führt u.a. drei Hauptgründe an:

1. Solche Dünste steigen 12, 13, höchstens 15 «Teutsche Meilen» hoch, während sich die Kometen weit über der «sublunarischen Luft» befinden, nämlich etliche 100 000 Meilen hoch, sonst könnten sie ja auch nicht von so weit auseinanderliegenden Ortschaften gesehen werden.
   [Nebenbei bemerkt: Der Autor beruft sich bei diesen Angaben auf Messungen und Berechnungen von Tycho Brahe und dessen Schüler Johannes Kepler, «dem hochberühmten Kaiserlichen Mathematico, und man müßte sich schämen, deren Forschungen in Zweifel zu ziehen».]
2. Die Figur (Form) der Kometen bleibt über längere Zeit gleich, was bei Dünsten nicht der Fall ist.
3. Die Bewegung der Kometen ist nicht unregelmäßig wie die von Körpern «unter dem Mond»; sie ist vielmehr eine «runde Bewegung» wie jene anderer «himmlischer Körper».

Die Antwort ließ nicht auf sich warten, ging aber weder auf die «vielen kräfftigen Beweisthumer» ein, noch suchte sie ähnliche Begründungen für die eigene Auffassung. Man sprach zwei völlig verschiedene Sprachen:

Günstiger Leser. Es ist vor wenig Wochen ein Bogen im Druck heraus kommen, dessen Titel und Überschrifft ist; Unmaßgebliches Bedenkken, ob die Cometen Krieg, Theurung, Hunger, Pestilenz und großer Herren Tod verkündigen. In welchem der Autor will beweisen, daß die Cometen, und also auch der jenige, so bey Ausgang des 1680. Jahres hin und wieder bey uns gesehen, und noch auf diesen Tag in fern entlegenen Königreichen gesehen wird, nicht Böses, sondern vielmehr etwas Gutes bedeute: weilen dann solches nicht allein wider die tägliche und allgemeine Experientz und Erfahrung ist, sondern auch so wol hohes als niedriges Standespersonen sicher machet, als habe ich mir fürgenommen, durch die Hülff und Beystand GOTTES kürtzlich in gegenwärtigem Bogen solches zu widerlegen.

Mögen auch die Auffassungen einander widersprechen – die frappierendste Gegensätzlichkeit liegt in der Art der Argumentation, die das Zustandekommen eines Gesprächs von Anfang an ausschließt. Denn der Autor des «Unmaßgeblichen Bedenkens» stellt unsere tägliche Erfahrung und die leichtfertig daraus gezogenen Schlüsse zur Diskussion. Durch Beweise versucht er darzulegen, daß andere Schlüsse objektiver sein können, da sie auf Messungen, auf Beobachtungen an verschiedenen Standorten und Vergleichen beruhen, während die subjektiven Erfahrungen unter Umständen Scheinerfahrungen sind und die daraus gezogenen Schlüsse Trugschlüsse. In der «Gründlichen Widerlegung des neuliger Zeit heraus gegebenen Bedenkens» wird aber erneut an diese persönliche Erfahrung appelliert. Dem Leser wird suggeriert, an seine Sinne als letzte Instanz der «Experientz» zu glauben. Bezeichnend ist, daß der ebenfalls anonyme Autor sich auf dem Titelblatt als «Liebhaber des Göttlichen Worts» vorstellt, und es sind denn auch ausschließlich theologische Argumente, die er anführt. Sogar die vom Verfasser des «Unmaßgeblichen Bedenkens» bespöttelte antike materialistische Erklärung der Aristoteliker bzw. Peripatetiker, die immerhin auf vernünftige Weise eine Beziehung zwischen Ursache und Wirkung herzustellen versucht, lehnt der Gotteswort-Liebhaber ab. Jede physikalische Deutung und auch die Annahme, die Kometen selbst seien die Verursacher von Unheil, weist er kategorisch zurück, denn für ihn sind die Kometen nur Zeichen Gottes («signa, quae à Deo assumuntur & adhibentui in indicem sua providentiae, quae justitiam quandoq; prodit peccatorum mensur â adimpletâ»). Im Gegensatz zum Regenbogen, der als gutes Zeichen gilt («Meinen Bogen habe ich gesetzt in die Wolken; der soll das Zeichen sein des Bundes zwischen mir und der Erde.» Genesis 9.13.), sind die Kometen böse Zeichen, ähnlich jenen, die für den jüngsten Tag angekündigt werden («Und es werden Zeichen geschehen an Sonne und Mond und Sternen; und auf Erden wird den Leuten bange sein, und sie werden zagen. Und das Meer und die Wasserwogen werden brausen.» Luk. 21.25.). Danach muß jedem Leser die Erklärung einleuchten: «Also will auch noch heutigen Tags der gerechte Gott durch solche Cometen und Feuerzeichen zu erkennen geben, daß er

wegen unserer viel und manigfaltigen Sünden großes Unglück über uns schicken werde.»
Im übrigen beruft sich auch dieser Autor auf Berühmtheiten, die er wörtlich und mit Quellenangabe zitiert:

Bleibet demnach dabey, daß die Cometen sind gewisse Propheten des künfftigen Unglücks, wie solches auch bezeuget *Lutherus* Tom. 9. Witteb. p. 583. f.z. GOTT thut im Himmel auch seine Zeichen, wann die Menschen ein Unglück treffen soll, und lässet Schwantz-Sternen entstehen oder Sonn und Mond ihren Schein verlieren, oder sonsten eine ungewöhnliche Gestalt erscheinen. Item auf Erden greuliche Wunder gebohren werden, beedes an Menschen und Thieren, welches alles die Engel nicht machen, sondern GOTT selbst allein ... Ja die Heyden haben selber erkandt, daß die Cometen nichts Gutes bedeuten wie dann *Cicero* sagt l.2. de naturâ Deor: ab ultima antiquitatis memoriâ notatum est, Cometas semper calamitatum praenuntios fuisse. Womit auch übereinstimmet der Poet *Claudianus,* der schon zu seiner Zeit geschrieben: Et Coelo nunquam spectatum impune Cometam. Was aber die Cometen eigentlich bedeuten, das können wir nicht determinate wissen wiewol indeterminate & sub sensu disjunctivo, nemblich, daß wir sagen können, sie werden entweder Krieg, oder Theurung, oder Pestilenz bedeuten.

Mit einer Festigkeit, die nur durch weltanschaulich bedingte Gewißheit möglich ist, wird hier an der Vorstellung von Kometen als Untergangspropheten festgehalten. Solch schreckliche Zeichen als sichtbarer Zorn Gottes waren den Volkserziehern zu lieb geworden, als daß sie kampflos darauf verzichtet hätten. Es war der damalige Beitrag zur Erwachsenenbildung, ähnlich wie der schwarze Mann in der Kleinkindererziehung oder die Körperstrafen in der Schule eine willkommene Hilfe zur Sicherung des Gehorsams waren. Darüber lächeln oder spotten ist aber wesentlich bequemer, als die mühsame und undankbare Aufgabe in Angriff zu nehmen, die wissenschaftlichen Fortschritte breiten Volksschichten zu erschließen und verständlich zu machen. Der Kampf gegen den Aberglauben kann nur indirekt geführt werden; überwunden (oder zumindest in enge Grenzen gedrängt) wird er von innen, nicht von außen. Jedes Kind wird früher oder später von sich aus hinter die Türe schauen und feststellen, daß es den schwarzen Mann nicht gibt. Aber bis es so weit kommt, wird es begriffen haben, warum man ihn erfunden hat, und es wird später die gesellschaftlichen Mechanismen der Verwendung «schwarzer Männer» desto besser durchschauen können, je undogmatischer seine Umgebung ist.
1681 versuchte man noch mit immer längeren Predigten (bis zu 108 Druckseiten!), die neugeistigen Ideen über die Kometen abzublocken, während sich die wissenschaftlichen Arbeiten durch brillante Kürze auszeichneten. Ob dies aber dazu geeignet war, die vielen Unsicherheiten und das große

Geistliche
Cometen-Predigt/

oder

kürtze und Einfältige

Beschreibung

Darin gemeldet wird / wie die Cometen beschaffen seyn nach ihrem Wesen/ Uhrsprung / Ort/ Lauff-Gestalt und Zeit auch was sie wircken und bedeuten

Als Hunger / Pestilentz Krieg / grosser Herrn Todt Ungewitter und Erdbeben.

Welche durch Veranlassung schrifftlich verfasset und zum Truck übergeben

Franckfurt 1681.

Vorstellungsdefizit bei den einfachen Leuten aus dem Volk abzubauen? Diese hoben ihren Blick zum nächtlichen Himmel empor und wußten nicht mehr, ob sich dort oben Göttliches ereigne, dem man nur durch Glauben begegnen dürfe, oder Weltliches, das dem menschlichen Verstand zugänglich sei. Oder traf etwa beides zu?
Mit dem beginnenden Erfolg der wissenschaftlichen Betrachtungsweise setzte auch in der Beziehung des Menschen zu seiner natürlichen Umwelt eine Spaltung ein, die im Lauf der letzten drei Jahrhunderte zu einer tiefen, fast unüberbrückbaren Kluft wurde. Und es wird immer schwieriger, sich auch nur eine Brücke darüber vorzustellen, geschweige denn eine zu planen, denn dieselben Begriffe haben hüben einen ganz anderen Sinn als drüben. Zudem wären die möglichen Bauelemente völlig verschieden fundiert und dienten grundsätzlich unvergleichbaren Verwendungszwecken.
Ob die wissenschaftliche Betrachtungsweise wohl damals einen anderen Weg hätte einschlagen können? Wäre es vielleicht möglich gewesen, dem «gemeinen Volk» die neuen Anschauungen, die andere Art der Auseinandersetzung mit den Naturerscheinungen in allgemeinverständlicher Form nahe zu bringen? Galilei hatte dies mit seinem bereits erwähnten «Dialog» unternommen, doch wurde das bereits erschienene Buch 1632 auf kirchlichen Befehl wieder eingezogen. Einerseits versuchte also die Kirche, ihren Einfluß und die damit verbundene politische Macht zu wahren. Sie hatte sich auf der ganzen Breite des Kenntnisspektrums mit den früheren Weltanschauungen identifiziert, nicht zuletzt wegen ihrer bedeutsamen Rolle als Bewahrerin und Vermittlerin des alten Wissens. Für eine so große Institution, deren Tätigkeit mit einer breitgefächerten Organisation verbunden ist, braucht es offenbar recht weite Zeiträume, um einen grundsätzlichen Wandel in die Wege zu leiten. Andererseits erhielt die Kirche zu jener Zeit in den weltlichen Fürsten sehr machtbewußte Konkurrenten. Und diese wußten die Gunst der Stunde zu nutzen, anders als Kyaxares, der am 28. Mai 585 vor Christus unter dem Eindruck einer Sonnenfinsternis seinen Eroberungskrieg abgebrochen und den Halys-Fluß als Grenze zwischen Lydien und seinem medischen Großreich akzeptiert hatte. Diese Sonnenfinsternis war von Thales von Milet vorausgesagt worden, aber man war damals noch nicht so weit, um aus der Berechenbarkeit gewisser Himmelserscheinungen den Schluß zu ziehen, daß sie keine göttlichen Botschaften bergen. Im ausgehenden 17. Jahrhundert dagegen war in Europa eine Entwicklung ins Keimen gekommen, die nicht nur das rationale Erfassen der Naturerscheinungen gestattete, sondern auch deren technische Nutzung. Und die darin steckenden ökonomischen und machtpolitischen Chancen erkannten wie gesagt die weltlichen Fürsten sehr bald.
Einige willkürlich ausgewählte Beispiele mögen hier illustrieren, was in den vierzig Jahren seit dem Tod Galileis (1564–1642), der als Begründer der modernen Experimentierforschung gilt, in den verschiedensten Wissensbereichen schon untersucht und entdeckt worden ist.
1642 entwirft Pascal eine Rechenmaschine für Addition und Subtraktion,

1643 erfindet Torricelli das Quecksilber-Barometer, 1647 zeichnet Hevel (Hevelius) eine Karte der Mondoberfläche, 1649 konstruiert Guericke eine Kolben-Luftpumpe, 1656 erforscht Wharton die Anatomie der Drüsen, 1658 entdeckt Swammerdam beim Frosch rote Blutkörperchen, 1660 sagt Guericke mit Hilfe des Barometers einen Sturm voraus, 1663 lehrt Stenonis, daß das Herz ein Muskel ist, 1666 führt Lower direkte Blutübertragung bei Tieren durch, 1670 arbeitet die Dreschmaschine von Amboten, 1672 konstruiert Newton das erste Spiegelfernrohr und zerlegt das Licht mit einem Prisma in die Spektralfarben, 1675 bestimmt Römer die Geschwindigkeit des Lichts, 1678 entdeckt Huygens die Polarisation des Lichts im Kalkspat, 1679 beschreibt Hooke das Grundgesetz der Elastizität, 1680 konstruiert Clement eine Pendeluhr mit Ankerhemmung und 1681 experimentiert Papin mit einem Überdruck-Kochtopf, einer Vorstufe seiner Dampfmaschine.
In diesen Zeitraum fallen auch die ersten Gründungen von Forschungsinstituten, Akademien der Wissenschaften und Fachzeitschriften. Einige Beispiele: 1632 Sternwarte mit Teleskop in Leyden, 1652 Kaiserlich Leopoldinisch-Carolinisch Deutsche Akademie der Naturforscher in Schweinfurt (ab 1878 in Halle), 1657 Accademia del Cimento in Rom (durch Galilei angeregte naturwissenschaftliche Gesellschaft mit konsequentem experimentalem Programm, dessen Ergebnisse in anonymer Form veröffentlicht werden), 1662 Academia Leopoldina in Wien sowie Royal Society in London, 1665 «Philosophical Transactions» (erste wissenschaftliche Zeitschrift in England), 1666 Pariser Akademie der Wissenschaften mit erster wissenschaftlicher Zeitschrift in Frankreich, 1667 Gründung der Pariser Sternwarte, 1675 Gründung der Greenwich-Sternwarte, 1681 Akademie der Wissenschaften in Moskau, 1688 erste wissenschaftliche Zeitschrift in deutscher Sprache von Thomasius.
Die breite Anerkennung und Unterstützung, die modernes naturwissenschaftliches Forschen bei den weltlichen Fürsten fand, führte sehr bald dazu, daß die Forschenden eine neue Elite zu bilden begannen, eine Geisteszunft, zu der jeder freien Zugang hatte. Jene freilich, die es dank ihrer Leistung zu hohem Ansehen brachten, ließen sich gegenüber dem überwiegenden Teil der Bevölkerung in ähnliche gesellschaftliche Funktionen drängen, wie sie früher Päpste, Kardinäle und Bischöfe innehatten. Es kam so allmählich zu einem Rollentausch. Die geistige Führung der Massen ging von der Kirche an Akademien, Universitäten und Technische Hochschulen über, während erstere sich damit begnügen mußte, in jenen Lebensbereichen mitzureden, welche die Naturwissenschaften nicht (oder noch nicht) für sich beanspruchten.
Ob sich diese Veränderung in bezug auf den Aberglauben und die irrationalen Ängste für die Allgemeinheit ebenso befreiend auswirkte, wie dies nach und nach in mancher sozialer und wirtschaftlicher Hinsicht der Fall war, kann hier nicht beantwortet werden. Im Zusammenhang mit der Furcht vor Kometen müssen jedenfalls einige Bedenken angemeldet werden. Was sich aber seit dem 17. Jahrhundert sehr entscheidend wandelte, war die Angst selber. Wurde früher dem Volk vorgemacht, die Kometen seien göttliche

Zeichen von bevorstehendem Unheil, so sind später die Kometen selbst zum drohenden Unheil geworden, da die Leute anfingen, sie sich als kosmische Projektile vorzustellen, die wirr im Weltraum umherschossen wie die Kugeln eines Amokschützen auf dem Marktplatz. War die alte Auffassung von Kometen zum einen grundsätzlich eine Glaubensangelegenheit und somit unüberprüfbar, so fehlte es zum andern doch nicht an konkreten Erfahrungen, was die angekündigten Übel wie Pest, Teuerung, Hungersnot usw. anging. Ob der Zusammenhang nun zwingend, im heutigen Sinn also eine Korrelation zwischen den beiden Ereignissen herstellbar war, kümmerte die Massen damals wie heute recht wenig. Allerdings ist die neue Auffassung von den Kometen als Himmelskörpern beweisbar. Durch Beobachtungen und Berechnungen sind ihre Bahnen genau beschreibbar geworden, und jeder kann diese Zusammenhänge verstehen, wenn er sich gründlich informiert. Die Gefahr des Aufschlagens eines Kometengeschosses auf der Erdoberfläche kennt die heutige Menschheit praktisch nur vom Hörensagen. Trotzdem werden noch immer viele Leute in Angst und Schrecken versetzt, wenn irgendein selbsternannter Prophet einen solchen Zusammenstoß ankündigt. So war schon vor 1910, als die Erde infolge ihres Durchgangs durch den Schweif des Halley-Kometen untergehen sollte, ein Weltuntergang prophezeit worden: bereits 1899 mußten die Sternwarten entsprechende Anfragen beantworten. Wie der damalige Leiter der Treptow-Sternwarte in Berlin, *F. S. Archenhold,* berichtete, «frug ein Schuhmachermeister allen Ernstes an, ob es sich noch lohnen würde, mit der Ausführung eines Auftrages auf 1200 Paar Stiefel, welchen er von einer Behörde erhalten hat, vor dem 15. November (1899) anzufangen». Auch 1857 war in Berlin ein Weltuntergang befürchtet worden, und zwar im Zusammenhang mit dem Wiederauftauchen eines langperiodischen Kometen, der bereits 1264 und 1556 erschienen war. Aber bei diesen Himmelsphänomenen handelte es sich gar nicht um ein und denselben Kometen, weshalb sich die Prophezeiung als hinfällig erwies.

Die Furcht vor kosmischen Karambolagen ist, wie erwähnt, astronomisch durchaus begründbar, aber deren verschwindend geringe Wahrscheinlichkeit muß dabei gebührend mitberücksichtigt werden. Und das ist der Punkt, wo Sensationsmacher bewußt oder aus Nachlässigkeit und Dummheit gezielte Fehlinformation betreiben. Ob sie dabei der von den Psychologen beschworenen apokalyptischen Sehnsucht der Massen entgegenkommen oder diese erst schüren, sei dahingestellt. Als 1832 der berühmte Bielasche Komet wiedererwartet wurde, gaben astronomische Kreise die Mitteilung heraus, sein Kopf werde am 29. Oktober die Erd*bahn* streifen. Für die Zeitungen und das Publikum hieß das aber: die Erde! In der allgemeinen Panik mußte der bekannte Astronom *Littrow* mit einer Proklamation eingreifen, in der er klar machte, daß die Erde zum fraglichen Zeitpunkt 20 Millionen Kilometer vom Kometen entfernt sein werde. Ähnliches hatte sich bereits 1773 in Paris ereignet, als *Lalande* in der Akademie über Kometen, die der Erde nahe kommen, berichten wollte. Der Vortrag wurde indes verschoben, weil am festgesetzten Tag die Räumlichkeiten der Akademie schon belegt waren. Darauf verbreitete sich in der Stadt rasch das Gerücht, Lalande sei von der Polizei daran gehindert worden, den bevorstehenden Zusammenstoß mit einem Kometen für den 12. Mai 1773 zu verkünden. Die allgemeine Angst konnte auch nicht durch die Veröffentlichung der Arbeiten Lalandes gemindert werden. Eine Beruhigung trat erst ein, als der Unglückstag ohne Katastrophe verlief.

Solche Reaktionen erinnern eher an mittelalterliche Blindgläubigkeit denn an das Verhalten von Menschen, die in einem wissenschaftlichen Zeitalter leben. Hat sich an der Bereitschaft der Menschen, solchen Mitteilungen unüberprüft Glauben zu schenken und sich so einfach einschüchtern zu lassen, wie es sechshundert Jahre früher üblich war, im Prinzip etwas geändert? Im 12. Jahrhundert zum Beispiel hatte der Astrologe *Johann von Toledo* die Behauptung aufgestellt, an Michaelis 1186 werde ein großer Sturmwind alle Häuser Straßburgs zerstören. Die Folge war, daß Bischof Heinrich außer Landes floh und das Volk sich in Erdhütten auf den Feldern verzog, wo es jahrelang in Angst lebte, da die Prophezeiung schon 1179 verlautet worden war.

Die Astrologen lasen aus den Planetenkonstellationen bevorstehendes Unglück, die Theologen sahen in den Kometen Zeichen drohenden Unheils, und die Astronomen brüten nun mit Hilfe ihrer Theorien und Bahnberechnungen wenig wahrscheinliche kosmische Katastrophen aus. Das eine löst laufend das andere ab, wie bei einer glänzend eingeübten Stafette. Fordert die unversiegbare Nachfrage solche Angebote heraus? Oder manifestiert sich darin ein menschliches Urbedürfnis nach Trost, der darin liegen würde, daß nicht nur das individuelle, sondern auch das kosmische Leben endlich sei?

Unter den Schriften von 1681 über den großen Kometen gibt es eine, die *Jacob Bernoulli* in Basel verfaßte: die «Neu-erfundene Anleitung, wie man den Lauff der Comet- oder Schwantz-sternen in gewisse grundmäßige Gesätze einrichten und ihre Erscheinung vorhersagen könne, aus Anlaß des jüngst-entstandenen Cometens im Jahr 1680 und 1681. Alles mit Geometrischen Gründen dargethan und bewiesen, samt angehencktem Prognostico.» In diesem sehr sachlichen Bericht, dessen wissenschaftliche Bedeutung im 2. Kapitel gewürdigt wird, wollte oder konnte Jacob Bernoulli offenbar nicht auf ein astrologisches «Prognostico» verzichten, obwohl er wie «alle verständigen und rechtgesinnten Christen» solche Voraussagen verwarf und sie als «aus dem Delphischen Dreyfuß hergeholte, auf augenscheinliche Schrauben gestellte, und mit allerhand außdingungen und außflüchten (vermuthlich / muthmaßlich / es sey dann) eingeschranckte Redensarten, wie auch die lächerlichsten Folgereyen, welche vom Stecken in den Winckel schließen», bezeichnete. Aber er wollte damit die Leser, «die gern was zu lachen haben wollen», beglücken. Hier drei Beispiele von insgesamt zweiundzwanzig Prophezeiungen, damit sich auch heutige Leser ein Bild machen können:

Verwerffung Des Cometen-Gespötts /

Oder

Gründliche Erörterung der Frage:

Ob der Comet ein / oder kein Straff-Zeichen sey: Etwas oder nichts / gutes oder böses bedeute?

Worinnen die Vor-Bedeutlichkeit mit unverwerfflichen Beweißthümern begründet wird /

Die Ungründe aber der Widersprecher klärlich entdeckt;

Neben dem auch die vielfältige Gedancken / von dem Ursprunge des Cometens / mit eingeführet werden.

Auf Veranlassung des neulichst-entstandenen Wunder-grossen und unvergleichlichen

Comet-Sterns /

Zur Abwarnung von roher Sicherheit / und Beförderung Christlicher Bußfertigkeit herausgegeben /

Durch

Theophilum Anti-Scepticum,

sonst zu Teutsch

Gottlieb Unverrucht

genannt.

Gedruckt im Jahr 1681.

3. So wird auch besorglich der böse und ungesunde Lufft von einem Ort zum andern zu schleichen sich understehen: Fragsten, quo argumento? ... weil der Comet zwischen der Serpentario und dem Scorpion hergeloffen, welche beyde gifftige Thiere, und der Scorpion umb eine gutes gifftiger als der Wasserschlang, darauß man doch Anno 1664 eine Pest prognosticieret.
8. Weil sonsten der Comet under dem schwantz des Delphins hinspatzieret, so muß dieses sonst fruchtbare Thierlein den Samen verlieren und unfruchtbar werden.
16. Und so je das prognosticon Kepleri wahr, daß die Monarchien in Republiquen in diesem seculo zerfallen sollen, so möchte wol die seinige den Anfang machen.

Lachen kann befreiend wirken, aber diese Freiheit dauert in der Regel nicht allzulange. Der Laie, der sich für die neuen Kometen-Theorie ernsthaft interessiert und seine Ängste überwinden will, wird auf diese Art kaum erreicht, findet sich wenig angesprochen. Seine Ängste kehren bald wieder zurück, und seine Zweifel werden noch stärker. Damals wurde dieser Kampf um den «Mann auf der Straße» recht vehement geführt, als stünde eine Volksabstimmung über die Wirkung der Kometen bevor.
Auf solche Schriften wie die Bernoullische reagierte zum Beispiel «Theophilum Anti-Scepticum (zu Deutsch Gottlieb Unverrucht)» mit einem siebzigseitigen Traktat «Verwerffung des Cometen-Gespötts oder Gründliche Erörterung der Frage: Ob der Comet ein/oder kein Straff-Zeichen sey ...» Schon der Anfang läßt deutlich erkennen, von welcher erziehungspolitischen Warte aus nun die Zurechtweisung kommt:

Gott muß unsere Erd-klebende Augen durch seine Straff-Zeichen hinaufziehen, weil sie von seinen Gunst-Zeichen so verächtlich sich abziehen; Er muß gleichsam den Knüttel weisen, weil man die ausgestreckte Gnaden-Hand nicht küssen will ...

In dieser Gegensätzlichkeit drückt sich die Dualität des menschlichen Wesens aus, das weder aus theologisch-philosophischer noch aus naturwissenschaftlicher Sicht allein erfaßt werden kann. Die beiden Betrachtungsweisen brauchen sich nicht unbedingt unversöhnlich gegenüberzustehen. Solange aber die Kirche auf der einen und die Wissenschaft auf der anderen Seite den Anspruch auf den ganzen Menschen aufrecht erhielten, versuchten die Widersacher mit allen Mitteln, die andere Auffassung zu verunglimpfen, zu bespotten, als Sünde hinzustellen. Oder sie bemühten sich, mit ihren unadäquaten Beweismitteln deren Unrichtigkeit zu entlarven. So entstanden zwei Gruppierungen von wechselnder Stärke, die sich wie Sekten bekämpften. Dies wiederum führte dazu, daß auch in jedem Einzelmenschen die verschiedenartigen inneren Regungen kaum mehr zu einer Einheit verschmelzen konnten. Seit der Antike und dem frühen Mittelalter, als es (vielleicht) noch eine solche

Einheit gab und der Einzelne sich trotz aller Naturgewalten in seiner Umwelt geborgen fühlte, wird es immer schwieriger, zu dieser Harmonie zurückzufinden. Oder hat es einen solchen paradiesischen Zustand gar nie gegeben? Ist er immer bloß eine geheime, unerfüllbare Sehnsucht gewesen, die sich bei außergewöhnlicher wirklicher oder vermeintlicher Gefahr in Form von kollektiver Angst artikulierte? Sind die im Aberglauben manifest werdenden Ängste nichts anderes als die Kehrseite unserer Hoffnungen?

Bis zu einem gewissen Grad lassen sich alle diese Fragen bejahen. Nur diffundiert damit das Phänomen Aberglaube in alle Lebensbereiche und wird jeder Verantwortung entzogen. Die Neuzeit hat indes unter dem Namen der Aufklärung das Versprechen an den Menschen gegeben, ihm die Eigenverantwortung für sein Tun zu gewähren. Durch die wissenschaftliche Erforschung der Natur sollten die Ohnmachtgefühle überwunden werden. Nicht unsere trügerischen Sinne, sondern Experimentiervorrichtungen vermitteln die Erfahrung, und die durch die Vernunft gelenkte Interpretation garantiert eine größtmögliche Objektivität. Was Kometen sind und wie verschwindend klein die Wahrscheinlichkeit einer durch sie ausgelösten irdischen Katastrophe ist, kann jedes Kind begreifen, das mit dem Bild des kopernikanischen Sonnensystems aufgewachsen ist. Nicht vom Kosmos her droht uns Gefahr, und unser exaktes Wissen über die Kometenbahnen kann deshalb auch nicht mehr zu panischen Reaktionen führen. Dennoch leben die apokalyptischen Bilder von Kometen in uns weiter; der Aberglaube schlummert nur. Und so werden diese Bilder – berechtigter- oder unberechtigtermaßen, bewußt oder unbewußt – für neue, gerade durch die moderne Technik ausgelöste Ängste verwendet. Es ist bezeichnend, daß die Ägypter 1973 eine Kometenerscheinung für eine Geheimwaffe Israels hielten und in ihnen also eine durchaus rational begründete Angst ausgelöst wurde. Wir können die modernen technischen Geräte in unserem Alltag einigermaßen überblicken und ihre Funktionsweise begreifen. Aber was sich seit dem ersten Sputnik im Jahre 1957 im Weltraum dicht über der Erde abspielt und welche auch für Fachleute kaum vorstellbaren, von Superspezialisten entwickelten Waffensysteme bereits ihre Bahnen beschreiben, wissen nur die wenigen Eingeweihten. Für den gewöhnlichen Sterblichen nähert sich wieder das Mittelalter. Er hört gerade so viel über nukleare, chemische und biologische Waffen, wie es nötig scheint, um seine noch immer apokalyptisch geschulte Phantasie an todspeiende Flugkörper zu erinnern, ähnlich dem Kometen von John Milton, «der aus den grausen Haaren Pestilenz und Kriege schüttelt». Abermals scheint uns ein Paradies verloren zu gehen, das wir dank der modernen Technik zum Greifen nahe wähnten. Ist dies unser moderner Aberglaube – oder war es bereits die Hoffnung auf die Naturwissenschaften?

Etwas hat sich allerdings ganz entscheidend gewandelt: Weil die Kirche im Mittelalter auf einer Katastrophen-Theologie basierte, forderte sie die Menschen zu einem gesitteten Leben auf und wies auf mögliche oder vermeintliche Gefahren hin, um den einzelnen zu Reue, Buße und Gehorsam aufzurufen. Die Naturwissenschaft dagegen war seit ihrer frühesten Entstehung um

eine Entdämonisierung des Weltbildes bemüht, und ihr liebstes Kind, die Technik, sah sie als friedliche Förderin des sozialen Fortschrittes. Auch wenn sie oft genug voll Sorge zusehen mußte, wie deren Errungenschaften ganz unfriedlichen Zwecken dienten, blieb sie doch stets bestrebt, die durch Unverständnis, Übertreibungen und falsche Schlüsse entstehenden Ängste zu bannen, indem sie die Bürger aufforderte, ihr zu vertrauen. Doch Verstehen ist besser als Vertrauen, wenn auch bedeutend mühsamer, ebenso wie Eigenverantwortung anstrengender ist als blinder Gehorsam. Die Menschen späterer Jahrhunderte werden genügend Distanz haben, um sachlicher als wir zu beurteilen, ob die heutige Zeit noch immer wesentlich durch finsteren Aberglauben und hysterische Irrationalität bestimmt war oder aber eine Epoche heller Vernunft und Aufklärung darstellte.
Zurückblickend müssen wir frühere Zeiten fast beneiden. Denn das Erscheinen eines Kometen und die damit verbundenen Ängste, Prophezeiungen und Auseinandersetzungen waren zeitlich befristet. Nach dem kritischen Datum fand alles sein erlösendes Ende, und gerade die am meisten Verängstigten konnten wie aus einem Alptraum aufwachen und aufatmen. So berichtete die «Neue Zürcher Zeitung» am 19. Mai 1910 unter dem Titel «Die Gefahr ist glücklich vorüber»:

Mit der Galavorstellung des berühmten Kometen Halley, die die Herren Meteorologen für diesen Morgen anzukündigen für nötig hielten, war es also nichts und mit dem Weltuntergang noch weniger. Wer heute morgen erwachte und mißtrauisch aus dem Fenster guckte, in welchem Chaos von untergegangenen Erdteilen er sich nach dem Kometenrummel dieser Nacht wohl befinden werde, sah ungemein rasch, daß kein Rädlein des Weltgetriebes seit dem letzten Schlafengehen stillgestanden war; die Uhr meldete wie sonst, daß es Zeit fürs Bureau sei; die Milchleute pfiffen wie alle Tage; vorne und hinten, oben und unten wurden Teppiche geklopft; das liebliche Geläute des Abfuhrwagens ertönte und aus dem Briefkasten lugte die bunte Menge der Stimmzettel kampfbereit für kommenden Sonntag.

In einem ausführlicheren «Tagesbericht», dem Leitartikel vom gleichen Tag, nimmt die Zeitung Stellung zum Phänomen des Aberglaubens und zu den Weltuntergangsprophezeiungen:

Die bekannteste Prophezeiung dieser Art ist die, welche den Untergang der Menschheit auf das Jahr 1000 nach Christi Geburt ansetzte. Damit war das Tausendjährige Reich auf Erden vorbei, und dann kam das Jüngste Gericht, das die Menschen nach Schafen und Böcken, nach rechts und nach links schied. Und um ein günstiges Los zu gewinnen, war es gut, sich mit der Geistlichkeit rechtzeitig auf freundschaftlichen Fuß zu stellen. Christus gab dem Apostel Petrus den Schlüssel zum Himmelreich, und dieser hinwiederum machte die Kirche und die Geistlichkeit zur Heilspenderin; von ihr allein hing es ab, ob man selig oder verdammt werde. Darum war es notwendig, sich die Kirche zur Freundin zu machen. Dazu gehörte vor allem, daß man ihr so viel als möglich von dem irdischen Gute zukommen ließ, das sie so sehr liebt. Und auf das Jahr 1000 machte sie die reichste Ernte ...

Die Zahl derjenigen, die heute an einen Untergang glauben, ist doch ungemein kleiner geworden gegenüber der Zeit vor neunhundert und mehr Jahren. Aber es gab doch auch jetzt noch solche Menschen, die ängstlich ihrer letzten Stunde harrten. So soll z.B. der abgesetzte Sultan Abdul Hamid aus Furcht zwei Tage lang nichts gegessen haben. Andere wieder machten es wie die Leichtsinnigen, die vor dem Jahre 1000 noch einmal alle Freuden des Lebens genießen wollten. So wird aus einem südungarischen Dorfe berichtet, daß sich die Bewohner tagelang den ärgsten Ausschweifungen hingegeben, im Glauben, daß es nun doch mit dem Leben fertig sei. Andere feierten in der Überlegenheit ihrer geistigen Freiheit bei Gesang und Becherklang die Stunden des Zusammenstoßes.

Schule und Aufklärung haben schon viel Aberglauben aus der Welt geschafft, allein es bleibt davon noch viel in den Menschen übrig. Und welcher Mensch möchte behaupten, daß er unbedingt frei von allem Aberglauben wäre? Wenn dieser nur nicht schädlich wirkt, weder dem einzelnen noch der Gesamtheit, so hat es mit dem Aberglauben nichts auf sich. Und es ist auch nicht zu beklagen, daß der Mensch dann und wann in sich geht und an sein Ende denkt. Jedenfalls fallen durch die Weltuntergangsprophezeiungen der Kirche keine Güter mehr zu.

2. Kapitel

Die Natur der Kometen und ihre Bewegungen

Von den antiken Vorstellungen bis zu den neuzeitlichen Erkenntnissen

Auch wenn es in China und dann in Babylonien schon sehr früh eine astronomische Tradition gab, stammen die ältesten überlieferten Vorstellungen über die Natur der Kometen von *Aristoteles,* der zwischen 384 und 322 vor Christus in Mazedonien und Athen lebte. Viel ältere Aufzeichnungen von Kometenbeobachtungen in Babylon, wie sie auf Keilschrifttafeln aus der Zeit der Könige *Ammisaduga* (um 1700 v. Chr.) oder *Nabonassar* (747–734 v. Chr.) vermutet werden, erlauben den Schluß, daß sowohl die Sumerer als auch die späteren Bewohner des Zweistromlandes nicht nur den Planeten Namen gaben und die Fixsterne zu Bildern ordneten, sondern sich auch über die Kometenerscheinungen ihre Gedanken machten. Wie manche andere astronomische Vorstellung hat Babylonien sicher auch die Kometentheorie der Griechen mitgeprägt. In diese sind aber auch ägyptische Elemente aufgenommen worden, da viele große griechische Naturphilosophen das Nilland zu Studienzwecken aufsuchten. Die aristotelische Kometentheorie kann man folglich als ein Kondensat aus allen antiken Vorstellungen betrachten, wobei die darin enthaltenen astrologischen Elemente babylonischen Ursprungs sein dürften. Den Kometen wurde nämlich von allem Anfang an nachgesagt, daß sie Unheil ankündeten, was einerseits begreifliche Furcht zur Folge hatte, andererseits aber das Interesse auf diese unberechenbaren Himmelslichter lenkte – ein Interesse, das mehrere Jahrtausende wachblieb und wie kaum ein anderes immer wieder in breiteste Volksschichten eindrang.

Das Hauptmerkmal der aristotelischen Kometentheorie ist darin zu erblikken, daß sie diesen Himmelserscheinungen materielle Eigenständigkeit zuschrieb. Frühere Naturphilosophen hatten in den Kometen lediglich optische Täuschungen gesehen. *Pythagoras* (6. Jh. v. Chr.) etwa gestand ihnen keinerlei Realität zu, sondern betrachtete sie als Spiegelungen von Sonnenstrahlen, während *Anaxagoras* (um 500–428 v. Chr.) und *Demokrit* (um 460–371 v. Chr.) ihr Erscheinen als Folge einer Konjunktion von Planeten deuteten. Da ja der Lauf der damals bekannten Planeten aufmerksam verfolgt wurde und die Kometen nicht deren Bahnen folgten, nahmen sie an, es existierten Kleinplaneten, die einzeln nicht sichtbar seien, in Gruppen indes die Kometenerscheinungen hervorriefen. Aristoteles bemerkt dazu, daß es in der Natur keine Erscheinungen geben könne, die willkürlich das einemal stattfinden, ein andermal «es unterlassen stattzufinden». Da es auch Konjunktionen zwischen den großen Planeten untereinander sowie zwischen diesen und einzelnen Fixsternen gebe, müßte man auch in diesen Fällen Kometenerscheinungen beobachten können, was indes nie geschehen sei. Er berief sich dabei auf ägyptische Beschreibungen solcher Konjunktionen und auf eigene Beobachtungen «des Sterns Zeus [gemeint ist der Planet Jupiter], der zweimal mit einem der Sterne in den Zwillingen zusammentraf und ihn verdeckte, ohne daß daraus irgendein Komet resultierte». Sehr scharfsinnig fügte Aristoteles bei, die Sterne seien zwar heller oder weniger hell, erschienen aber als in sich unteilbar. (Gemeint ist die Tatsache, daß alle Fixsterne für das Auge punktförmig sind. Dies gilt auch für die Beobachtung mit dem Fernrohr. Erst in jüngster Zeit ist es gelungen, durch raffinierte Techniken einzelne Riesensterne als Scheibchen abzubilden.) Aristoteles folgerte daraus: «Wären sie nun wirklich unteilbar, so könnten sie nicht etwas Größeres erzeugen, indem sie sich berührten; deshalb können sie auch nicht, wenn sie uns bloß als unteilbar erscheinen, durch ihr Zusammentreffen so erscheinen, als erzeugten sie etwas Größeres.»

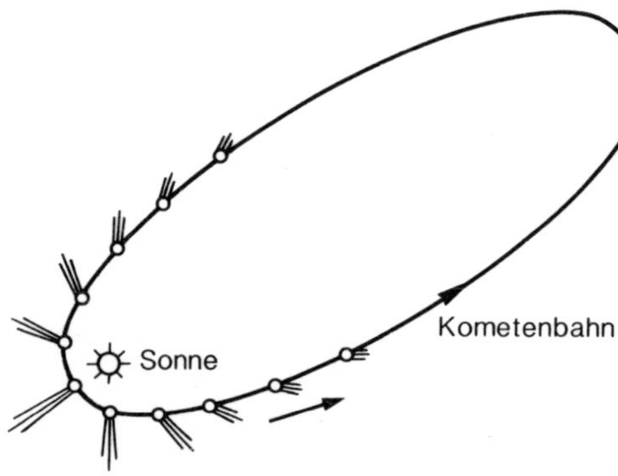

Der Schweif des Kometen ist stets von der Sonne weggerichtet – eine Tatsache, die schon in der Antike bekannt war.

Eine Vorstufe der aristotelischen Theorie stellt jene des Mathematikers *Hippokrates von Chios* (um 400 v. Chr.) dar, der zwar an der Planetenvorstellung von Anaxagoras und Demokrit noch festhält, zur Erklärung der Bildung des Kometenschweifs aber die Idee einbringt, der Schweif komme nicht aus dem Kometen. Vielmehr ziehe der Komet während seines Laufs durch den Weltraum manchmal interplanetarische Feuchtigkeit an, die das Sonnenlicht reflektiere und uns als Schweif erscheine. Diese Erklärung zeugt von sehr sorgfältiger Beobachtung, und von allen vorteleskopischen Auffassungen kommt sie der heutigen am nächsten, auch wenn wir nun wissen, daß diese «Feuchtigkeit» durch das Verdampfen von Kometenmaterie in Sonnennähe entsteht und somit vom Kometen selbst herstammt. Hippokrates und sein Schüler *Äschylos* suchten auch zu erklären, wieso kein Schweif sichtbar ist, wenn sich der Komet zwischen den Wendekreisen oder noch weiter südlich befindet. Für den ersten Fall geben sie an, daß der Himmelsbereich zwischen den Wendekreisen (infolge der Gegenwart der Sonne in ihm) «ausgebrannt» werde. Mithin könne dort keine Feuchtigkeit kondensieren, und dem Kometenschweif fehle es also an Speisung. Bei noch südlicherer

Edmond Halley, porträtiert 1712 von Thomas Murray

Der große Komet von 1582 am 14. Mai über dem Limmattal und Zürich. Anonyme aquarellierte Federzeichnung um 1614

Kiburg.
Alt-stetten
ütikon

Jungsteinzeitliches Felsenrelief von Traprain Law (Schottland), einen Kometen mit Schweif und großer Koma darstellend, die vermutlich so hell wie der Vollmond war

Babylonische Keilschrifttafel mit Darstellung des damaligen astronomischen Weltbildes

Komet Finsler (1937 f) am 6. August 1937: Er wies besonders gut ausgeprägte Strahlen in seinem Plasmaschweif auf

Lage seien die Blickwinkel ungünstig, so daß trotz genügend vorhandener Feuchtigkeit kein vom Schweif reflektiertes Sonnenlicht beobachtet werden könne. Hier setzte *Aristoteles* mit seiner Kritik an, wobei er einige historische Kometenbeobachtungen anführte. So erschien zur Zeit des gewaltigen Erdbebens mit Flutwelle in Achäa (373/372 v. Chr.) ein großer Schweifstern am Äquator, und viele Kometen seien am Himmel noch weiter südlich beobachtet worden. Und 427/426 v. Chr. zeigte sich ein Komet am Nordhimmel, obwohl die Sonne im Winterwendekreis stand und die Winkelbedingungen für die Beobachtung ebenso ungünstig hätten sein sollen. Also verwarf er diese Schweiftheorie. Gegen die Konjunktionstheorie für die Kometen selbst hatte Aristoteles außer den erwähnten Gründen noch ein Hauptindiz: alle Planeten befinden sich ausnahmslos im Zodiakalkreis, während Kometen sehr oft weit außerhalb dieses Tierkreisbandes vorkommen. Nach all diesen Auseinandersetzungen mit früheren Auffassungen blieb Aristoteles nichts anderes übrig, als eine eigene Kometentheorie zu entwickeln.

Er siedelte die Kometen nicht draußen im Weltraum an, im translunaren Bereich, sondern im sublunaren Bereich, und betrachtete sie also als meteorologische Erscheinungen. Irdische Ausdünstungen steigen nach oben und fangen Feuer, wenn sie mit anderen heißen und trockenen Substanzen zusammentreffen. Sie sind demnach die Folge von sanfter Reibung zwischen der unteren (sublunaren) Sphäre und der oberen (der Sphäre des Äthers), wenn sich an der Grenzfläche weiche Unreinheiten ansammeln. Im Gegensatz dazu steht die explosionsartige Verbrennung festerer Schmutzteilchen, die zu Meteorerscheinungen (Sternschnuppen) führt. Außer diesen «Kometen an sich» gibt es aber nach Aristoteles noch die eher seltenen, nichtirdischen Kometen, die durch Ausdünstungen von Planeten oder Sternen entstehen, so daß sich ein solches Gestirn in einen Kometen zu verwandeln vermag. Die Dünste folgen der Sternbewegung, wie manche Halo-Erscheinung dem Mond oder der Sonne folgt. Beide Arten werden im 1. Kapitel in den zitierten Schriften angeführt, ebenso deren Zusammenhänge mit irdischen Auswirkungen, letztere allerdings in Umkehrung der aristotelischen Sicht von Ursache und Wirkung. Es ist nach Ansicht des griechischen Philosophen nicht der Komet, der die Erde austrocknet und sie mit allen aufgezählten Konsequenzen versengt; vielmehr entwickeln sich irdische Ausdünstungen zu Kometen, und weil ein Feuchtigkeitsdefizit entsteht und die warm-trockenen Luftmassen aufsteigen, werden Winde erzeugt. Diese Merkmale (Trockenheit und Stürme) seien typisch für die Jahre, in denen viele Kometen auftreten, während sich beim Erscheinen weniger und schwacher Kometen auch diese Charakteristika schwächer ausprägten. Welches die Voraussetzungen für die Entstehung von Kometen sind, sagte aber auch Aristoteles nicht. Vermutlich wollte er sich als Begründer der Logik nicht auf rein spekulative Entstehungshypothesen beschränken, und nach dem damaligen Stand des Wissens und vor allem der Beobachtungen, auf die sich Aristoteles zu stützen bemühte, gab es keine Anhaltspunkte, die eine vernünftige Theorie genügend stützen konnten.

Aristoteles wollte nicht allein die Widersprüche zwischen den alten Erklärungsversuchen und den vorliegenden Beobachtungen, die ihn an einer Anerkennung früherer Kometentheorien hinderten, ausräumen, sondern vielleicht auch die mythisch bedingte Angst vor den Kometen bannen, indem er ihnen einen Platz «unter dem Mond» zuwies. Er siedelte sie also in einer Sphäre an, die dem Irdischen und den Menschen zugedacht war und die den Göttern nicht als Medium für ihre Botschaften an die Sterblichen diente. Die zweite Gruppe der aristotelischen Kometen durchbricht die damals noch übliche Vorstellung vom Himmel der ewigen Ordnung und Stabilität, denn die aus den Planeten oder Sternen durch Ausdünstung entstandenen Kometen stellen ein neues Entwicklungsstadium dieser Gestirne dar, und zwar ein Endstadium, denn die so entzündeten Kometen «brennen» so lange, bis die Materie vollständig aufgezehrt ist. Vielleicht geht diese Interpretation etwas weiter, als unmittelbar aus den Schriften des Aristoteles herauszulesen ist, doch läßt sich kaum bestreiten, daß seine Idee grundsätzlich die Vorstellung von einer ewigen Sphärenharmonie in Frage stellt. Da nach dem Verschwinden eines solchen Kometen keiner der bekannten Planeten oder Fixsterne am Firmament vermißt wurde, muß Aristoteles die Existenz weiterer solcher Objekte angenommen haben, die zunächst unsichtbar bleiben und erst nach Entzündung ihrer Ausdünstungen für kurze Zeit als Kometen beobachtet werden können – eine Vorstellung, die stark an das heutige Bild einer Nova oder Supernova gemahnt. Es mag überraschen, daß diese Gedankengänge nicht noch einen Schritt weitergeführt wurden, nämlich in die Richtung, daß es sich dabei um Körper handelt, die nur selten in die Nähe der Erde gelangen und sich sonst unsichtbar in der Tiefe des Alls aufhalten, sich also auf exzentrischen Bahnen bewegen. Freilich hätte gerade eine derartige Vorstellung in krassem Widerspruch zu der damaligen Annahme gestanden, daß erstens alle Himmelkörper Kreise beschreiben und zweitens die Erde im Mittelpunkt dieses Systems ruht. Abweichungen davon waren mit dem ganzen damaligen Wissen unvereinbar und konnten gerade von exzellenten Kennern dieses Wissens nicht einmal gedacht werden. Wenn man in der Geschichte der Wissenschaft nachblättert, so findet man häufig ähnliche Situationen, die einen echten Fortschritt auf lange Zeit hinaus blockieren.

In diesem Zusammenhang sind die Beobachtungen des *Poseidonios* (um 135–51 v. Chr.) von Interesse, des Lehrers von Pompejus und Cicero. Er zog von seiner Geburtsstadt Apameia in Syrien nach dem Zerfall des Seleukidenreichs nach Rhodos und gründete dort eine eigene Schule stoischer Prägung, deren religiös verwurzelter Universalismus im 16. und 17. Jahrhundert wieder seine Wirkung ausübte, nachdem der Aristotelismus der Renaissance allmählich überwunden worden war. Auch Poseidonios meinte, die Kometen seien atmosphärische Erscheinungen, doch gebe es mehr Kometen, als wir sehen könnten, da viele vom Sonnenlicht überstrahlt würden. Er hatte selber einen solch sonnennahen Kometen beobachtet, der während einer Sonnenfinsternis aufleuchtete. Eine ähnliche Entdeckung machten übrigens 1948 die Mitglieder der britischen Sonnenfinsternis-Expedition, die am 1. November in Nairobi neben der verdunkelten Sonne einen hellen Kometen mit langem Schweif sahen, der erst am 6. November frühmorgens in Australien wiederentdeckt wurde.

Als syrischer Grieche war Poseidonios sicher mit der chaldäischen Astronomie des Zweistromlandes vertraut. In dieser hatte sich bereits im 8. und 7. vorchristlichen Jahrhundert die Lehre von den Kometen in zwei einander widersprechende Richtungen aufgespalten: die eine nahm irdische Ausdünstungen als Ursache für deren Entstehung an, während die andere den Kometen eine eigenständige Existenz als Himmelskörper zugesteht. Diese zwei Theorien haben die Gelehrten über zwei Jahrtausende hinweg immer wieder zu teils polemischen Auseinandersetzungen angeregt. Poseidonios teilte zwar die Ansicht von Aristoteles, doch gab er dafür eine eigene Begründung. Er hatte nämlich die Entfernungen von Mond und Sonne und deren Größe bestimmt. Für den Mond erhielt er Werte, die kleiner und zum Teil wesentlich ungenauer waren als jene des *Hipparchos* (190–120 v. Chr.), des Begründers der wissenschaftlichen Astronomie. Dagegen waren seine Ergebnisse für die Sonne die besten der Antike und kamen den wirklichen Werten sogar bedeutend näher als jene, die *Ptolemaios* (Ptolemäus) hundert Jahre später in seinem berühmten «Almagest» angab, dem astronomischen Standardwerk für die folgenden anderthalb Jahrtausende!

Antike Meßergebnisse für Sonne und Mond

	Entfernung (Erddurchmesser = 1)		Durchmesser (Erde = 1)	
	Mond	Sonne	Mond	Sonne
Aristarchos von Samos (um 310–230 v. Chr.)	9,5	180	0,36	6,75
Hipparchos von Nikäa (190–120 v. Chr.)	33,7	1245	0,33	12,3
Poseidonios (135–51 v. Chr.)	26,2	6545	0,157	39,25
Ptolemaios (85–160 n. Chr.)	29,5	605	0,29	5,5
Heutige Werte (zum Vergleich)	30,2	11726	0,27	108,9

Die Sonnenentfernung des Poseidonios (die etwa 56% des heutigen Wertes ausmachte!) war für damalige Vorstellungen eine so ungeheuer große Distanz, daß er die Kometen kaum in Sonnennähe ansiedeln konnte, schon gar nicht, wenn er deren Größe am Himmel mit jener der Sonnenscheibe verglich. Aus scheinbarer Größe und Entfernung läßt sich nämlich auf die wahre Größe schließen, und wenn Poseidonios ernstgenommen werden wollte, konnte er kaum postulieren, die Kometen überträfen die Erde um ein

Vielfaches an Größe. Er begnügte sich daher in seiner Kometenforschung damit, eine Klassifikation nach den Schweifformen einzuführen. Auf anderen Gebieten war ihm größeres Forscherglück beschieden, so etwa in der Bestätigung der Beziehung zwischen Ebbe und Flut und dem Mondphasenzyklus, die schon *Pytheas* um 330 v. Chr. auf einer Reise nach Spanien entdeckte. Poseidonios hatte diese Beziehung auf einer seiner großen Reisen während eines ganzen Monats in Gades am Atlantik untersucht. Wie er sich dabei physikalisch den Einfluß des Mondes vorstellte, ist uns nicht bekannt. Aber als teilweise chaldäisch geprägter Denker mag er darin einen Beweis für den in vielen Belangen vermuteten Einfluß der Gestirne auf irdische Erscheinungen gesehen haben. Es war also nicht nur der Glaube an die Überlieferung, sondern auch die wissenschaftliche Erfahrung, die Poseidonios veranlaßten, die Kometentheorie des Aristoteles zu unterstützen.
Viel freizügiger konnte dagegen *Seneca* (4 v. Chr.–65 n. Chr.), der als Lehrer und Berater Neros bekannte große römische Dichter, seine Ansichten über die Kometen entfalten. Zunächst korrigierte er die Folgerungen aus den beobachteten Tatsachen und wies den Kometen einen Platz in der äußeren Sphäre zu, denn wir sähen sie «zwischen den Sternen», nicht eingegrenzt im sublunaren Raum. Senecas Argumentation ist jene des «gesunden Menschenverstandes», dem aber in der Wissenschaft enge Grenzen gesetzt sind, vor allem wenn Erfahrungen anderer nicht der nötige Respekt bezeugt wird. So verurteilte er den Bericht des Historikers *Ephoros von Kyme* (405–330 v. Chr.), der im Jahre 371 zusehen konnte, wie ein Komet in Stücke zerbrach. Seneca verwies solche Angaben ins Reich der Hirngespinste und schmähte Ephoros einen Gerüchtemacher, denn ein «solches Zerbrechen ist undenkbar». Trotzdem hat Ephoros vermutlich als erster eine sehr entscheidende Phase im Leben der Kometen beschrieben, die später bereits Kepler als möglich erachtete. Sie konnte erst wieder im 19. Jahrhundert am Bielaschen Kometen beobachtet werden, der 1846 in zwei Stücke zerfiel. Danach gelangen solche Beobachtungen noch öfter, zum Beispiel im Jahre 1976, als sich der Komet West in vier Stücke teilte.
Seneca verwendete zur Beschreibung der Kometenform den Ausdruck «cyparissia» (= cyprischer Baum, Zypresse), jenen Baum also, der noch in unseren Tagen die Friedhöfe Griechenlands und anderer südlicher Länder schmückt. Seine Kometenabhandlung besticht aber auch heute noch durch ihren unerschütterlichen Glauben an den wissenschaftlichen Fortschritt und durch die Ordnung der Zusammenhänge. Er stellte zunächst fest, daß Kometen – im Gegensatz zu meteorologischen Erscheinungen – oft während sechs und mehr Monaten sichtbar seien und somit nicht irdische Ausdünstungen und Wirbelwinde sein könnten, sondern «ewige Produkte der Natur», d. h. Himmelskörper. Heftig bestritt Seneca die immer wieder vertretene Argumentation, Kometen seien deshalb keine «wandernden Gestirne», weil sie sich nicht im Zodiakalkreis bewegten. Mit der einem Dichter eigenen, fast visionären Phantasie meinte er: «Es gibt keine Gründe dafür, daß in einem so wunderbaren Universum keine Bahnen vorhanden sein sollten, auf denen

sich Kometen oder Sterne in andere Regionen als den Zodiakalkreis begeben können.» Auch wenn damals das Geheimnis der Kometenbahnen noch nicht entschlüsselt war, so war Seneca doch davon überzeugt, daß dies später einmal gelingen werde. Dazu müsse man vorerst einmal alle Kometenerscheinungen seit der Antike sorgfältig registrieren. In seinem Werk berichtete er demgemäß von einer ganzen Reihe früherer Kometen, und da die meisten Quellen, aus denen Seneca sein Wissen schöpfte, verloren gingen, wurden seine Darlegungen zu einem wertvollen Dokument. Eine ganz moderne positivistische Haltung nimmt der römische Dichter mit seiner Äußerung ein, es sei eine Frage von Generationen, bis man Genaues über die Bewegung, Größe und Natur der Kometen erfahre. Und er fügte hinzu: «Die Zeit wird kommen, da unsere Nachkommen sich wundern werden, daß wir so offenbare Dinge nicht gewußt haben.»

Seneca ahnte nicht, daß volle sechzehn Jahrhunderte hindurch nicht einmal *seine* Ansichten ernstgenommen werden würden, geschweige denn noch fortschrittlichere. Er hatte von der fatalen Frage «Was bedeuten die Kometen?» wegkommen wollen. Schon Aristoteles hatte versucht, bloß noch «Was sind die Kometen?» zu fragen, und Seneca beschränkte sich auf die noch einfachere Frage «Wo sind die Kometen?», in der Hoffnung, so eher gesicherte Antworten zu finden. Diese Art des Fragens, das mit den griechischen Naturphilosophen sieben Jahrhunderte früher begonnen hatte, setzt ein offenes Weltbild voraus und den Glauben an die Vernunft des Menschen, den Wandel in den Ansichten über die Natur dank besserer Einsicht permanent nachzuvollziehen. Aber als Seneca starb, war die Uhr der Naturphilosophen längst abgelaufen und die Stunde moderner Naturwissenschaft noch in weiter Ferne. Es kam die Zeit der Theologen, die lange Epoche, während der das Wissen offenbart und geglaubt, aber nicht überprüft wurde.

Zu jenem theologisch geprägtem Weltbild, das nicht im Gegensatz zur Bibel stehen durfte, paßte die Astronomie des *Ptolemäus* (85–160 n. Chr.), deren Aussagen zur kirchlichen Doktrin erhoben wurden, was zwar Interpretationen, aber keine Weiterentwicklung zuließ. Im «Almagest», dem Hauptwerk des Ptolemäus, war das ganze damalige astronomische Wissen enthalten, doch wurden die Kometen darin erstaunlicherweise überhaupt nicht erwähnt. Und in seinen übrigen Werken war nur dann von ihnen die Rede, wenn der Autor die Möglichkeiten der Wettervorhersage abhandelte. Für Ptolemäus war der Einfluß der Sterne auf irdische Ereignisse nicht unvermeidbar. Diese Meinung, die er als Gegensatz zur Astrologie verstand, wurde indes von der Kirche dahingehend interpretiert, man müsse solchen Einflüssen durch Gebet und Buße begegnen. Eine sanfte Wandlung des ptolemäischen Weltbildes setzte ein, als zu Beginn der Renaissance der antike Geist wiederentdeckt wurde, vor allem das umfangreiche Werk des Aristoteles.

Im ptolemäischen «Almagest» ist ein in sich geschlossenes astronomisches Weltbild enthalten, während sich Aristoteles mit fast allen überlieferten Theorien kritisch auseinandersetzte, diese somit ausführlich vorstellte oder zumindest erwähnte, auch wenn er sie schließlich verwarf. So sickerte durch die Beschäftigung mit Aristoteles der hellenische Geist in die Klöster des Mittelalters ein, wobei der Übernahme antiker Ideen durch die Kirche geistige Autoritäten wie *Albert der Große* (1193–1280) und vor allem *Thomas von Aquin* (1225–1274) neue Möglichkeiten eröffneten, aber auch bestimmte Grenzen setzten. Die voraristotelische Philosophie war nämlich nicht nur eine Geistes-, sondern seit ihren Anfängen ebenso eine Naturwissenschaft, wenn auch (mit wenigen Ausnahmen) keine experimentierende. Ohne Objektivierung der menschlichen Beobachtung durch exakte Messung war freilich der Aufbruch in eine neue Ära nicht möglich. Während sich die bildenden Künste in dieser Zeit des Aristotelismus in klassischem Geist

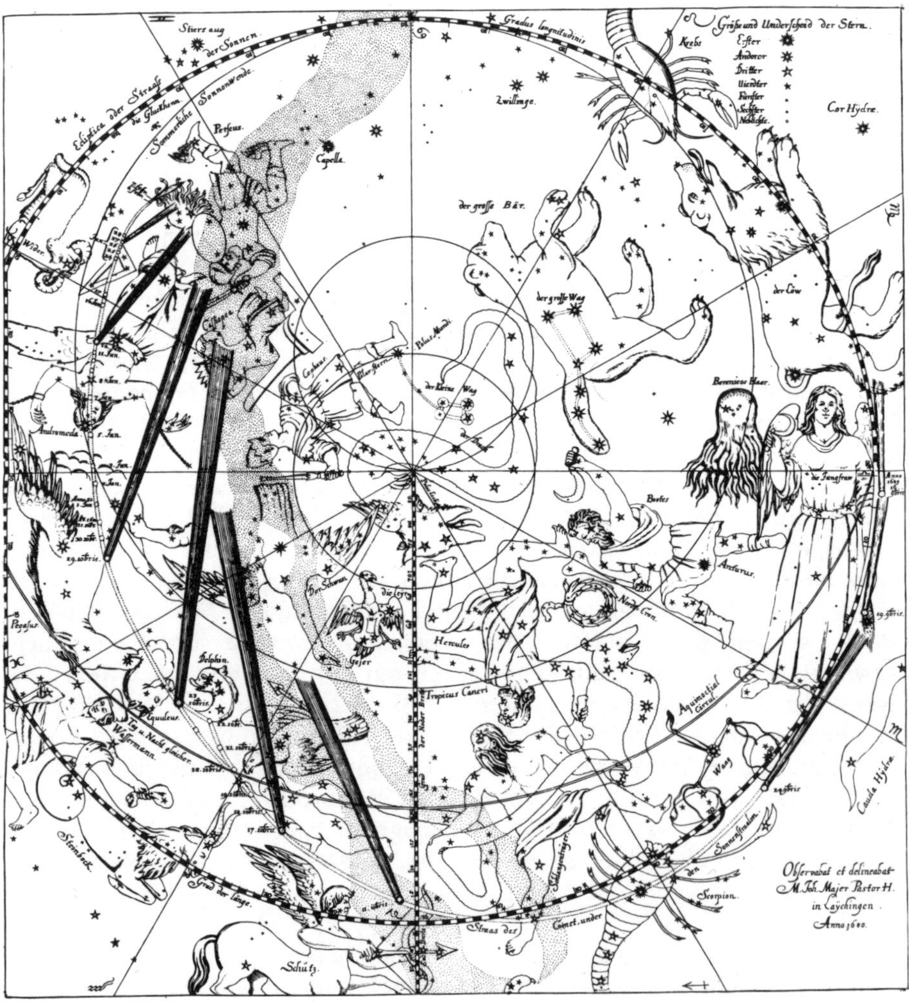

Bahn eines Kometen, in eine alte Sternkarte eingezeichnet

erneuerten und reich erblühten, trat die Wissenschaft an Ort, obwohl sie sich das ganze enorme Wissen der Antike angeeignet hatte. Aber noch wichtiger als Wissen ist Phantasie, soll Einstein bemerkt haben. Und in der Naturwissenschaft wird die Phantasie nicht nur durch unsere Sinneserfahrungen und unser Denken beflügelt, sondern auch durch experimentell gesicherte Zusammenhänge neu erweckt. Es dauerte noch bis ins 15. und 16. Jahrhundert, bis solche Zusammenhänge erforscht und entdeckt werden konnten.
Einer der ersten, die systematisch Beobachtungen von Kometen durchführten und deren Lauf in Sternkarten einzeichneten, war der Florentiner *Paolo dal Pozzo Toscanelli* (1397–1482), ein Arzt und «Kosmograph», wie es in alten Lexika heißt, womit die Verbindung von Geograph und Astronom gemeint ist, wie sie schon bei Poseidonios aufgetreten war. Toscanelli soll es gewesen sein, der Kolumbus auf den Gedanken brachte, Indien auf westlichem Weg zu suchen. Nicht weniger als fünf große Kometen konnte Toscanelli beobachten, nämlich jene von 1433, 1449, 1456, 1457 und 1472, aber seine Aufzeichnungen waren verschollen und wurden erst im 19. Jahrhundert wieder aufgefunden. Wohl hatte aber der Wiener Kaiserliche Astronom *Georg von Peuerbach* (1423–1461), der 1451 für mehrere Jahre Italien bereiste, davon Kenntnis und Anregungen erhalten. Von ihm stammen vermutlich die ausführlichen Beobachtungen des Kometen von 1456, die in Wien entdeckt wurden. Es handelt sich dabei um jenen Kometen, den wir heute den Halleyschen nennen.
Aber auch wenn die scheinbare Bahn eines Kometen auf einer Sternkarte eingezeichnet ist, liefert sie noch nicht alle Auskünfte über dessen wahren Lauf. Um diesen Lauf im dreidimensionalen Raum nachvollziehen zu können, sind *Entfernungsmessungen* notwendig. Und die sind in der Astronomie von jeher eine sehr heikle Angelegenheit gewesen. Johannes Müller (1436–1476), ein Schüler Peuerbachs und eher unter seinem lateinischen Namen *Regiomontanus* bekannt, stellte ein ganzes Pflichtenheft zur Kometenerforschung auf: Bestimmung der Position, Messung der Dicke und Länge des Schweifs, des Durchmessers des Kometenkopfes und der Parallaxe zur Bestimmung der Entfernung. Für die letzte erhielt er viel zu kleine Werte, da seine Messung sehr ungenau war. Werte von 6°, wie er sie angibt, sind für astronomische Entfernungen unbrauchbar, da die Mondparallaxe lediglich knapp 1° beträgt und jene der Sonne sogar nur 8,8 Bogensekunden oder rund den vierhundertsten Teil eines Grads.
Die Kometenparallaxen müssen also in dieser Größenordnung erwartet werden, was mit der Technik der damaligen Zeit noch nicht meßbar war. Am großen Kometen des Jahres 1472, den Regiomontanus am 13. Januar im Sternbild der Jungfrau fand, bestimmte er Schweiflänge, Kopfdurchmesser und in mehreren Nächten die Winkelabstände zu benachbarten Sternen, aus denen die Kometenbewegung ersichtlich wurde. Sie wuchs zunächst langsam, dann jedoch rasch an und erreichte am 21. Januar den extrem hohen Wert von 40° pro Tag (der Mond legt zwischen den Sternen täglich etwa 13° zurück).
Auch der Versuch eines Schülers von Regiomontanus, die Entfernung eines Kometen zu bestimmen, scheiterte an der Ungenauigkeit der Instrumente.

Beide verwendeten noch eine recht primitive Vorrichtung, wie sie heute jeder konstruieren kann. Das Prinzip ist dasselbe wie bei der Pfadfindermethode. Die Bestimmung von Winkelabständen wird dabei mit Hilfe des gestreckten Armes und einer bestimmten Anzahl senkrecht zu ihm gestellter Finger vorgenommen; mit einem Auge werden dann die Ränder des Objekts (oder zwei punktförmig erscheinende Objekte) anvisiert. Eine Fingerbreite entspricht so einem Winkelabstand von 1° bis 2°, was jeder noch an seinen eigenen Gliedern überprüfen muß.

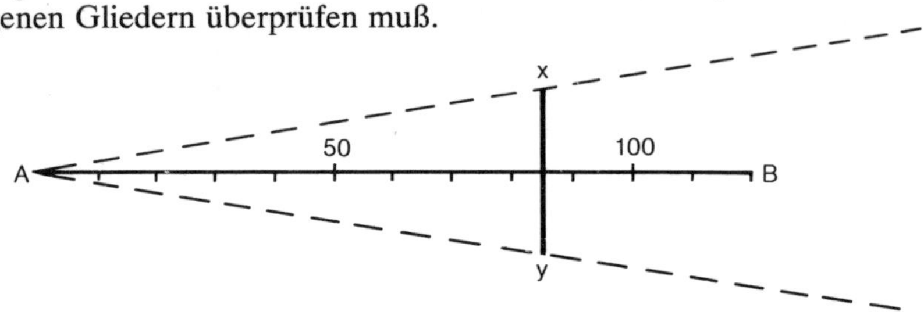

Regiomontanus nahm den Kometenkopf in der Richtung AX ins Visier und verschob den Stab XY so lange auf der Meßskala AB, bis gleichzeitig in Richtung AY ein bestimmter Stern ins Auge gefaßt werden konnte. Aus der abgelesenen Entfernung des Stabs XY von A und dessen bekannter Länge ließ sich von Tangententafeln der Winkel ablesen. (Heute kann ihn jeder Schüler mit Hilfe eines einfachen Rechners bestimmen.) Befestigt man, wie es Regiomontanus empfahl, «in den Punkten A, X und Y drei Visiernadeln» senkrecht zur Zeichenebene, hat man ein recht genaues Instrument, um irdische Entfernungen durch Winkelabstände abzuschätzen. Für astronomische Distanzen allerdings dauerte es noch ein Jahrhundert, bis ein geschickter und geduldiger Forscher genügend feine Visier- und Ablesevorrichtungen für die Meßskalen konstruieren und benützen konnte. Er hieß *Tycho Brahe* (1546–1601) und war der größte astronomische Praktiker der vorteleskopischen Zeit. Die Beobachtungen und Aufzeichnungen des Kometenlaufs in Sternkarten von Toscanelli über Regiomontanus bis zu Tycho und späteren bildeten eine Grundlage von unschätzbarem Wert für jene Astronomen, die Ende des 17. Jahrhunderts daraus die Kometenbahnen zu berechnen vermochten.

Als erstem gelang es *Tycho Brahe* bereits 1577/78 in seiner Sternwarte Uranienburg auf der damals dänischen Insel Hven, eine brauchbare, d.h. genügend genaue Kometenentfernung zu bestimmen. Dazu beobachtete er seinen berühmten Kometen vom 9. November 1577 bis zum 26. Januar 1578. In seinem Werk «De Mundi Aetherei Recentioribus Phaenomenis» hielt er alle seine Überlegungen, Messungen und Ergebnisse fest. Er maß die Stellung des Kometen zwischen den Fixsternen einmal, wenn er hoch am Himmel, ein andermal, wenn er knapp über dem Horizont stand. Bewegte sich der Komet zwischen Mond und Erde, hätte die Parallaxe mindestens 1° betragen müssen. Tycho fand aber eine solche von 15 Bogenminuten heraus (oder weniger), was bedeutete, daß der Komet 230 Erdradien entfernt war, während die Distanz zum Mond 60 Erdradien beträgt. Vergleiche von Tychos Messungen mit jenen von *Hagecius* in Prag (600 km von Hven entfernt) ergaben einen Positionsunterschied von einer oder zwei Bogenminuten, was für den Kometen eine Entfernung von mehr als einer Million Kilometer ergab (Mondentfernung 380000 km). Damit war endlich die alte Streitfrage, ob sich die Kometen «über dem Mond» oder «unter dem Mond» befänden, mit wissenschaftlicher Sicherheit beantwortet: sie waren «über dem Mond» und folglich eigenständige Himmelskörper. Tycho ordnete dem Kometen eine Bahn außerhalb der Venusbahn zu, so daß dieser in dem als *Tychonisches System* in die Geschichte eingegangenen Weltbild zwischen Venus und Mond zu liegen kommt, wenn er sich der Erde annähert.

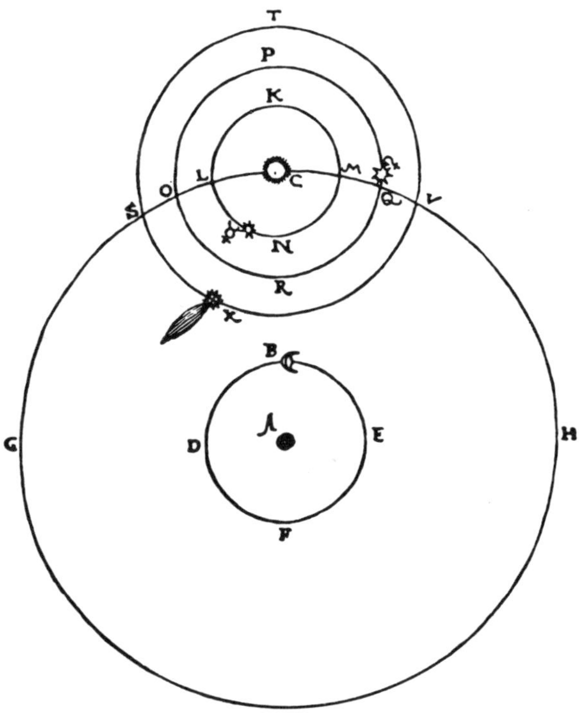

Bahn eines Kometen im Tychonischen Weltsystem

Aber Tycho war ein zu guter Beobachter, als daß er es bei dieser einfachen Vorstellung hätte belassen können. Die Bewegung des Kometen, die er aufmerksam verfolgte, war so ungleichmäßig, daß es sich entweder um eine irreguläre Bewegung auf einer Kreisbahn oder um eine nicht-kreisförmige Bahn handeln mußte. Beides war für Tycho, der noch fest in der ptolemäischen Tradition verwurzelt war, schwer vorstellbar, denn für Himmelskörper waren nur harmonische Bewegungen, d. h. gleichförmige Kreisbewegungen denkbar. Dieser Traditionalismus hinderte Tycho zeitlebens auch daran, das kopernikanische System zu akzeptieren. Da aber seine Beobachtungen nicht in allen Punkten aus dem ptolemäischen Planetenmodell heraus erklärbar waren, schuf er sich sein eigenes, eben das Tychonische Weltsystem, bei dem die Erde im Zentrum ruht und von Mond und Sonne umkreist wird. Die übrigen Planeten indes kreisen um die Sonne, wie dies die hier wiedergegebene Abbildung aus Tychos Werk für Merkur und Venus zeigt und in der

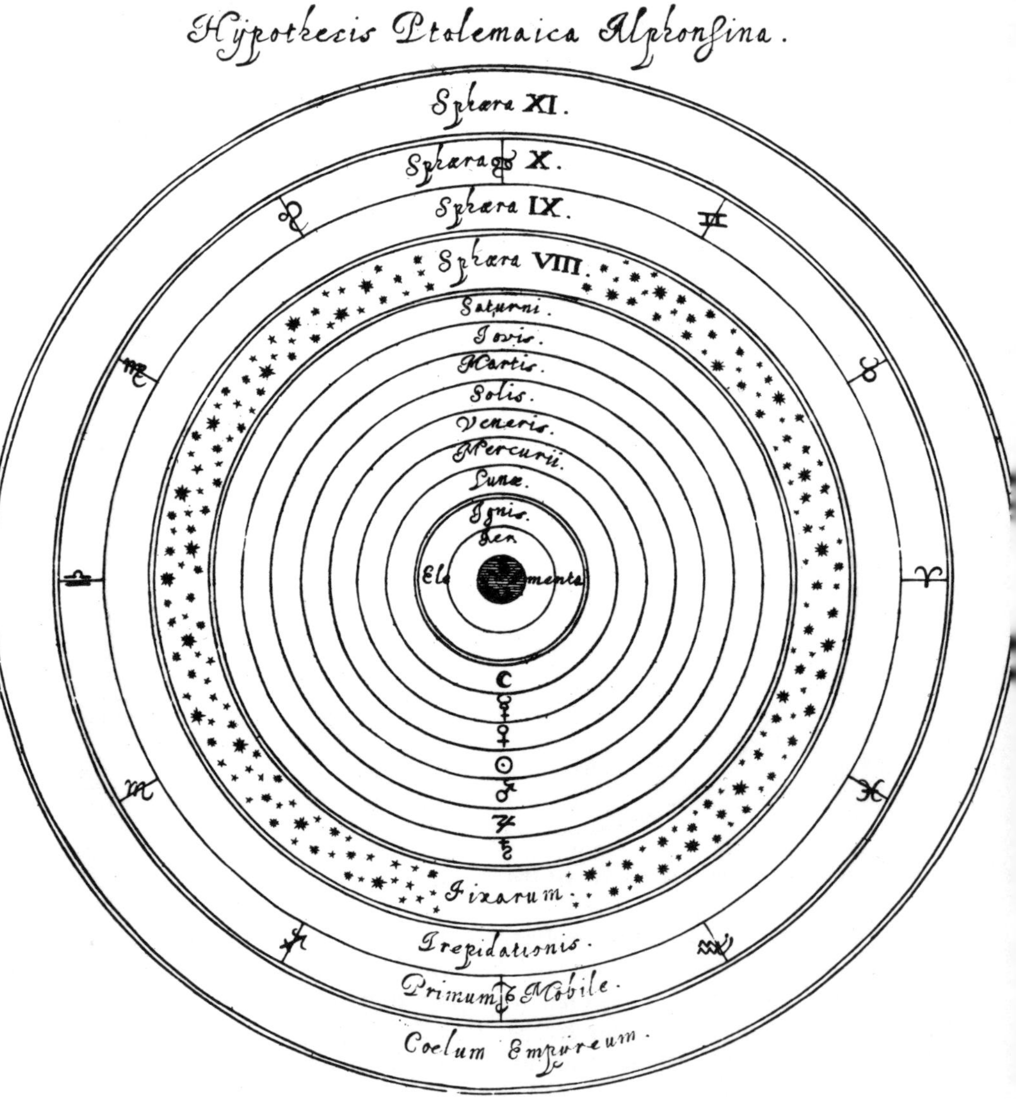

Weltsysteme von Ptolemäus, Kopernikus und Tycho Brahe (nach Hevelius)

Hypothesis Copernicana

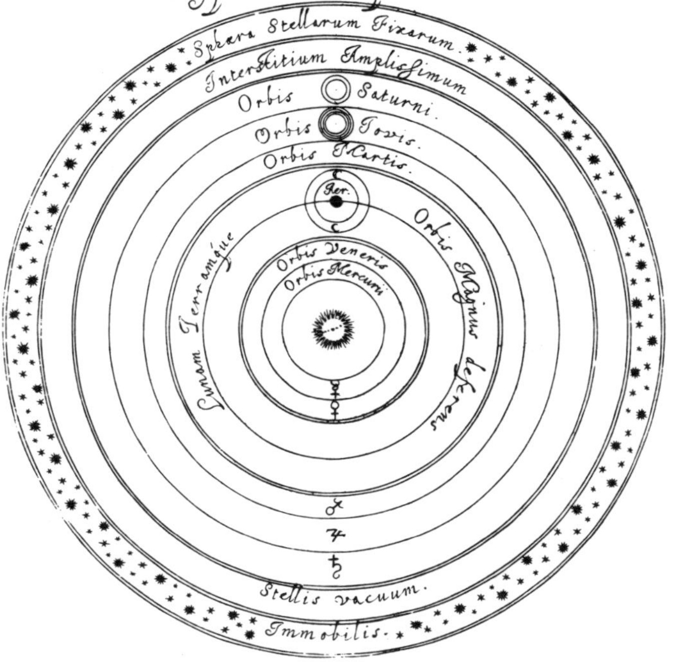

Hypothesis Tychonica.

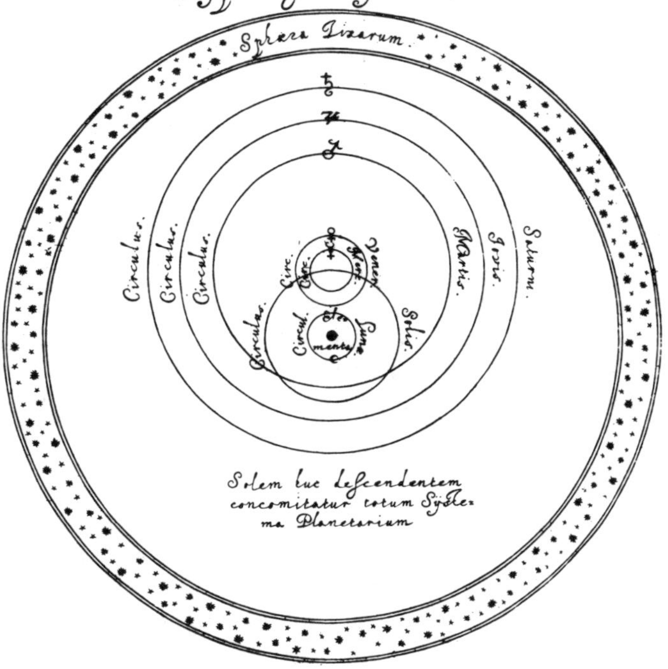

auch der Komet eingetragen ist. Da aber die Kometen den Ruf hatten, sich nicht der himmlischen Ordnung zu unterwerfen, wagte Tycho für sie etwas anzunehmen, was er für die Planeten sich niemals erlaubt hätte: er gestand den Kometen Bahnen zu, die «keine genauen Kreise sind, sondern etwas länglich, wie die Figur, die man gemeinhin Oval nennt». Damit war ein Weg zur Erklärung der Unregelmäßigkeit der Kometenbewegung eröffnet. Ob nun Tycho wirklich Ellipsen als Kometenbahnen einführen wollte oder lediglich auf die Schwierigkeit (wenn nicht Unmöglichkeit) hinwies, durch Kreisbahnen deren Bewegung zu beschreiben, ist bei Wissenschaftshistorikern umstritten. Sicher ist, daß Tycho in diesem Zusammenhang als erster Astronom überhaupt von einer nicht-kreisförmigen Bahn für einen Himmelskörper sprach, und dies bevor Kepler 1609 – also 21 Jahre danach – mit seiner Arbeit über den Planeten Mars die Ellipsenform der Planetenbahnen bewies.

Tycho beschrieb den Kometen auch in seinen übrigen Dimensionen quantitativ, nachdem er einmal die Entfernung bestimmt hatte. Am 13. November 1577 war der Winkeldurchmesser des Kometenkopfes 8′, die Schweiflänge 22° und die Breite 2,5°. Der dänische Astronom realisierte als erster, welch gigantische Ausmaße ein Komet hat, auch wenn er von der Erde aus klein erscheint. In seinem Werk setzte sich Tycho auch mit den alten Theorien auseinander. Insbesondere verurteilte er die Nichtberücksichtigung der Tatsache, daß der Schweif eines Kometen immer von der Sonne weggerichtet ist. Das weise eindeutig auf dessen supralunare Lage hin, denn es gebe keinen Grund, daß atmosphärische Erscheinungen eine solche Eigenschaft aufwiesen. Dies war bereits im frühen Altertum bekannt, aber nie im Sinne Tychos interpretiert worden. Er selbst fand auch noch eine Erklärung für die Entstehung des Schweifs: Der Kometenkörper sei weder durchsichtig und lasse das Licht ungehindert durch, noch sei er völlig undurchsichtig wie der Mond, der einfach das Sonnenlicht reflektiere. Der Komet bestehe aus poröser Materie, so daß einzelne Sonnenstrahlen durchgelassen würden, die wir als Schweif sähen. Eine Auffassung, die hundert Jahre später Newton als besserer Kenner der Eigenschaften des Lichts korrigierte.

Tycho konnte in den 55 Jahren seines Lebens sieben große Kometen beobachten. Das war ein seltener Glücksfall und für die Wissenschaft um so bedeutungsvoller, als die mit viel Geduld und Fleiß gesammelten Beobachtungsdaten späteren Astronomen als Grundlage zur Berechnung von Kometenbahnen dienten, so wie Kepler dank der Beobachtungen Tychos die Ellipsenform der Planetenbahnen berechnete. *Johannes Kepler* (1571–1630) hatte indes mit den Kometen weniger Glück. Er beobachtete jenen von 1607 (der sich als derselbe erwies, bei dem Halley 1682 – also einen Umlauf später – die Bahnform und Periode bestimmen konnte und den man heute den Halleyschen Kometen nennt) und einen weiteren im Jahre 1618. Seine Ansichten veröffentlichte Kepler 1619 in seinem Buch «De Cometis». Darin nimmt er für die Kometenbewegung geradlinige Bahnen an und eine variable Geschwindigkeit, was heute um so merkwürdiger anmutet, als schon Tycho

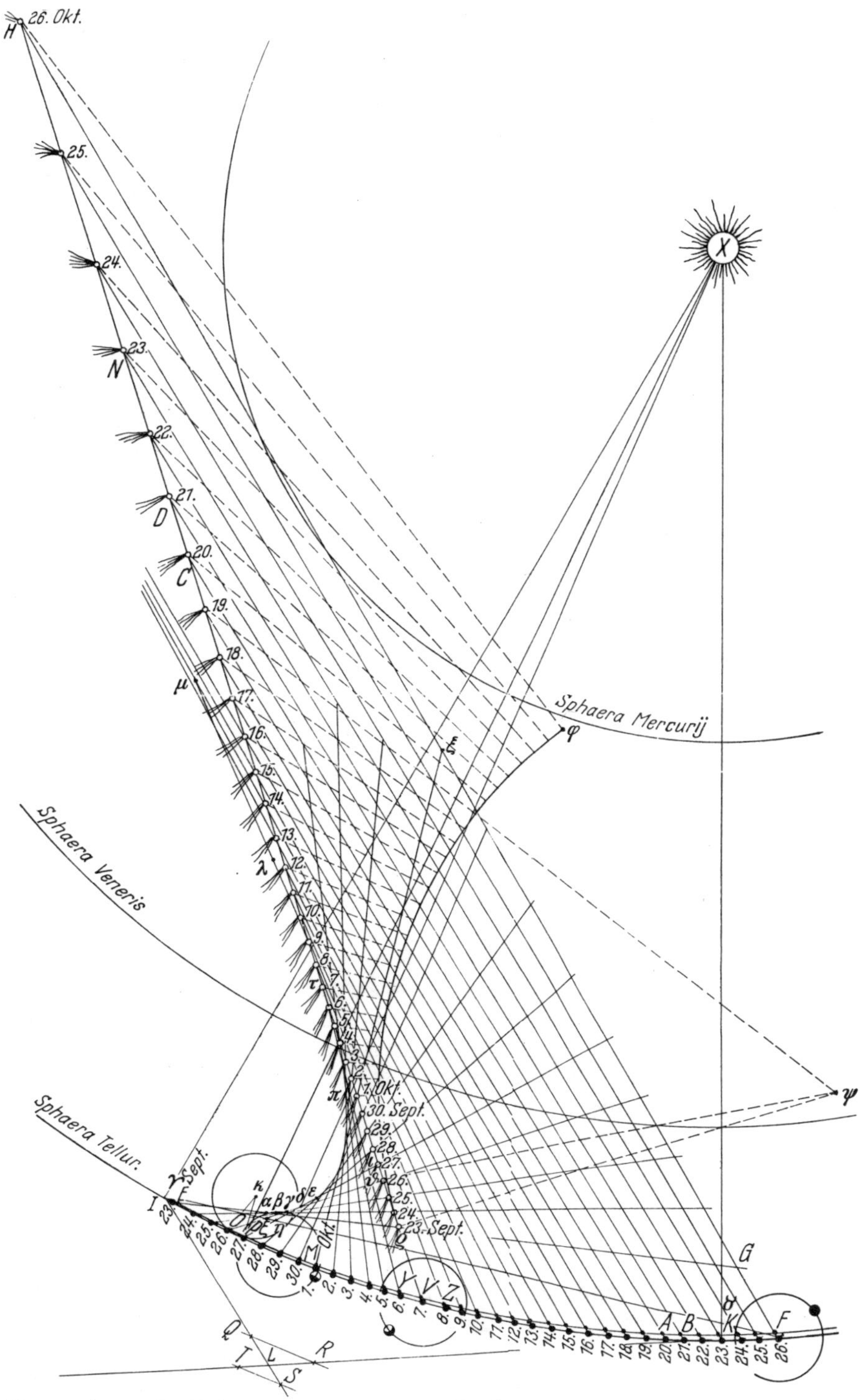

Konstruktion der Bahn eines Kometen von Kepler

ovale Bahnen vorgeschlagen und Kepler selbst bei den Planeten Ellipsenbahnen gefunden hatte. Dagegen gelang ihm eine fast modern scheinende Erklärung der Entstehung des Schweifes. Das Licht, dem Kepler Druckkraft zuschreibt, werde teilweise vom Kometenkopf reflektiert, teilweise dringe es in diesen ein und ziehe einen Teil von dessen Materie mit sich heraus. Sie hinterlasse jene Lichtspur, die wir als Schweif bezeichneten. Dadurch werde die Materie im Kometen immer dünner; der Komet «braucht sich auf, indem er seinen Schweif ausatmet».

In den folgenden Jahrzehnten gab es wenige Fortschritte in der Kometenforschung. Statt dessen entbrannte erneut ein heftiger Streit um die Beschaffenheit der Kometen, an dem auch Kepler und *Galilei* (auf verschiedenen Seiten) beteiligt waren. Galilei hatte die drei (!) Kometen des Jahres 1618 beobachtet, obwohl er sie wegen seiner schlechten Gesundheit nicht gründlich studieren konnte. Er verfocht die antike Meinung, es handle sich dabei um optische Täuschungen. Vielleicht benützte er die Kometendiskussion, um seine wissenschaftlichen Methoden bekannt zu machen, oder dann war sein Gegensatz zu Tycho, der das heliozentrische Weltbild nicht hatte akzeptieren wollen, so tief verwurzelt, daß er nun auch dessen Kometenbeobachtungen in Zweifel zog. Die ganze Auseinandersetzung zeigt, daß der wissenschaftliche Fortschritt nicht einfach von Gipfel zu Gipfel springt, sondern daß jeder Gipfel erst mühsam erklommen werden muß. Zudem schließt Genialität auf einem Gebiet Irrtum auf einem anderen nicht aus.

Bevor wir uns der Lösung des Problems der *Kometenbahnen* durch Newton und Halley zuwenden, kommen wir noch einmal auf den Vorschlag *Jacob Bernoullis* zurück, den er in seiner bereits im 1. Kapitel erwähnten Schrift von 1681 darlegte:

Es können aber ferners die Cometen sich nicht zwischen den Planeten aufhalten, dann das Circulerum, so sie beschreiben, ist von einem so großen Kreise, daß der ganze weite Raum zwischen der Erden, oder vielmehr der Sonnen und Saturnus, viel zu klein wäre, diesen Kreise in sich einzuschrancken, und müßte also der Comet alle Kreise der Planeten durchschneiden, ja gar zu Zeiten an die Körper der Planeten selber sich anstoßen: Jenes aber könnte mit ihrer Weltzung, und dieses mit der gesunden Vernunfft nicht verglichen werden. Folget demnach, daß kein bequemerer Ort für die Cometen, als über dem Saturnus angetroffen werde ...

Wie aus der Abbildung zu ersehen ist (Bernoulli betitelte sie in seiner Abhandlung mit «Novum Systema Cometarum»), beschreiben die Kometen Kreisbahnen um ein anderes Zentrum als die um die Sonne kreisenden Planeten. Als Mittelpunkt der Kometenbahnen stellte sich Bernoulli einen weiteren Planeten vor, der unsichtbar bleibe, weil er zu klein oder sehr weit weg sei. Der Basler Gelehrte ließ sich von der Wirbeltheorie des Planetensystems, die einige Jahrzehnte zuvor *René Descartes* (1596–1650) entwickelt

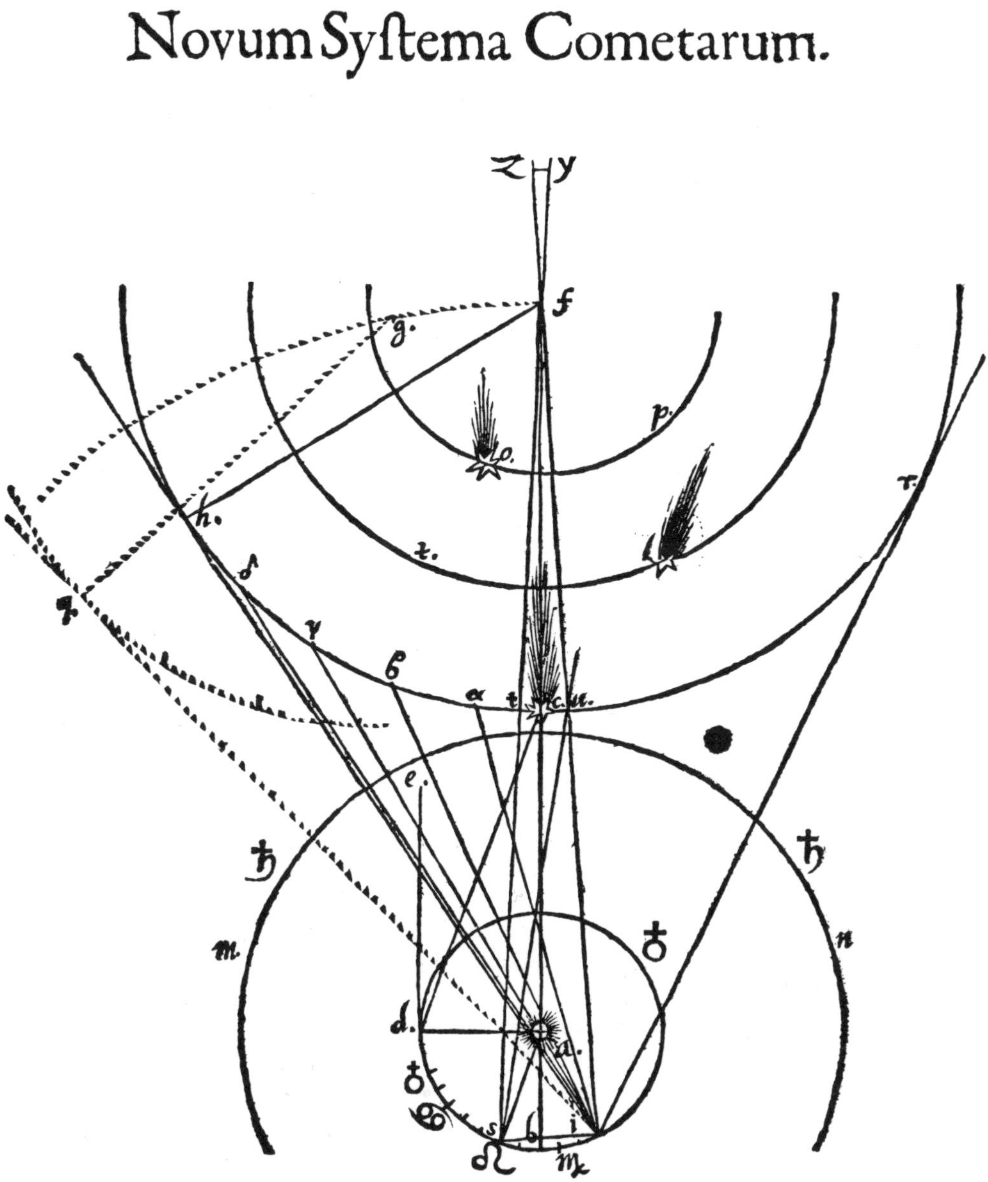

Kometenbahnen nach Jacob Bernoulli

hatte, inspirieren und nannte sein System den «Cometen Wirbel», der «auf unserem Haupt-Wirbel oder dem Großen Sonnen-Rad» selbst rotierend abrolle. Auf diese Weise könnten die Kometen sich für kurze Zeit der Sonne (bzw. der Erde) nähern und dann für längere Zeit wieder unsichtbar werden. Bernoullis Theorie ist eine Mischung aus kopernikanischen Errungenschaften, ptolemäischen Tabus, tychonischen Kompromissen und galileischen Beobachtungen. Als solches Konglomerat ist sie typisch für jene Übergangszeit, von der wir heute in der Regel nur die positive Auslese an Fortschritt kennenlernen. Kopernikanisch ist das heliozentrische Planetensystem, ptolemäisch das Verbot sich schneidender Bahnen, tychonisch die Wahl von zwei Zentren, und an Galilei lehnt sich Bernoulli an, wenn er von seinem Kometen-Wirbel sagt, er kreise um die Sonne wie Jupiter mit seinen Monden. Die langgestreckten Bahnen der Kometen, wie sie die damaligen Messungen ergaben, verlangten aber nach einer grundsätzlich neuen Geometrie. Sowohl die harmonischen Kreise als auch Keplers wenig exzentrische Planetenellipsen waren nicht geeignet, die extravaganten Kometenbewegungen aufzunehmen.

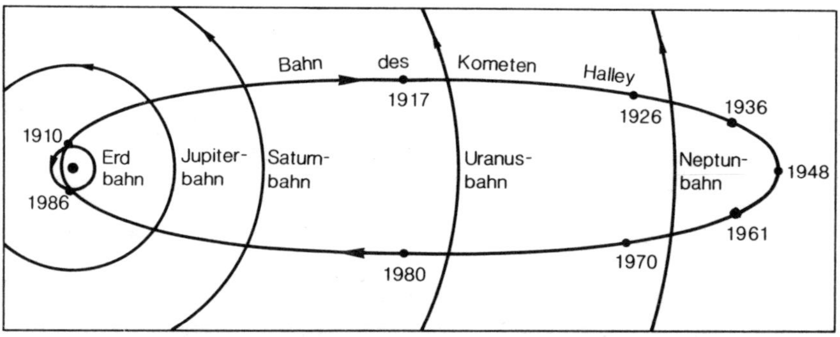

So stellt man heute ganz schematisch die Bahn des Halleyschen Kometen dar. Es ist eine sehr exzentrische, d.h. langgestreckte *Ellipse*, die vom Inneren der Erdbahn bis weit hinaus über die Neptunbahn reicht, also die Grenzen des damals bekannten Planetensystems vollständig sprengte. (Uranus wurde erst 1781 entdeckt, Neptun 1846, Pluto 1930.) In einem der zwei Brennpunkte dieser Ellipse steht die Sonne, genau gleich wie sie es für die von Kepler entdeckten Planetenellipsen tut, die allerdings mehr oder weniger kreisähnlich sind.

Ellipsen sind aber nicht die einzigen möglichen Bahnformen, auf denen Kometen sich bewegen. Es gibt noch weitere Kurven, wie *Parabeln* und *Hyperbeln*, die für solch seltene Besucher des engeren Planetensystems in Frage kommen. Da damals noch niemand an eine periodische Wiederkehr ein und desselben Kometen dachte, war es naheliegend, bei deren Bahnen eher an eine nicht geschlossene Kurve, wie es die Parabel ist, zu denken. Solche Vermutungen wurden zuerst 1665 von *Giovanni Borelli* (1608–1679) publiziert, der damals an der Accademia del Cimento in Florenz wirkte. Bald danach folgte *Johannes Hevelius* (1611–1687), der große Mondforscher, der auch vier Kometen entdeckte, mit seiner in Danzig 1668 herausgegebenen «Cometographie», in welcher er nicht nur parabelförmige Bahnen für die Kometen konstruierte, sondern noch weiter ging und den Ursprung der Kometen in den Atmosphären der äußeren Planeten Jupiter und Saturn vermutete. Von dort aus würden diskusförmige Körper zunächst in Spiralen «aufsteigen», um dann auf weitgeöffneten Parabeln ins innere Planetensystem zu gelangen, wobei sich die Diskusebene sukzessive in die Richtung der Bewegung dreht, so daß der Widerstand des interplanetaren Mediums (das Hevelius noch vermutete) kleiner und somit die Geschwindigkeit des Kometen größer wird, wie dies bei allen Kometen bis zu ihrem *Perihelion* (dem sonnennächsten Punkt) beobachtet wurde.

Diese Theorie des Hevelius ist besonders geeignet, Zusammenhänge zwischen antiken Vorstellungen und viel späteren Hypothesen über die Herkunft der Kometen herzustellen – zumindest was die schöpferische Intuition betrifft. Waren bei einigen antiken Naturphilosophen die Kometen ursprünglich «Ausdünstungen» von Planeten, so wissen moderne Astronomen nun aufgrund ihrer Berechnungen, daß die großen Planeten oft Kometen «einfangen» und sie auf die von uns beobachteten Bahnen bringen. Sogar ein Kometen-Reservoir wird vermutet, allerdings weit hinter Pluto am äußersten Rand des Planetensystems.

Hevelius hatte noch keine exakten Angaben über die Lage der Kometen-Parabeln bezüglich der Sonne gemacht. Dies holte sein Schüler *Georg Samuel Dörffel* (1643–1688) nach, ein Pastor und Liebhaberastronom, der beim großen Kometen von 1680/81 eine Parabelbahn mit der Sonne im Brennpunkt postulierte. Auch wenn weder Hevelius noch Dörffel genaue physikalische Gründe für diese Bahnformen kannten und beide mehr intuitiv konstruierten als genau berechneten, bleibt es ihr Verdienst, als erste einen Durchbruch in der Frage der Kometenbahnen erzielt zu haben.

Die genaue Berechnung solcher Bahnen und die Begründung ihrer Existenzberechtigung beschäftigte *Isaac Newton* (1642–1727), den ersten großen Theoretiker der modernen Physik, seit seinen Jugendjahren. Als 1665/66 in England die Pest wütete, wurden die Studenten von Cambridge nach Hause geschickt, damit sie nicht angesteckt würden. Auf dem väterlichen Gut in Woolsthorpe bei Grantham fand der vierundzwanzigjährige Newton Muße, über die offenen wissenschaftlichen Fragen seiner Zeit nachzudenken, wobei er zu praktisch allen Gebieten, die ihn später beschäftigen sollten, schon hier gedankliche Grundsteine legte. So auch zur Frage der *Gravitation.* Kepler hatte seine Gesetze über die Planetenbahnen aus den beobachteten Bewegungen durch mühsame Rechenarbeit hergeleitet, ohne deren physikalische Ursache zu kennen, auch wenn er sich bereits Gedanken über eine Gravitationskraft machte. Newton hatte nun die Idee, die irdische Schwerkraft, die wir alle spüren und die Grund dazu ist, daß alle Körper, die hochgeworfen werden, zur Erde zurückfallen, ohne Begrenzung, aber mit abnehmender Intensität bis weit ins All hinaus wirksam werden zu lassen. «Im selben Jahr [1666] begann ich zu denken, daß die Schwerkraft sich auch auf den Mond erstrecke ... Aus Keplers Gesetz von den periodischen Umlaufzeiten der Planeten leitete ich ab, daß die Kräfte, welche die Planeten in ihren Bahnen halten, im umgekehrten Verhältnis zu den Entfernungen von den Mittelpunkten stehen müssen, um die sie sich drehen; dabei verglich ich die Kraft, die erforderlich ist, um den Mond in seiner Bahn zu halten, mit der Schwerkraft an der Oberfläche der Erde und fand, daß sie ziemlich genau paßten.» Obwohl schon mancher vorher sich ähnliche Vorstellungen über die Gravitation gemacht hatte, war Newton der erste, der sie zahlenmäßig nachprüfte und ein quantitatives Gesetz herleitete. Da er sich aber zu zeigen vorgenommen hatte, daß die uns vertraute irdische «Schwere» im Grunde nichts anderes ist als jene Kraft, die die Planeten in ihren Bahnen hält, vollendete Newton sein *Allgemeines Gravitationsgesetz* erst im Jahre 1685 und veröffentlichte es 1687 in der Erstausgabe seiner «Principia». Newtons Nichte Catherine Barton soll sowohl Voltaire als auch dem Präsidenten der Royal Society, Martin Folkes, erzählt haben, ein im väterlichen Garten in Woolsthorpe herabfallender Apfel habe Newton auf die Idee der Gravitation gebracht. Die Anekdote mag zwar erfunden sein, doch weist sie immerhin auf die für jede naturwissenschaftliche Forschung entscheidende Bedingung hin, nicht durch reines Nachdenken, sondern durch Beobachten der Natur ihre Gesetze zu entdecken. Diese Einsicht führte ja denn auch zu unserer heutigen Experimentierforschung.

Mit Hilfe dieses Gravitationsgesetzes lassen sich nicht nur die bekannten Keplerschen Gesetze ableiten, sondern auch andere mögliche Bahnformen um ein Gravitationszentrum wie die Sonne berechnen. Der Schlüssel zur Entzifferung des Geheimnisses der Kometenbahnen war von Newton gefunden worden. Er hätte sich dazu vielleicht noch mehr Zeit als von 1666 bis 1685 gelassen, weil ganz andere Fragen sein Interesse beschäftigt hielten, doch ein Mann drängte ihn, diesem Problem Priorität einzuräumen. Es war *Edmond Halley* (1656–1742), der bereits Anfang Dezember 1680, als er unterwegs nach Paris war, kurz nach Calais den großen Kometen von 1680/81 gesehen hatte. Er hinterließ bei Halley einen so gewaltigen Eindruck, daß dieser sich in den folgenden Jahren sehr intensiv mit Kometen beschäftigte. Für die Wissenschaft sollte dies von bahnbrechender Bedeutung werden.

Halley hatte vorher achtzehn Monate lang auf der Insel St. Helena im Südatlantik für Flamsteed, den Gründer und ersten Leiter der Greenwich-Sternwarte, 341 Sternpositionen ausgemessen, die zur genauen Erfassung des südlichen Sternhimmels dienten. Der königliche Astronom *John Flamsteed* (1646–1719) war damit beauftragt, der Seefahrt bessere Navigationsmöglichkeiten zu liefern. Auf St. Helena hatte Halley außerdem Pendelexperimente im Auftrag der Royal Society durchgeführt, die zur Bestimmung der Erdgestalt dienten und denen das besondere Interesse Newtons galt. Dank dieser Beziehungen, die Halley als junger vielseitiger Forscher knüpfte, war es ihm möglich, an vorderster Front die damalige Entwicklung der Wissenschaft zu verfolgen. Er kannte die Stärken eines jeden und war überzeugt, daß Newton der einzige war, der das komplexe Problem der Kometenbahnen lösen könne.

Newton war bis zu diesem Zeitpunkt der Ansicht Keplers gewesen, die Kometenbahnen verliefen geradlinig. Beobachtet man einen Kometen genügend lange vor oder nach seinem Periheldurchgang, so sind tatsächlich die

Kurvenstücke der Parabeln bzw. der langgestreckten Ellipsen nahezu geradlinig. Aus den damals noch recht ungenauen Positionsbestimmungen ließ sich zudem in erster Näherung eine Gerade ableiten. Aber diese erste Näherung genügte jenen Beobachtern, die sich leidenschaftlich für die Kometenbahnen interessierten, noch nicht. Zu ihnen gehörte nun außer Hevelius und Dörffel der fünfundzwanzigjährige Halley, der sein Kometenfieber auf Newton übertrug. Dieser sichtete zunächst die Geschichte der Kometenentdeckungen und bemerkte, daß mehr als 80% der Kometen an jener Himmelshalbkugel erschienen, an der sich zur Zeit der Entdeckung auch die Sonne befand. Er vermutete zudem, daß dieser Prozentsatz noch weit höher ausgefallen wäre, wenn nicht ein Teil der Kometen wegen der Überstrahlung durch die Sonne unentdeckt geblieben wäre. Newton folgerte daraus einerseits, daß die Kometen sich auf Bahnen bewegen, die im Gegensatz zu den Planetenbahnen sehr exzentrische, also langgestreckte Ellipsen sind, deren *Aphelion* (sonnenfernster Punkt) in weiter Ferne jenseits der Jupiterbahn liegt. Andererseits stellte er fest, daß die Kometen in Sonnennähe eine größere Helligkeit aufweisen, da sie kein eigenes Licht ausstrahlen, sondern lediglich das Licht der Sonne reflektieren. Zudem gab Newton eine gültige Erklärung für diese Helligkeitszunahme und die Schweifbildung in Sonnennähe. Durch die starke Einstrahlung erwärme sich der Kometenkörper (den sich Newton viel kleiner als einen Planeten vorstellte), was zu einer teilweisen Verdampfung führe. Die Dämpfe erzeugten eine Atmosphäre, an der das Sonnenlicht reflektiert werde. Die Lichtstrahlen rissen außerdem Dämpfe mit sich, die als Schweif erkennbar seien. Newton bestätigte also die Keplersche Auffassung und begründete sie zugleich physikalisch tiefer. Sehr dünne Luft könne im freien Raum der Wirkung der Lichtstrahlen nachgeben, was keinen Widerspruch zu unserer Erfahrung auf der Erde bilde, da hier wegen des hohen Druckes einer solchen Bewegung ein zu großer Widerstand entgegenstehe. Mit früheren Theorien räumte er auf, weil sie auf völlig verkehrten Ansichten über die Eigenschaften des Lichts beruhten. Zu Schweiftheorien, die das Licht allein für die Schweifbildung verantwortlich machten, bemerkte er beispielsweise, daß Licht an sich nicht sichtbar sei; es mache einzig die Körper, auf die es treffe, sichtbar. So könne man in einem verdunkelten Raum einen Lichtstrahl nur an den von ihm erfaßten Staubpartikelchen erkennen.
Zur Befriedigung von *Halley* leitete Newton außerdem eine Methode her, nach der man aus drei Orten der scheinbaren Bahn eines Kometen zu den zugehörigen Beobachtungszeiten rechnerisch auf die wahre Bahn im Raum schließen kann. Halley rechnete nun für viele – insgesamt 24 – Erscheinungen von Kometen, von denen genügend genaue Positionsbestimmungen überliefert waren, die Bahnen aus und verglich deren Bahnelemente. Er setzte sich damit ein bestimmtes Ziel, das uns heute mehr als selbstverständlich erscheint, damals aber offenbar auf einem ganz neuen Einfall beruhte: Da nach Newtons Rechnung außer Parabeln auch Ellipsen als Kometenbahnen in Frage kamen, mußte es unter den vielen beobachteten Kometen auch

solche geben, die nicht einmalige Erscheinungen waren, sondern *periodische*. Es mußten demnach Kometen existieren, die in regelmäßigen Zeitabständen (entsprechend ihrer Umlaufdauer um die Sonne) immer wieder in deren Nähe (und somit in unsere Sichtweite) zurückkehrten. Ob jemand vor Halley jemals an eine solche Periodizität der Kometenerscheinungen dachte, ist unwichtig; entscheidend ist, daß Halley sich als erster daran machte, solch wiederkehrende Kometen ausfindig zu machen. Das erwies sich als recht schwierig. Zunächst untersuchte er die Bahnen des großen Kometen von 1680/81 und jene der Kometen der Jahre 1106, 531 und 44 v. Chr., so gut die überkommenen Beobachtungsdaten es überhaupt erlaubten. Er hatte nämlich aus den Daten für die Bahn des Kometen von 1680/81 eine Umlaufdauer von 575 Jahren errechnet, und nun stellte er fest, daß rückwärts gerechnet drei Mal in einem solchen Zeitabstand helle Kometenerscheinungen beobachtet worden waren. Halley (und mit ihm Newton) waren überzeugt, daß es sich dabei um die viermalige Wiederkehr ein und desselben Kometen handeln müsse. Spätere Berechnungen haben indessen gezeigt, daß er sich dabei irrte. *Encke* (siehe Seite 83) wies im 19. Jahrhundert mit inzwischen stark verbesserten Methoden nach, daß die Umlaufzeit des Kometen von 1680/81 rund 8800 Jahre beträgt, daß ferner die Beobachtungen von 1106 eine andere Bahn als jene von 1680/81 ergeben und jene der Jahre 531 und 44 v. Chr. zu ungenau sind, um eine brauchbare Berechnung zu gestatten.

Mit dem Kometen von 1682, den er selber sehr genau beobachtete, hatte *Halley* mehr Erfolg. Er berechnete aus den Positionsmessungen eine stark exzentrische Ellipse als Bahn und fand heraus, daß die Kometen von 1607 und 1531 sich auf derselben Bahn bewegt hatten. (Der Vergleich der Bahnelemente der drei Bahnen folgt im 3. Kapitel auf Seite 83.) Der Komet, der sich am 25. August 1531, am 26. Oktober 1607 und zuletzt am 14. September 1682 am sonnennächsten Punkt dieser Bahn befunden hatte, war ein und derselbe Himmelskörper gewesen. Der Schluß lag nahe, daß es noch frühere Beobachtungen dieses Kometen gegeben haben mußte und daß er nach einem weiteren Umlauf, also 76 Jahre später, wieder am Himmel stehen würde. Halley wagte im Jahre 1705, als er mit all diesen Berechnungen fertig war und sie publizierte, die Wiederkehr des Kometen für die Jahreswende 1758/59 vorauszusagen. Man kann sich kaum vorstellen, was dies für die damalige Zeit bedeutete. Noch im Jahre 1681 hatten sich Theologen, Liebhaberastronomen, Gottesfürchtige und Wissenschaftler aufs heftigste gestritten, ob nun die Kometen Zeichen Gottes seien, die zu Reue und Buße aufrufen, oder zufällige meteorologische Erscheinungen oder Luftspiegelungen oder unbestimmte Himmelskörper. Und kaum eine Generation später prophezeit jemand die Wiederkehr eines solchen Kometen fünfzig Jahre im voraus, indem er angibt, dessen genaue Bahn innerhalb des Planetensystems zu kennen. Eine so schlagartige Entdämonisierung der Natur, eine so folgenschwere Geisteraustreibung hat es in der Geschichte der Wissenschaft sonst nur in der Medizin gegeben. In Wirklichkeit ging allerdings alles viel langsamer vor sich, als ein nachträglicher Bericht, der notgedrungen die Zeit enorm raffen muß, dies darzustellen vermag. Zunächst wartete man das Jahr 1758 ab.

Sofern ein aufmerksamer Leser die Daten der Periheldurchgänge des Kometen in den Jahren 1531, 1607 und 1682 genau beachtet hat, dürfte er festgestellt haben, daß die Zeitspanne zwischen den ersten beiden über 76 Jahre beträgt, jene zwischen dem zweiten und dritten aber weniger als 75 Jahre! Der Unterschied beläuft sich auf mehr als 15 Monate, was eine ganz beträchtliche Abweichung bedeutet. Halley ist dies natürlich nicht entgangen. Er fand dafür auch eine gute Erklärung: Als sich der Komet 1681 der Sonne näherte, kam er für mehrere Monate dem Planeten Jupiter so nahe, daß dessen Anziehung immerhin 2% zusätzlich zur Sonnenanziehung ausmachte. Das hatte eine Beschleunigung des Kometen zur Folge und dementsprechend einen zu frühen Periheldurchgang. Das Problem der Bahnstörungen durch einen dritten Körper konnte Halley rechnerisch nicht mehr lösen. Immerhin vermochte er aber seine Untersuchungen so weit zu präzisieren, daß er in der Lage war, bis zur nächsten Wiederkehr des Kometen eine Vergrößerung der Periode anzukündigen.

Die Spannung war also gewaltig. Es galt festzustellen, ob der Komet Ende 1758 tatsächlich wiederkehre und wann genau sein Periheldurchgang stattfinden werde. Zuerst wurde der Komet (Halley war 1742 gestorben) am 25. Dezember 1758 in Sachsen vom Bauernastronomen *Georg Palitzsch* (1723–1788) entdeckt. Der Periheldurchgang fand am 12. März 1759 statt; die Periode hatte sich also erneut vergrößert. Erst jetzt erhielt dieser Komet den Namen «Halleyscher Komet».

3. Kapitel

Die Bestimmung der Kometenbahnen

Kepler, Newton und die Triumphe der Himmelsmechanik

Halley konnte die Wiederkehr seines Kometen voraussagen, weil die Bahnen der Himmelskörper, also auch die Kometenbahnen, dank der Entwicklung der mathematischen Physik berechenbar geworden waren.
Grundlage dazu bildet das bereits erwähnte *Allgemeine Gravitationsgesetz* von *Newton*, das die Anziehung zweier Körper quantitativ beschreibt: Die Anziehungskraft, die jeder der beiden Körper erfährt, ist proportional zu jeder der beiden Massen der Körper und umgekehrt proportional zum Quadrat des Abstandes der beiden Massenmittelpunkte. Das heißt, daß bei Vergrößerung einer der beiden Körpermassen auf das Zehnfache auch die Anziehungskraft verzehnfacht wird, die jeder der zwei Körper erfährt; bei Vergrößerung des Abstandes zwischen den zwei Massenmittelpunkten auf das Zehnfache reduziert sich dagegen jede dieser Kräfte auf ein Hundertstel! Die Gravitationskraft verkleinert sich demnach bei wachsender Entfernung sehr schnell, bleibt aber dennoch wirksam und vermag die Bewegung der Körper selbst noch bei ganz großer Entfernung voneinander (theoretisch bis ins Unendliche) zu beeinflussen. Ist außerdem mindestens einer dieser Körper sehr massenreich (d. h. sehr schwer), wie dies zum Beispiel für die Planeten und insbesondere für die Sonne gilt, so haben wir es auch bei Distanzen, wie sie im Planetensystem vorkommen, mit unvorstellbar großen Kräften zu tun.
Wie manifestiert sich nun die Wirkung solcher *Gravitationskräfte*? Ein Beispiel ist uns von unserer täglichen Erfahrung her sehr vertraut, nämlich die Anziehungskraft, die die Erde auf jeden von uns ausübt und die wir als Gewicht bezeichnen. Wir spüren sie am deutlichsten, wenn wir unseren Standort auf der Erdoberfläche in die Höhe verlegen (und damit unsere Entfernung vom Erdmittelpunkt verändern). Beim Bergaufsteigen müssen wir gegen die Erdanziehung, die uns zurückholen will, mühsam ankämpfen, während wir im umgekehrten Fall spielend abwärts gelangen, da diese Kraft unsere Bewegung beschleunigt. Wir müssen uns dann im Gegenteil bremsen, damit wir keine allzugroße Geschwindigkeit erreichen.
Werfen wir einen Körper in die Höhe, so wirkt die Gravitationskraft entgegengesetzt zur Bewegungsrichtung (d. h. entgegengesetzt zur Richtung der *Geschwindigkeit*, mit der wir den Körper emporgeworfen haben). Sie wirkt somit als bremsende Kraft und verkleinert die Geschwindigkeit, bis sie null wird. Nun befindet sich der Körper frei in einer bestimmten Höhe, ohne eine feste Unterlage, die ihn am Fallen hindern könnte. Danach wird die Gravitationskraft als beschleunigende Kraft in Wirkung treten und den Körper abwärts bewegen, diesmal mit wachsender Geschwindigkeit.

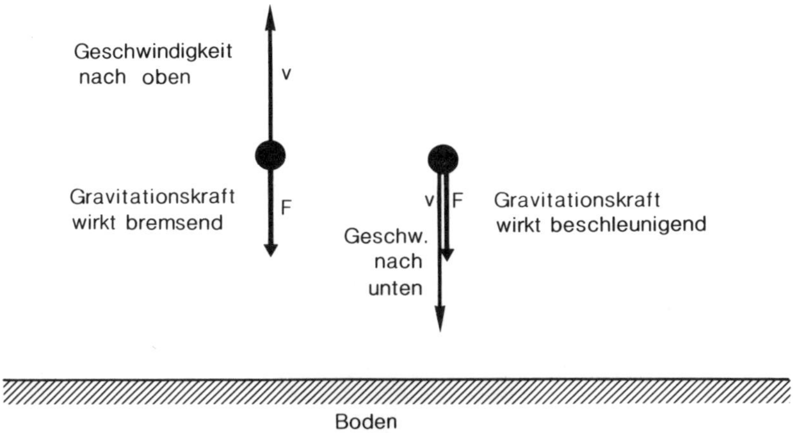

Wie jede Kraft beeinflußt also auch die Gravitationskraft die Geschwindigkeit eines sich bewegenden Körpers, wobei die dargestellten Fälle die zwei einfachsten Möglichkeiten wiedergeben, da nämlich bei ihnen Geschwindigkeit und Gravitationskraft auf derselben Geraden liegen. Trifft dies nicht zu, wird die Bewegung etwas komplizierter, weil dann die Geschwindigkeit ihre Richtung ändert. Der Körper wird sich nun auf einer gekrümmten Bahn bewegen, wobei die Geschwindigkeit zunehmen oder abnehmen oder gleichbleiben wird, je nachdem ob der Winkel zwischen dieser und der Kraft kleiner, größer oder genau 90° beträgt:

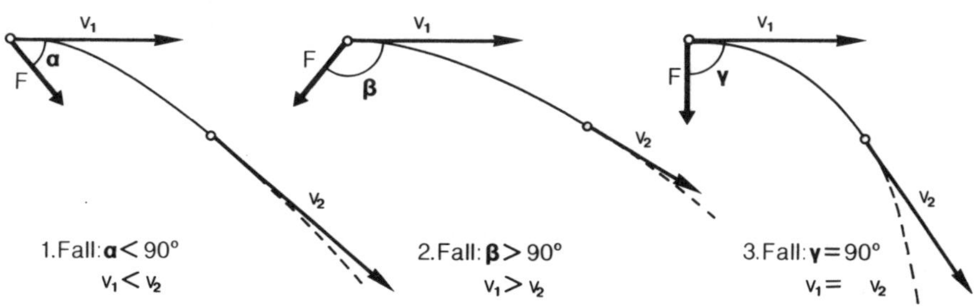

Diese drei Fälle sind für die Bewegung von Himmelskörpern von Bedeutung. Newton zeigt in seiner «Abhandlung über das Weltsystem» die Beziehung zwischen Anfangsgeschwindigkeit, Gravitationskraft und Bahnkurve (vergleiche Darstellung auf folgender Seite).

Newton erläutert mit seiner Zeichnung die Zunahme der Wurfweite eines von einem «hohen Berg» aus geworfenen Körpers mit immer größer gewählter Wurfgeschwindigkeit. Vom Berggipfel V aus gelangt der Körper bei einer ersten Geschwindigkeit bis D, bei einer größeren bis E, bei einer noch größeren bis F und bei einer noch viel größeren bis G, einem Punkt, der V fast diametral gegenüberliegt. Was passiert nun, wenn man die Geschwindigkeit noch mal wesentlich steigert? Dann wird der Körper gar nicht mehr auf den Boden zurückfallen, sondern einen Kreis über der Erdoberfläche

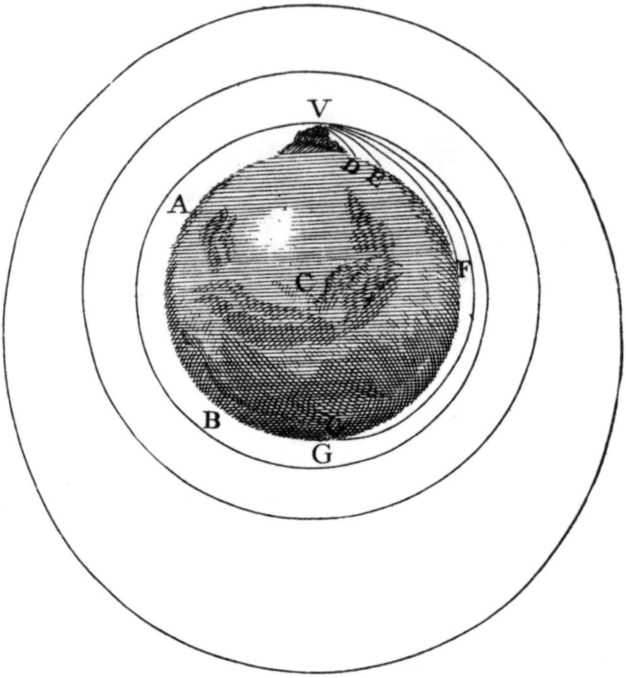

beschreiben, über die Punkte B und A hinwegfliegen und nach V zurückkehren. Schleuderte man Körper aus noch größerer Höhe weg (Newton stellte sich 5, 10, 100, 1000 Meilen oder ebenso viele Erdradien vor), so würden die Körper «entsprechend der gewählten Geschwindigkeit und der von der Höhe abhängigen Gravitationskraft zur Erdoberfläche konzentrische Kreise beschreiben oder aber mehr oder weniger exzentrische Bahnen, und sie würden weiterfahren, sich auf diesen Bahnen durch die Himmel zu bewegen, genauso wie es die Planeten auf ihren Bahnen tun». Diese Darstellung Newtons stellt den eigentlichen *Beginn der Weltraumfahrt* dar, auch wenn es noch 230 Jahre dauerte, bis der erste Sputnik tatsächlich von V über B und A die Erde umkreiste und nach V zurückkehrte, um mit der zweiten Umkreisung weiterzufahren. Nach dem theoretischen Durchbruch Newtons, der mit der Gravitationskraft das eigentliche Geheimnis der Planetenbewegung entdeckt hatte, ging es in der Praxis darum, die technischen Voraussetzungen zu schaffen, wollte man sein rein gedankliches Experiment in die Tat umsetzen. Und das ist in bezug auf die Entwicklung der Technik während der letzten Jahrhunderte immer nur eine Frage der Zeit gewesen – und der verfügbaren Mittel. In diesem Fall galt es, die Körper auf die notwendige Geschwindigkeit zu bringen oder ihnen – mit anderen Worten – die dazu erforderliche Beschleunigung zu erteilen, was erst mit der Entwicklung des Raketenantriebs möglich wurde.

Diese Geschwindigkeiten sind indes enorm groß. Sie hängen von der Masse und dem Radius des Zentralkörpers ab. Bei der Erde als Zentralkörper

beträgt die Mindestgeschwindigkeit, die es verhindert, daß ein abgeschossener Körper auf die Erde zurückfällt, sondern diese umkreisen kann, 7,9 km/s (Kilometer pro Sekunde!), wobei in dieser Rechnung einzig die Gravitationskraft berücksichtigt worden ist; alle übrigen in der Realität wirksamen Kräfte (wie zum Beispiel der Luftwiderstand) blieben vernachlässigt. Dies gilt für alle folgenden Geschwindigkeitsberechnungen. In der Praxis muß man natürlich auch den Luftwiderstand berücksichtigen, da bei allen von der Erdoberfläche ausgehenden Bahnen von Satelliten das erste Stück der Bahn durch die Erdatmosphäre verläuft. In dieser wirken bremsende Reibungskräfte, deren Einfluß durch eine etwas größere Anfangsgeschwindigkeit, d. h. größere Abschußenergie kompensiert werden muß. Dieser Einfluß wird dadurch auf ein Minimum reduziert, daß man die Raketen senkrecht nach oben abschießt. So können sie auf kürzestem Weg aus der Erdatmosphäre hinausgelangen. Sie steigen zunächst steil auf, drehen dann langsam ab und schwenken in die vorausberechnete Kreisbahn ein.
Will man einen Satelliten auf eine Kreisbahn in bestimmter Höhe über der Erdoberfläche bringen, muß man dafür sorgen, daß im Moment des Einschwenkens in diese Kreisbahn seine Geschwindigkeit den dazu notwendigen Wert besitzt. Er beträgt für verschiedene Abstände vom Erdmittelpunkt (in Anzahl Erdradien angegeben):

Radius der Kreisbahn (als Vielfaches des Erdradius)	Kreisbahngeschwindigkeit des Satelliten (in km/s)
1	7,9
2	5,6
3	4,6
5	3,5
10	2,5
20	1,8
40	1,25
60	1,02

Auf dieser letzten Höhe über der Erde (in einem Abstand von 60,33 Erdradien vom Erdmittelpunkt) gibt es einen natürlichen Satelliten der Erde, nämlich den *Mond*, der seit Menschengedenken seine Kreisbahn beschreibt (genaugenommen ist es eine sehr wenig exzentrische Ellipse). Aus der Entfernung des Mondes von der Erde können wir den Umfang dieses Kreises berechnen. Wenn wir diesen durch die Umlaufdauer des Mondes, die 27 Tage 7 Stunden 43 Minuten und 12 Sekunden beträgt, dividieren, erhalten wir die aus unseren Beobachtungen und Messungen resultierende mittlere Geschwindigkeit des Mondes auf seiner Bahn um die Erde. Sie muß mit der anhand der Newtonschen Theorie berechneten Geschwindigkeit übereinstimmen, wenn diese Theorie ein taugliches Mittel zur Darstellung der Gravitationsbewegungen sein soll.

Diese gemessene Geschwindigkeit des Mondes auf seiner Bahn stimmt also mit der theoretisch berechneten zuunterst auf unserer Tabelle überein!
Newton sagte auch (vergleiche Seite 68): «... so würden die Körper entsprechend der gewählten Geschwindigkeit ... zur Erdoberfläche konzentrische Kreise beschreiben oder aber mehr oder weniger exzentrische Bahnen». Wählt man zum Beispiel im Punkt W eine größere als für die Kreisbahn 1 erforderliche Geschwindigkeit, kann sich der Körper weiter von der Erde entfernen; die Bahn wird also elliptisch, wobei die Ellipse 2 den ganzen Kreis 1 einschließt. Wählt man eine kleinere als die Kreisbahngeschwindigkeit, nähert sich der Körper teilweise der Erde; die Bahn wird wieder elliptisch, doch liegt diesmal diese Ellipse 3 ganz innerhalb des Kreises 1.

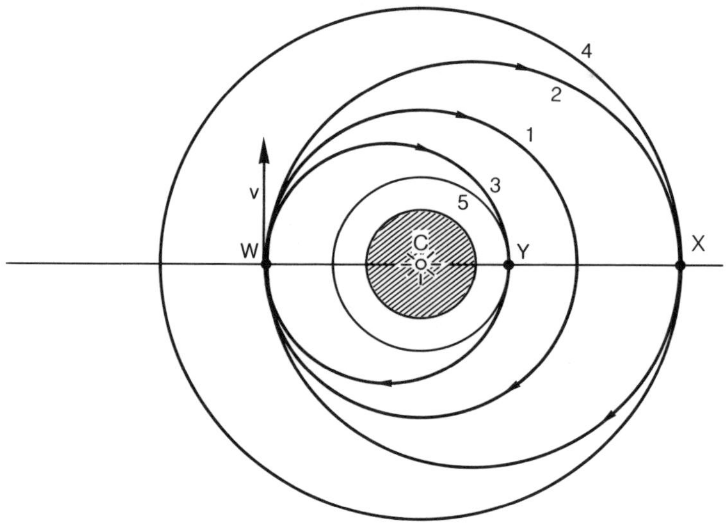

Die Erklärung dafür liegt in der Wirkung der *Gravitationskraft*, wie sie auf Seite 67 für die drei möglichen Fälle des Winkels zwischen dieser und der *Geschwindigkeit* erläutert worden ist.
Hat der Körper in W gerade die Kreisbahngeschwindigkeit, so wird er die Kreisbahn 1 beschreiben, die konzentrisch zur Erdoberfläche verläuft (deren Mittelpunkt also der Erdmittelpunkt C ist). Die gegen dieses Zentrum gerichtete Gravitationskraft bleibt immer senkrecht zur Geschwindigkeit (3. Fall auf Seite 67). Auf der ganzen Kreisbahn hat die Geschwindigkeit einen konstanten Betrag. Es gibt keine ausgezeichneten Punkte.
Anders verhält es sich bei der Ellipse 2, der Bahn, die der Körper einschlägt, wenn er in W mit einer größeren Geschwindigkeit abgeschossen wird, als für die Kreisbahn 1 notwendig ist. Der Körper wird sich infolge dieser Geschwindigkeit weiter von der Erde entfernen, wobei die Richtung der Geschwindigkeit mit der Richtung der Gravitationskraft einen Winkel bildet, der größer als 90° sein wird, was dem 2. Fall von Seite 67 entspricht. Die Geschwindigkeit nimmt also ständig ab, während sich der Körper weiter und

weiter von der Erde entfernt, bis er eine maximale Entfernung (Punkt X) erreicht hat. Hier steht die Geschwindigkeit senkrecht zur Gravitationskraft. Der Körper wird indes nicht die Kreisbahn 4 einschlagen, denn seine Geschwindigkeit hat so stark abgenommen, daß sie in X kleiner als für diese Kreisbahn notwendig ist. Im Vergleich zu W ist die Situation umgekehrt: Wegen der zu kleinen Geschwindigkeit beschreibt der Körper keine Kreisbahn, sondern beginnt sich der Erde anzunähern, wobei für den Winkel zwischen der Geschwindigkeit und der Gravitationskraft der 1. Fall von Seite 67 gilt. Weil dieser Winkel kleiner als 90° ist, wird die Geschwindigkeit nun wachsen, bis sie in Punkt W wieder ihr Maximum erreicht und alles von vorne beginnt.

Bei der Ellipse 3, die der Körper beschreibt, wenn er in W eine kleinere als die Kreisbahngeschwindigkeit erhält, gilt entsprechendes. Zunächst wird sich der Körper der Erde nähern, wobei seine Geschwindigkeit zunimmt (1. Fall von Seite 67), bis sie in Y ihr Maximum erreicht. Sie ist aber größer als die an diesem Punkt erforderliche Geschwindigkeit für die Kreisbahn 5. Der Körper wird daher nicht diese Kreisbahn einschlagen, sondern sich nun wieder entfernen, wobei seine Geschwindigkeit abnimmt (2. Fall von Seite 67), bis sie in W erneut ihr Minimum erreicht und der nächste Umlauf anfängt.

Diese *Umlaufbahnen* sind folglich völlig stabil. Wenn außer der Gravitationskraft keine weiteren Einflüsse vorhanden sind, die man in diesem Zusammenhang als Störungen bezeichnet, verharren die Körper auf ihren Bahnen. Ein Beispiel dafür ist der Mond auf seiner Bahn um die Erde. Weitere Beispiele geben die vielen Monde ab, die um andere Planeten kreisen und in ihnen ihr Gravitationszentrum haben. Für die Planeten selbst bildet die Sonne das Gravitationszentrum, so daß ihre Gravitationsbewegungen ebenso stabil verlaufen. Dasselbe gilt auch für die Kometen, die den genau gleichen Bedingungen unterworfen sind. Bei den Kometen allerdings kommen noch weitere Möglichkeiten in Betracht, die die Vielfalt der theoretisch möglichen Gravitationsbewegungen aufs schönste bestätigen. Darauf werden wir noch zurückkommen.

Störungen treten auf, wenn auf den Zentralkörper außer der Gravitationskraft eine weitere Kraft einwirkt oder sogar mehrere Kräfte. Dies ist zum Beispiel bei künstlichen Erdsatelliten der Fall, die in nicht sehr großer Höhe ihre Umlaufbahnen verfolgen. Sie bewegen sich noch in der Lufthülle der Erde, die zwar nach oben dünner und dünner wird, aber wirksam bleibt. Infolge der Reibung mit den Luftteilchen wird der Satellit langsam abgebremst, so daß er die Kreisbahn verläßt. Entsprechend dem zuletzt besprochenen Fall von Punkt W aus nähert er sich der Erde, wobei seine Geschwindigkeit indes weniger stark zunimmt, als in jenem Fall geschildert wurde, wo keine störenden Einflüsse vorhanden waren. Einen Teil seiner Energie wird der Satellit wie erwähnt infolge der Reibung verlieren und deshalb spiralförmig immer tiefer in dichtere Schichten der Atmosphäre eindringen. Und da die Störung infolge der wachsenden Reibung rasch zunimmt, stürzt der Satellit schließlich ab.

Es gibt aber noch eine weitere, sehr wichtige Art von Störung. Wir sind davon ausgegangen, daß lediglich zwei Körper infolge der Gravitation miteinander in eine Wechselwirkung eintreten, wobei der eine der beiden Körper eine sehr viel größere Masse als der andere aufweist. Dies trifft für die Erde zu und irgendeinen Körper auf ihrer Oberfläche, für einen künstlichen Erdsatelliten und selbst noch mit befriedigender Genauigkeit für Erde und Mond, dessen Masse nur den 81. Teil der Erdmasse ausmacht. Ebenso kann man auf diese Weise gut die Planetenbewegungen beschreiben. Betrachtet man jeweils einen Planeten und die Sonne, deren Masse so ungemein viel größer als die des Planeten ist, fällt alles andere vorerst wenig ins Gewicht. Schwieriger wird die Situation, wenn ein dritter Körper eine wesentliche Rolle zu spielen beginnt. Bei der Verfolgung der Planetenbahnen über längere Zeiträume treten nämlich oft Abweichungen auf, da es immer wieder vorkommt, daß ein Planet sich einem anderen so stark nähert, daß die Gravitationskräfte zwischen den beiden nicht mehr vernachlässigbar klein bleiben. Dieses *Dreikörperproblem* ist nicht allgemein lösbar und in der Himmelsmechanik am schwersten zu bewältigen, so daß es üblich wurde, etwas höchst Schwieriges oder Unlösbares als «Dreikörperproblem» zu bezeichnen. Für gewisse Spezialfälle wurden aber von großen Mathematikern doch allgemeine Lösungen gefunden, so von den Franzosen *Clairaut* (1713–1765), *Lagrange* (1736–1813) und *Laplace* (1749–1827). Die übrigen Fälle lassen sich durch beliebig gute Näherungen behandeln, was freilich häufig sehr umfangreiche, komplizierte Rechnungen bedingt, die viel Zeit in Anspruch nehmen. Heute kann man mit Hilfe von Computern solche numerischen Probleme rasch lösen, was für die Weltraumfahrt von entscheidender Bedeutung ist. Sie wäre ohne Computer kaum vorstellbar, da man in kurzer Zeit Bahnabweichungen erfassen und Bahnkorrekturen berechnen muß. Was für einen Wissenschaftler früher Wochen und Monate mühsamer Rechenarbeit bedeutete, erledigt heute der Computer in Sekundenschnelle!
Gerade durch solche Störungsrechnungen erzielte die *Himmelsmechanik* ihre größten Triumphe. 1846 kamen die Astronomen *Leverrier* in Paris und *Adams* in London durch ihre Berechnungen unabhängig voneinander zum Schluß, die Abweichungen vom normalen Lauf des Planeten Uranus könnten erklärt werden, wenn man weiter außen im Raum einen zusätzlichen Planeten annehme. Sie gaben genau an, wo sich dieser aufhalten müsse. Und richtig – noch im gleichen Jahr entdeckte *Galle* in der Berliner Sternwarte an der bezeichneten Stelle den achten Planeten unseres Sonnensystems, den man Neptun taufte. Ähnliches wiederholte sich 1930, als *Tombaugh* in der Flagstaff-Sternwarte von Arizona Pluto, den neunten Planeten, entdeckte, dessen Existenz – ebenfalls unabhängig voneinander – *Lowell* und *Pickering* zur Erklärung der Bahnstörungen von Neptun und Uranus vermutet hatten.
Von großer Bedeutung sind solche *Bahnstörungen* auch bei den Kometen, da diese wegen ihrer oft stark exzentrischen Bahnen quer durch das ganze Planetensystem laufen und in die Nähe von großen Planeten gelangen können. Davon wird in den folgenden Kapiteln wiederholt die Rede sein.

Zunächst aber noch einiges zu den allgemeinen Gesetzen der Gravitationsbewegungen, die für das Verständnis der Kometenbahnen von Bedeutung sind. Auf Seite 70 ist im Zusammenhang mit der elliptischen Bahn, die ein Körper einschlägt, wenn er vom Punkt W mit größerer oder kleinerer Geschwindigkeit als zu einer Kreisbahn notwendig abgeschossen wird, gesagt worden, daß dieser in X bzw. in Y eine kleinere bzw. eine größere als die dort benötigte Kreisbahngeschwindigkeit erreicht, so daß er die einmal eingeschlagenen Ellipsenbahn beibehält. Wie lassen sich nun solche *Geschwindigkeiten berechnen*?
Johannes Kepler (1571–1630) hat unter Zuhilfenahme der präzisen Messungen von Planetenbahnen am Sternhimmel, die in langjähriger Arbeit von Tycho Brahe unternommen worden waren, die wahre Form der Planetenbahnen im Raum bestimmen können. In seinem 1609 erschienenen Werk «Astronomia nova» waren bereits die ersten zwei der drei berühmten Keplerschen Gesetze enthalten, die für alle Bewegungen von Trabanten oder Satelliten um einen Zentralkörper gelten, wie dies beim Lauf der Planeten um die Sonne oder bei jenem der Monde um einen Planeten der Fall ist.
Das *1. Keplersche Gesetz* besagt, daß sich die Planeten auf Ellipsen bewegen, in deren einem Brennpunkt die Sonne steht.
Das *2. Keplersche Gesetz,* auch *Flächensatz* genannt, besagt, daß der Verbindungsstrahl von der Sonne zum Planeten in gleichen Zeitabschnitten gleiche Flächen überstreicht. Es ist also ein Gesetz, daß die Geschwindigkeit des Planeten mit seinem jeweiligen Abstand von der Sonne verknüpft.
Dieses Gesetz gestattet uns nun, die Geschwindigkeiten an den Punkten X bzw. Y der zwei Ellipsen zu berechnen und sie mit den jeweiligen Kreisbahngeschwindigkeiten dieser Punkte zu vergleichen.
Nehmen wir an, Punkt W sei 3 Erdradien vom Erdmittelpunkt entfernt. An dieser Stelle beträgt nach der Tabelle auf Seite 69 die Kreisbahngeschwindigkeit 4,6 km/s. Nun wird ein Körper mit der Geschwindigkeit von 5 km/s abgeschossen, so daß er die Ellipsenbahn 2 beschreibt, die bis zu einer maximalen Entfernung (Punkt X) von 5 Erdradien vom Erdmittelpunkt führt. (Diese Entfernung läßt sich aus den Anfangsbedingungen – Abschuß mit 5 km/s aus 3 Erdradien Entfernung – mit Hilfe des Energiesatzes und unter Berücksichtigung des Flächensatzes berechnen.) Die Geschwindigkeit in X läßt sich nun mit Hilfe dieses Flächensatzes bestimmen. *Newton* illustrierte den Keplerschen Flächensatz in seinem «Weltsystem» mit folgender Darstellung:

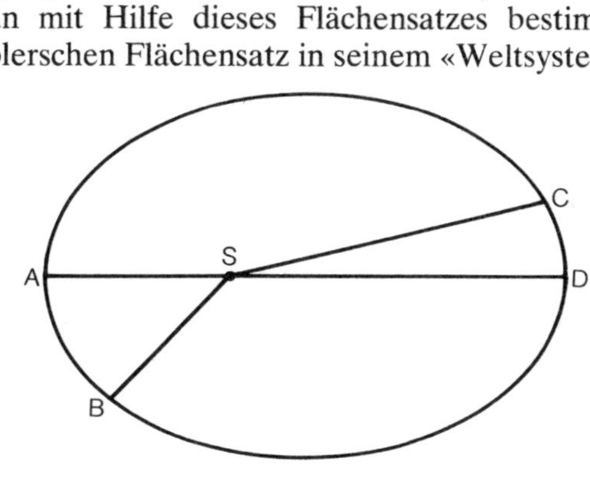

Die Flächen SAB und SDC müssen gleich sein, wenn der Körper für die Wege AB und DC gleich lange Zeiten benötigt. Somit gilt für die Punkte A und D der Ellipse: Die zwei Geschwindigkeiten sind umgekehrt proportional zu den Entfernungen von S. In unserem Beispiel verhalten sich die Entfernungen wie 5:3, also muß die Geschwindigkeit in X $\frac{3}{5}$ der Geschwindigkeit in W oder 3 km/s sein. Dies ist (wie auf Seite 70/71 bereits behauptet wurde) tatsächlich ein kleinerer Betrag als die erforderliche Kreisbahngeschwindigkeit an dieser Stelle. Gemäß der Tabelle auf Seite 69 müßte sie eigentlich 3,5 km/s betragen. Der Körper wird somit nicht die Kreisbahn 4 einschlagen, sondern auf der Ellipse 2 bleiben. Analog zeigt sich bei einem zweiten Körper, der in W mit einer Geschwindigkeit von 4 km/s abgeschossen wird, daß er am erdnächsten Punkt Y nur 1,8 Erdradien vom Erdmittelpunkt entfernt ist und eine Geschwindigkeit von 6,7 km/s erreicht, mithin eine größere als die dortige Kreisbahngeschwindigkeit. (In der Tabelle auf Seite 69 findet man für 2 Erdradien die Kreisbahngeschwindigkeit von 5,6 km/s; jene für 1,8 Erdradien wäre etwas größer, nämlich 5,9 km/s, was aber immer noch weniger ist als die erreichten 6,7 km/s.) Der zweite Körper wird daher nicht in die Kreisbahn 5 einschwenken können, sondern auf Ellipse 3 bleiben. Besitzt der zweite Körper dagegen eine Steuerrakete, die im Punkt Y gezündet wird und seine Geschwindigkeit auf 5,9 km/s abbremst, so wird er in die Kreisbahn 5 hineingelenkt. Analog könnte der erste Körper durch das Zünden einer Steuerrakete in X auf die dort erforderliche Kreisbahngeschwindigkeit von 3,5 km/s beschleunigt und so in die Kreisbahn 4 gelenkt werden.

Bevor wir nun zu einem letzten Abschnitt über die möglichen Bahnformen der Gravitationsbewegungen und damit der möglichen Kometenbahnen kommen, sei bereits an dieser Stelle auch das *3. Keplersche Gesetz* erläutert, das der deutsche Astronom nach beschwerlicher Arbeit von weiteren neun Jahren erst 1618 in seiner «Harmonice mundi» veröffentlichte. Er mußte dazu recht komplizierte Rechnungen durchführen, und ein Kleincomputer hätte ihm viel Zeit und Mühe erspart, denn er hat sich, wie man in seinen Manuskripten sehen kann, oft verrechnet und immer wieder von vorne beginnen müssen. Das 3. Keplersche Gesetz vereinigt alle um denselben Zentralkörper sich bewegenden Satelliten zu einem *System*, in dem nicht beliebige Bahnen und beliebige Umlaufzeiten möglich sind, sondern nur solche, die diesem Gesetz entsprechen. Der Wortlaut: Die Quadrate der Umlaufzeiten der Planeten verhalten sich wie die dritten Potenzen der großen Halbachsen ihrer Bahnellipsen.

Newton konnte siebzig Jahre später die drei Kepler-Gesetze direkt aus dem Allgemeinen Gravitationsgesetz herleiten, während Kepler sie für unser Sonnensystem aus den vorhandenen Messungen für die Planetenbahnen und Planetenumlaufzeiten empirisch bestimmte. Newton war es also auch möglich, das Verhältnis aus den Quadraten der Umlaufzeiten und der dritten Potenzen der zugehörigen großen Halbachsen in einem allgemeinen Zusammenhang zu berechnen. Nur in einem System, wie etwa in guter Näherung in

unserem Sonnensystem, wo die Massen der einzelnen Planeten gegenüber der Sonnenmasse vernachlässigbar klein sind, läßt sich das Gesetz in der einfachen Form anwenden, wie es von Kepler formuliert wurde. Hat man zwei Systeme, wo diese Näherung zulässig ist, kann man mit Hilfe dieses Gesetzes auf einfache Art und Weise unbekannte Massen von Himmelskörpern bestimmen. Nimmt man als erstes System das von Sonne und Planeten, als zweites einen Planeten und seinen Mond bzw. seine Monde, so läßt sich aus der Umlaufzeit des Planeten um die Sonne und seiner Entfernung von der Sonne sowie aus der Umlaufzeit eines Mondes um den Planeten und seiner Entfernung von diesem Planeten die Masse des Planeten im Verhältnis zur Sonnenmasse bestimmen. Ist die Sonnenmasse bekannt, kann die Masse des Planeten auch absolut bestimmt werden. Bei Venus und Merkur, die keine Monde haben, ist die Bestimmung der Masse wesentlich schwieriger. Hier muß man aus Bahnstörungen auf die Masse schließen, was komplizierte Beobachtungen und Rechnungen bedingt.
Doch zurück zu den Gravitationsbahnen, die ein Körper um einen viel massenreicheren Zentralkörper beschreiben kann. Wir haben mit Newton gesehen, daß bei einer Abschußgeschwindigkeit von 7,9 km/s ein Körper nicht mehr auf die Erdoberfläche zurückfällt, sondern (bei Vernachlässigung der Reibung in der Atmosphäre) eine Kreisbahn um den Erdmittelpunkt knapp über der Erdoberfläche beschreibt. Diese Geschwindigkeit ist für jeden Zentralkörper charakteristisch und hängt außer von Naturkonstanten von dessen Masse und Radius ab. Man nennt sie die erste kosmische Geschwindigkeit für diesen Körper.
Die erste kosmische Geschwindigkeit in bezug auf die Erdoberfläche beträgt 7,9 km/s.
Auf Seite 70f. haben wir außerdem gesehen, daß sich der Körper bei einer größeren Abschußgeschwindigkeit vom Gravitationszentrum entfernen kann. Er beschreibt dann keine Kreisbahn mehr, sondern eine elliptische Bahn, deren fernster Punkt desto weiter weg vom Gravitationszentrum liegt, je größer die Abschußgeschwindigkeit gewählt wird. Es ist nun angezeigt, einige wichtige geometrische Eigenschaften der *Ellipse* einzuführen.

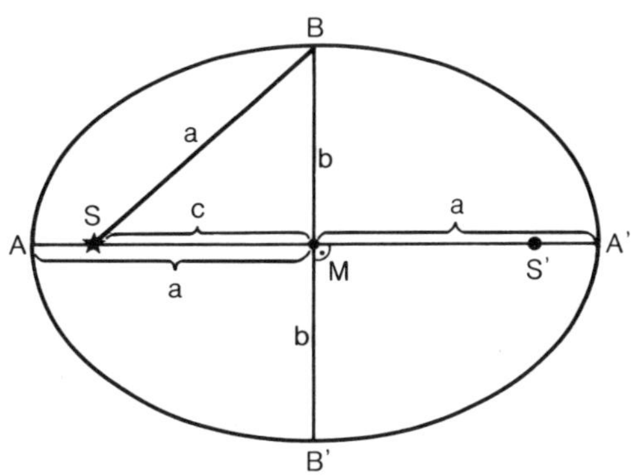

AA' = Große Achse = 2a
BB' = Kleine Achse = 2b

AM = MA' = Große Halbachse = a
BM = MB' = Kleine Halbachse = b

Da SB = a ist, folgt für die *lineare Exzentrizität* c:
$c^2 = a^2 - b^2$

Trägt man von B (bzw. B') aus a ab, so erhält man auf der großen Achse die beiden Brennpunkte S und S'. S kommt besondere Bedeutung zu, da es das Gravitationszentrum ist. SA = (a−c) stellt die kleinste Entfernung des Trabanten vom Zentralkörper dar, SA' = (a+c) die größte. Im Sonnensystem ist A der sonnennächste Punkt der Planeten- bzw. Kometenbahn. Man nennt ihn das *Perihelion* q oder *Perihel*, was vom griechischen peri = «bei», «neben» und helion = «der Sonne» stammt. A' seinerseits ist der sonnenfernste Punkt der Bahn und heißt *Aphelion* Q oder *Aphel,* was «von der Sonne weggewandt» bedeutet. Die entsprechenden Punkte einer Satellitenbahn um die Erde heißen Perigäum (Punkt der größten Erdnähe) und Apogäum (Punkt der größten Erdferne).
Für den Vergleich der verschiedenen Ellipsen untereinander und der Ellipse mit anderen Kurven ist außerdem der Begriff der numerischen Exzentrizität wichtig, die man auch immer meint, wenn bloß von Exzentrizität die Rede ist. Sie wird folgendermaßen definiert:

Numerische Exzentrizität $\varepsilon = \frac{c}{a} = \frac{\sqrt{a^2-b^2}}{a} = \sqrt{\left(1 - \frac{b^2}{a^2}\right)}$

Wie man aus der letzten Formel sofort ersieht, ist für eine Kreisbahn (b= a) die numerische Exzentrizität null. Bei unterschiedlichen Ellipsenbahnen nimmt die Exzentrizität um so mehr zu, je kleiner b bei festem a oder je größer a bei festem b wird, also je flacher bzw. langgestreckter die Ellipse ist, wobei die Exzentrizität zwischen 0 und 1 wächst.

Mit Hilfe der Exzentrizität lassen sich Perihel und Aphel leicht aus der großen Halbachse berechnen. Es gilt:
Perihel: AS = q = a−c = a (1-ε)
Aphel: SA'= Q = a+c = a (1+ε)

Gibt es auch Exzentrizitäten gleich 1 oder sogar größer als 1? Wir können die analoge Frage auch anhand unseres astronomischen Problems von Seite 70 stellen: Was passiert, wenn wir die Abschußgeschwindigkeit weiter und weiter vergrößern und die Ellipsenbahnen immer langgestreckter werden? Geht es beliebig weiter, oder gibt es eine obere Geschwindigkeitsgrenze für mögliche Ellipsenbahnen?

Auch hier hat Newtons Gravitationsgesetz eine allgemeine Lösung des Problems ermöglicht, bei der die Kreis- und Ellipsenform nur zwei Spezialfälle einer Verergruppe von Kurven darstellen, die man *Kegelschnitte* nennt, weil sie die vier möglichen Kurvenformen sind, die man erhalten kann, wenn man einen Kegelmantel mit einer Ebene schneidet.

1. Steht die Ebene senkrecht zur Kegelachse, ist die Schnittkurve ein *Kreis.*

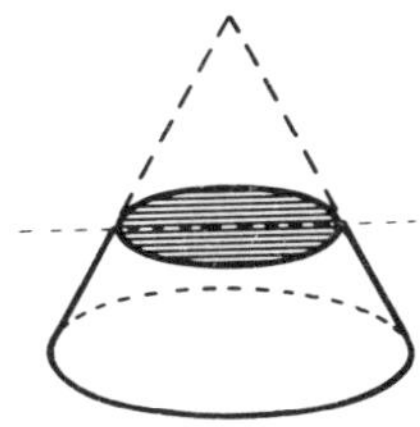

2. Drehen wir die Ebene, so daß sie steiler und steiler wird, erhalten wir *Ellipsen* mit wachsenden Exzentrizitäten.

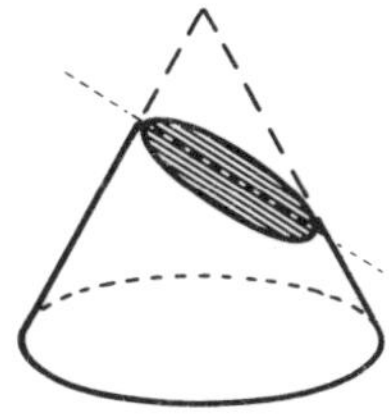

3. Steht die Ebene genau parallel zu einer Mantellinie des Kegels, ergibt sich keine geschlossene Kurve mehr, sondern zum ersten Mal eine, die sich bis ins Unendliche öffnet: eine *Parabel.*
   Für die Exzentrizität der Parabel gilt: $\varepsilon = 1$.

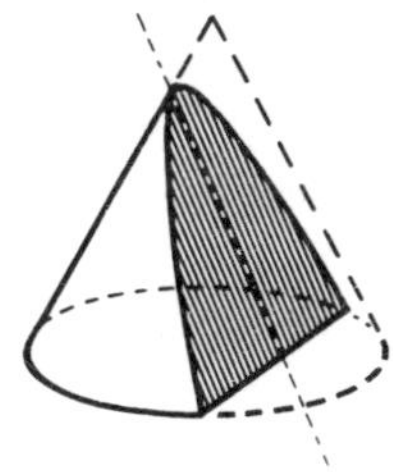

4. Dreht man die Ebene noch weiter, wird sie so steil, daß sie auch den Gegenkegel schneidet. Es entsteht also eine Kurve mit zwei symmetrischen Ästen, die sich beide bis ins Unendliche öffnen: eine *Hyperbel.*
   Bei der Hyperbel ist die Exzentrizität ε größer als 1.

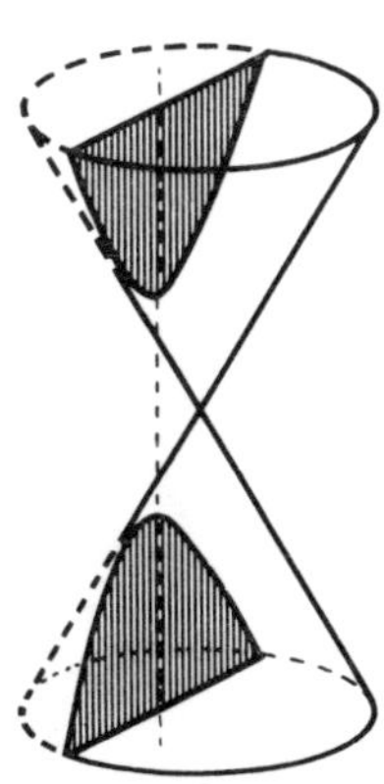

Während bei den Planeten nur Ellipsenbahnen vorkommen, die zum größten Teil sehr kreisähnlich sind und somit sehr kleine Exzentrizitäten aufweisen, finden wir bei den Kometen alle Bahnformen, vor allem auch sehr exzentrische Ellipsen sowie Parabeln und Hyperbeln. Da derartige Bahnen nicht geschlossen sind, gibt es neben *periodischen* Kometen, die mit einer bestimmten Umlaufdauer Ellipsenbahnen beschreiben, auch andere Kometen, die als *einmalige* Gäste auf einer Parabel- oder Hyperbelbahn ins Innere des Sonnensystems eindringen und dann für immer in äußeren Bereichen des

Planetensystems verschwinden. Manche Hyperbelbahnen entstehen aber, wie wir heute wissen, erst durch den störenden Einfluß der großen Planeten: dadurch wird ein Komet buchstäblich aus seiner Ellipsenbahn geworfen und verläßt für immer den inneren Teil des Planetensystems. Aber auch das Umgekehrte findet statt, nämlich daß ein Komet, der eine Parabel- oder Hyperbelbahn verfolgt, durch einen großen Planeten «eingefangen» wird, so daß er auf einer Ellipse periodisch um die Sonne läuft, somit in regelmäßigen Zeitabständen auch in unsere Nähe kommt und sichtbar wird.
Die Bahnformen hängen lediglich von den Anfangsbedingungen ab, insbesondere von der Abschußgeschwindigkeit. Es handelt sich also nicht um qualitative, sondern um quantitative Unterschiede, was schon aus der Angabe der Exzentrizität zu ersehen ist. Und wie beim Kegelschnitt bei einer Weiterdrehung der Ebene aus der Ellipse eine Parabel entsteht, indem die Ebene parallel zu einer Mantellinie des Kegels wird und die Schnittkurve sich ins Unendliche öffnet, ergibt sich beim Vergrößern der Abschußgeschwindigkeit bei einem bestimmten Wert keine geschlossene Bahnkurve mehr: Der abgeschossene Körper schlägt vielmehr eine Parabelbahn ein. Mit anderen Worten: Er führt keine periodische Bewegung um den Zentralkörper mehr aus, sondern verläßt diesen für immer. Die Grenzgeschwindigkeit in bezug auf diesen Zentralkörper heißt zweite kosmische Geschwindigkeit.

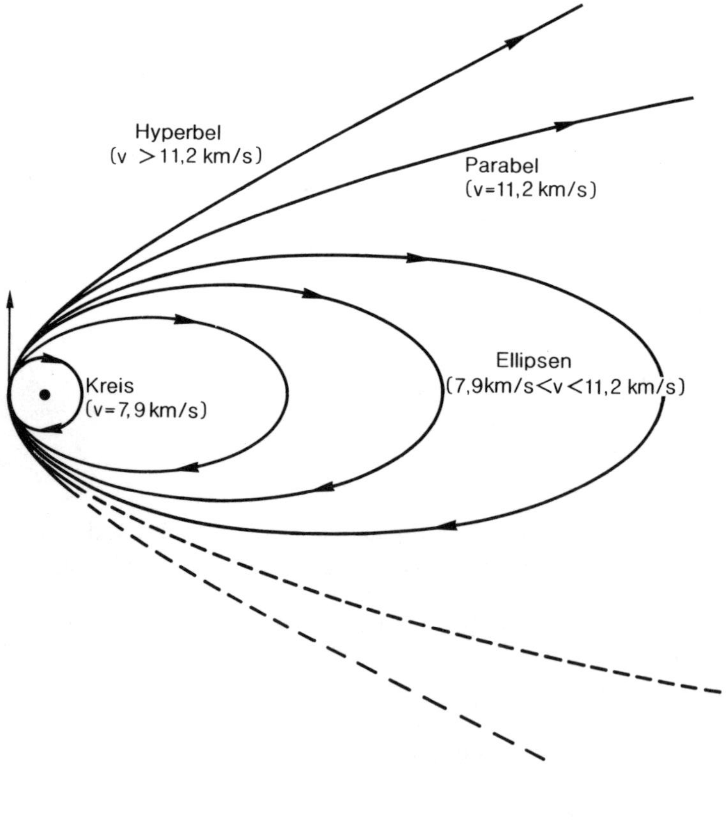

Die zweite kosmische Geschwindigkeit in bezug auf die Erdoberfläche beträgt 11,2 km/s.
Die Parabel ist freilich nur ein Grenzfall. Wählt man eine Geschwindigkeit, die noch größer ist als die zweite kosmische Geschwindigkeit, verläßt der abgeschossene Körper den Zentralkörper auf einer Hyperbelbahn für immer.
Ein Anwachsen der Abschußgeschwindigkeit von der ersten zur zweiten kosmischen Geschwindigkeit bedeutet, daß sich der Körper immer weiter vom Zentralkörper entfernen kann. Bewegt er sich bei der ersten kosmischen Geschwindigkeit in konstantem Abstand von diesem auf einer Kreisbahn, so schlägt er mit dem Anwachsen der Abschußgeschwindigkeit immer exzentrischere Ellipsenbahnen ein, die ihn in immer größere Entfernungen führen. Bei der zweiten kosmischen Geschwindigkeit sucht er das Weite, ohne je zurückzukehren (Parabel). Bei noch stärkerer Zunahme der Abschußgeschwindigkeit schließlich entschwindet der Körper auf der betreffenden Hyperbelbahn noch schneller als auf der Parabel, und zwar ebenfalls für immer.
Dies wird noch einmal an den vier entsprechenden *Kegelschnitten* veranschaulicht, die dann entstehen, wenn die Schnittebene von der zur Kegelachse senkrechten Lage immer steiler verläuft. Bei Parabel und Hyperbel ist nur derjenige Ast eingezeichnet, der für eine solche Fluchtbewegung nötig ist.

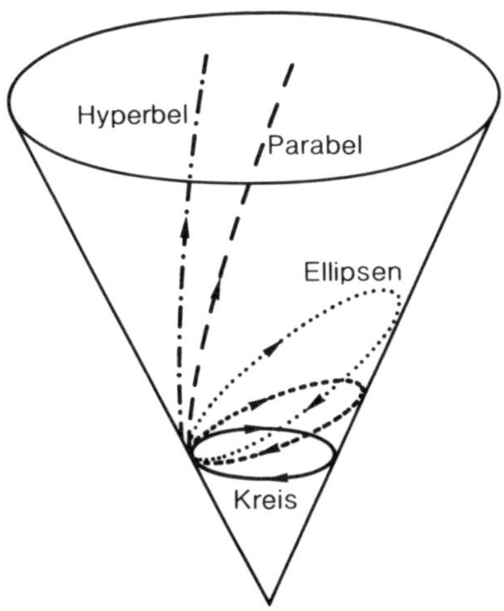

Genau wie die Kreisbahngeschwindigkeit mit wachsender Entfernung vom Zentralkörper abnimmt, wird auch die zweite kosmische Geschwindigkeit kleiner, wenn man einen Körper von einer Kreisbahn weit über der Erde abschießt, damit er den irdischen Gravitationsbereich für immer verläßt. So beträgt die Fluchtgeschwindigkeit in der Entfernung des Mondes nur noch knapp 1,45 km/s. Könnte man also die jetzige Bahngeschwindigkeit des Mondes von 1,02 km/s auf knapp das anderthalbfache vergrößern, würde er eine Parabelbahn einschlagen und unseren Blicken auf Nimmerwiedersehen entschwinden. Das hätte zum Beispiel zur Folge, daß es keine Gezeiten mehr gäbe oder nur noch ganz schwache, die durch den Einfluß der Sonne bedingt wären. Es ist allerdings nicht zu hoffen, daß in irgendeiner fernen Zukunft, wenn die Vergrößerung der Mondgeschwindigkeit technisch realisierbar würde, die Menschheit auf den Gedanken käme, den Mond aus dem Gravitationsbereich der Erde wegzuschießen, um die «lästigen» Gezeiten zu beseitigen.

Interessant ist auch die Anwendung dieser Ergebnisse auf den Gravitationsbereich der Sonne, wobei das, was im folgenden hypothetisch für die Erde gesagt wird, bei den Kometen tatsächlich passiert. Die Kreisbahngeschwindigkeit in der Entfernung der Erde von der Sonne, welche 150 Mill. km oder 1 Astronomische Einheit (1 A.E.) beträgt, ist 30 km/s, was (wie man leicht aus dem Umfang der Erdbahn und der Umlaufdauer von einem Jahr nachrechnen kann) der Bahngeschwindigkeit der Erde entspricht. Würde man einen Körper mit dieser Geschwindigkeit rückwärts von der Erde «abwerfen», so daß er im Raum stillstünde, würde er direkt auf die Sonne zu beschleunigt und nach einer «Höllenfahrt» mit rasant wachsender Geschwindigkeit in sie hineinstürzen. Und bremste man die Erde auf zum Beispiel nur 20 km/s ab, müßte sie sich auf einer Ellipse mit der Exzentrizität 0,6 bewegen, wobei die jetzige Entfernung das Aphel darstellte, während das Perihel nur ein Viertel betrüge, also 37,5 Mill. km. Das ergäbe dort die 16fache Sonneneinstrahlung, also sicher heiße Sommerhalbjahre.

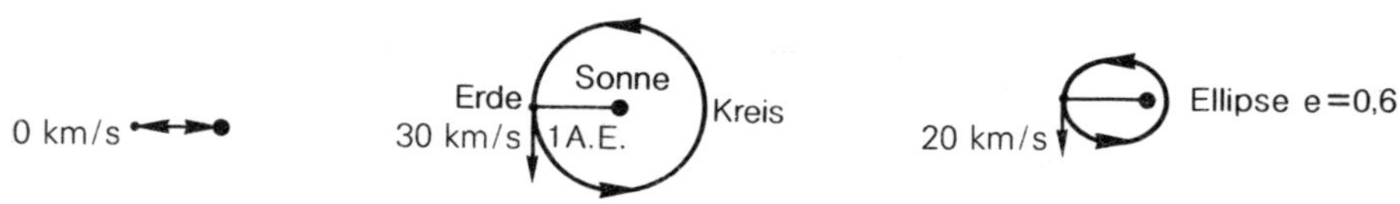

Würde dagegen die Erde auf 40 km/s beschleunigt, wäre die zugehörige Bahn eine Ellipse mit der Exzentrizität 0,8 und dem Perihel in der heutigen Entfernung, während das Aphel auf das 9fache oder 1350 Mill. km anwüchse und die Sonneneinstrahlung dort auf weniger als ein Achtzigstel sänke, was sehr rauhe Winterhalbjahre zur Folge hätte.

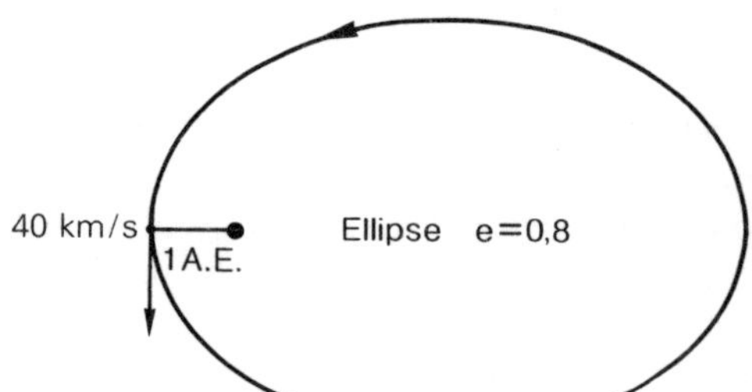

Aus einer kleinen zusätzlichen Beschleunigung resultierte bereits die Fluchtgeschwindigkeit von 42 km/s. Die Erde würde in eine Parabelbahn einschwenken und das Sonnensystem verlassen. Bei noch größerer Geschwindigkeit schlüge sie eine Hyperbelbahn ein und verschwände noch rascher aus dem Solarsystem.

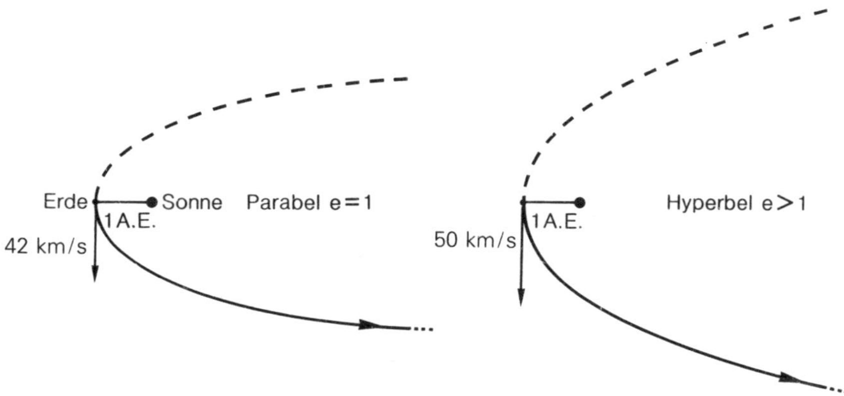

Was muß man nun alles wissen, um eine Gravitationsbahn genau zu kennen, zum Beispiel die Bahn eines Kometen?
Bei periodisch wiederkehrenden Erscheinungen läßt sich die Umlaufzeit recht leicht bestimmen. Diese läßt aber noch wenig Rückschlüsse auf die Bahn zu, da nach dem 3. Keplerschen Gesetz zu dieser Umlaufzeit *verschiedene Bahnen* gehören können, sofern sie große Achsen vom gleichen Betrag haben. Dies trifft auf die zwei Ellipsen mit den Exzentrizitäten 0,6 und 0,9 und die Kreisbahn (e=0) der folgenden Abbildung zu.

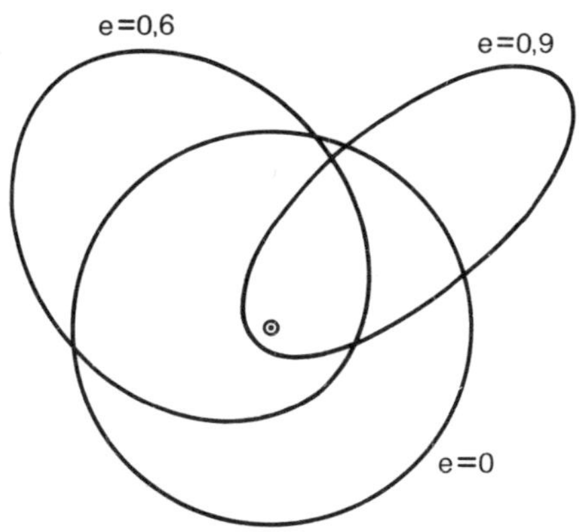

Zusätzlich zu der Umlaufzeit sollte also die Exzentrizität bestimmt werden können sowie eine lineare Größe, beispielsweise die Periheldistanz q oder die große Halbachse a oder die lineare Exzentrizität c. Damit wäre dann die Form der Bahn bekannt, nicht aber ihre Lage im Raum bezüglich der Bahnen der übrigen Körper, die um die Sonne kreisen. Um diese Bahnebene eindeutig festzulegen, benötigt man noch weitere drei Größen, also im ganzen sechs, die man als *Bahnelemente* bezeichnet.

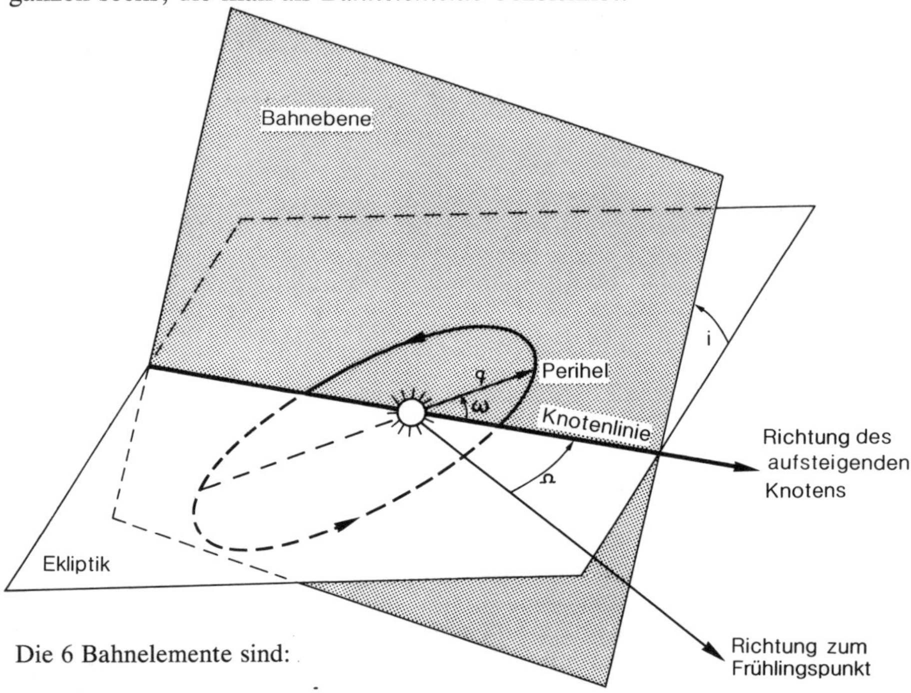

Die 6 Bahnelemente sind:

1. Die Bahnneigung i	als Winkel zwischen der Bahnebene und der Ekliptik (= Ebene der Erdbahn um die Sonne) oder die Länge des aufsteigenden Knotens Ω.
2. Die Knotenlänge Ω	Das ist jener Durchstoßpunkt der Bahn durch die Ekliptik, den der Körper von unten (Süden) nach oben (Norden) passiert. Ω wird als Winkel zwischen der Richtung zum Frühlingspunkt und jener zum aufsteigenden Knoten in der Ekliptik gemessen.
3. Die Perihellänge ω	als in der Bahnebene gemessener Winkel zwischen der Richtung zum aufsteigenden Knoten und der Perihelrichtung (große Halbachse).
4. Die große Halbachse a	oder eine andere analoge Größe wie die Periheldistanz q oder die Apheldistanz Q
5. Die numerische Exzentrizität ε	
6. Die Perihelzeit T	Zur genauen Angabe jeder weiteren Zeit, zu der der Körper an irgendeinem Punkt seiner Bahn sein wird, ist eine solche Zeitpunktangabe erforderlich. Die effektive Periode läßt sich dann als Differenz aufeinanderfolgender Perihelzeiten bestimmen und mit jener aus der großen Halbachse, ermittelt nach dem 3. Keplerschen Gesetz, vergleichen.

Wie bereits geschildert, entwickelte *Newton* auf Drängen Halleys eine Methode, um aus drei beobachteten Positionen des Kometen von 1680 (nach Messungen von Flamsteed) so genau wie möglich dessen Bahn, d.h. die zugehörigen Bahnelemente zu bestimmen. In der folgenden Tabelle sind Newtons Ergebnisse wiedergegeben, zusammen mit jenen von *Halley,* die dieser danach unter Benützung weiterer Beobachtungsdaten errechnete, sowie die viel späteren von *Johann Franz Encke* (1791-1865), der wesentlich verfeinerte Berechnungsmethoden benützen konnte (siehe Seite 64).

Bahnelemente des Kometen von 1680

	Länge des Perihels ω	Länge des aufsteig. Knotens Ω	Bahnneigung i	Periheldistanz q	Exzentrizität ε	Durchgang durchs Perihel (mittlere Pariser Zeit)
Newton	351°22′	271°53′	61°20′20″	0.00592	—	Dez. 18.009
Halley	350°42′25″	272°2′0″	61°6′48″	0.00617	0.9999107	„ 17.9711
Encke	350°39′36″	272°9′29″	60°40′16″	0.00622	0.999985	„ 17.99409

Aus Halleys Periheldistanz q und der Exzentrizität ε ergibt sich eine Periode von 575 Jahren. Das veranlaßte Halley (und mit ihm Newton), den großen Kometen von 1680 mit jenen von 1106, 531 und 44 v. Chr., die alle besonders auffällige Objekte gewesen waren, in Verbindung zu bringen. Encke ermittelte unter Verwendung vieler sorgfältig ausgewählter Beobachtungsdaten, die den früheren Autoren nicht bekannt waren, die auf Seite 64 bereits erwähnte Umlaufzeit von rund 8800 Jahren, wodurch der Komet von 1680 als in historischer Zeit einmaliges Ereignis eingestuft wurde. Dieses Beispiel zeigt, wie wichtig äußerst genaue Messungen und Rechnungen sind, da oft kleine Abweichungen wie etwa bei der Angabe der Exzentrizität zu großen Differenzen in den Ergebnissen führen können. Encke ist durch die genaue Berechnung von Kometenbahnen berühmt geworden, besonders durch die Bahnberechnung des Kometen, der am 26. November 1818 von *Pons* in Marseille entdeckt wurde und der deswegen Enckescher Komet heißt.
Die folgende Tabelle gibt die Bahnelemente der drei Kometenerscheinungen von 1531, 1607 und 1682 wieder, bei denen es sich tatsächlich um ein und denselben Kometen handelte. Seit seiner darauffolgenden Wiederkehr im Winter 1758/59 wurde er als Halleyscher Komet bezeichnet.

Bahnelemente des Halleyschen Kometen

	ω	Ω	i	q	ε	T	Periode
1531	104°18′	45°30′	163°0′	0.5800	0.967391	Aug. 25.799	
1607	106°45′	47°48′	162°40′	0.5850	0.967391	Okt. 26.912	76 Jahre + 62 Tage
1682	109°12′	50°48′	162°18′	0.5825	0.967391	Sept. 14.896	75 Jahre − 42 Tage

Auffallend ist die Veränderung der Periode, die schon Halley auf Bahnstörungen durch Jupiter und Saturn zurückführte. Diese Störungen haben indes nur die Bahngeschwindigkeit und -lage vorübergehend beeinflußt, aber zu keiner Änderung der Bahnform geführt, wie aus der äußerst konstanten Exzentrizität ε ersichtlich ist. Der Halleysche Komet konnte auch in den folgenden Perioden bis 1758/59, 1835 und 1910 auf seiner stabilen langgestreckten Ellipse verweilen, und er wird dies auch noch bei seinem nächsten Periheldurchgang von 1986 tun. Ausgeschlossen sind aber größere Störungen nicht, wie es bei anderen Kometen der Fall gewesen ist.

Komet Mrkos am 22., 24., 26. und 27. August 1957 mit deutlich sichtbarem Staubschweif und sich wandelndem Plasmaschweif ▲

Komet Arend-Roland am 25. April 1957: Neben dem stark entwickelten Hauptschweif ist ein scheinbar auf die Sonne zu gerichteter Gegenschweif zu erkennen, dessen Zustandekommen auf Seite 101 erklärt wird ►

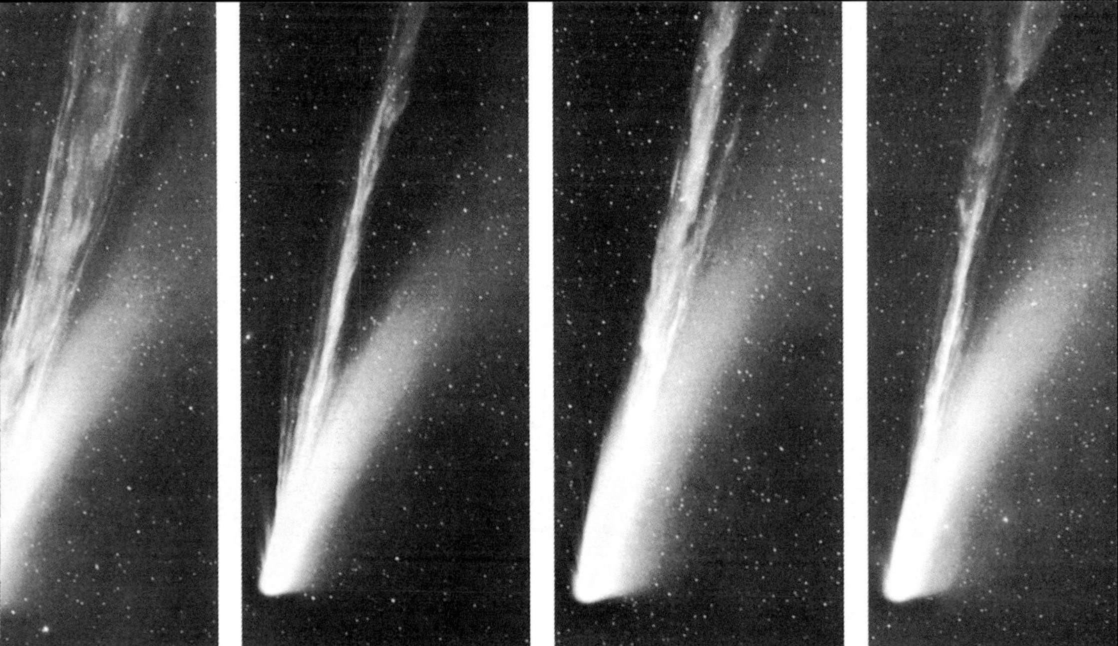

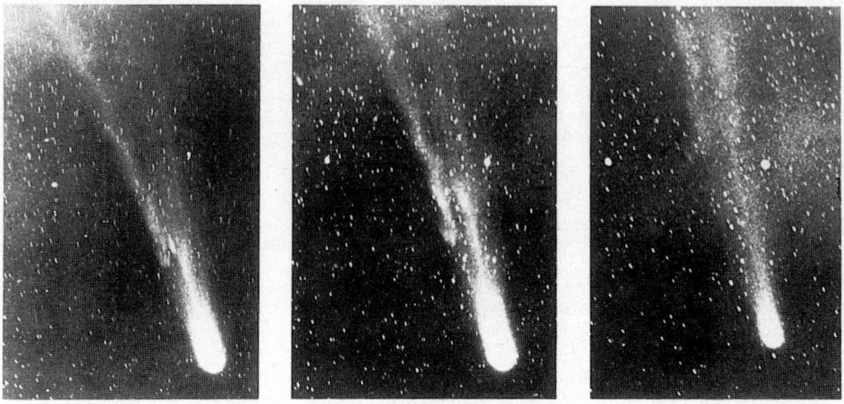

Abreißen der Schweifstrahlen oder des ganzen Plasmaschweifs und Veränderung der Schweifstruktur als Folge von Sonnenwind-«Stürmen» beim Halleyschen Kometen (obere Reihe: am 6. Juni 1910 um 15.48 und um 18.30 Uhr sowie am 7. Juni 1910 um 7.00 Uhr) und beim Kometen Morehouse (untere Reihe: am 16. November und 11. Dezember 1908)

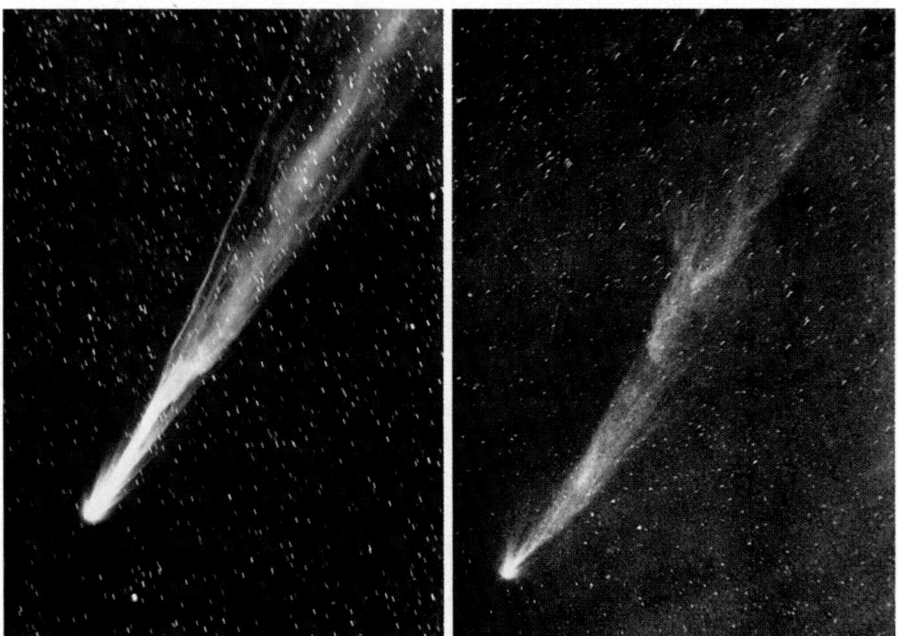

4. Kapitel

Kometen-Anatomie

Physikalischer Aufbau, Untersuchungsmethoden und theoretische Modelle

Bereits im 18. Jahrhundert gab es einige Astronomen, die den Himmel systematisch nach Kometen abzusuchen begannen. *Charles Messier* (1730–1817) gelangen zwischen 1758 und 1801 allein fünfzehn Kometenentdeckungen, was König Louis XV. veranlaßte, ihm den Spitznamen «le furet des comètes» (Kometenspürhund) zu geben. Messier ist für seinen «Katalog der Sternhaufen und Nebel» bekannt, der 1784 schon 103 solcher Objekte erfaßte. Seine Nummern figurieren noch immer auf unseren Sternkarten, zum Beispiel die Plejaden als M 45 oder die Andromeda-Galaxie als M 31. Den Zweck seines Katalogs sah Messier vor allem darin, aufgrund der Kenntnis all dieser flächenhaften Objekte am Fixsternhimmel Verwechslungen mit gesuchten Kometen zu vermeiden. Den Weltrekord in Kometenentdeckungen erreichte – und hält vermutlich noch immer – *Jean Louis Pons* (1761–1831), der es auf 37 Funde brachte! Er hatte als Pförtner der Sternwarte in Marseille erst mit vierzig Jahren begonnen, sich für Kometen zu begeistern, und dank seines Entdeckerglücks gelang ihm ein steiler Aufstieg bis zum Posten eines Direktors des Florentiner Observatoriums.

Auch wenn es nicht alle Amateurastronomen so weit bringen, kann die Suche nach Kometen doch Erfolg und manchmal auch weltweiten Ruhm eintragen, der allerdings meist kometenhaft rasch wieder erlischt. Dies hängt damit zusammen, daß man zur *Bezeichnung eines neuentdeckten Kometen* bis zu drei Namen von Beobachtern verwendet, deren (richtige!) Mitteilung im Büro der Internationalen Astronomischen Union (IAU) in Cambridge (Massachusetts/USA) eintrifft, bevor dieses die Meldung über den neuentdeckten Kometen veröffentlicht. (Der berühmte Komet «1957 d Mrkos» trägt nur *einen* Namen, weil die Mitteilungen der Mitentdecker zu spät bei der IAU eintrafen.) Zunächst gibt man dem neuen Kometen eine *provisorische* Bezeichnung, die aus dem Entdeckungsjahr, einem Buchstaben des lateinischen Alphabets (in der Reihenfolge der Entdeckungen) und einem bis drei Namen von Entdeckern besteht. So hieß der am 8. Mai 1983 entdeckte Komet «1983 e Sugano-Saigusa-Fujikawa» oder der am 14. November 1984 zuerst beobachtete «1984 t Levy-Rudenko». In jedem der Jahre 1983 und 1984 wurden 22 Kometen entdeckt, was eine weit überdurchschnittliche Zahl ist. Doch bei je knapp der Hälfte dieser Kometen handelte es sich um Wiederentdeckungen, d.h. um periodische Erscheinungen, deren Wiederkehr erwartet wurde. So hieß der am 12. Januar 1983 zuerst wieder beobachtete Komet «1983 b P/Pons-Winnecke», der am 28. Januar 1984 wiederentdeckte «1984 e P/Giacobini-Zinner». Das den Namen vorangestellte «P» bedeutet periodischer Komet. Beim letzteren war es die 11. Wiederbeobach-

tung eines Kometen mit einer Periode von 6,52 Jahren, während der erstere 1819 von Pons und 1858 von Winnecke gesichtet worden war. Trotz seiner kurzen Umlaufdauer von 6,36 Jahren ist er im ganzen erst 18mal beobachtet worden. Bei weiteren 8 Annäherungen an die Sonne konnte er wegen ungünstigen geometrischen Bedingungen nicht gesehen werden.
Bei der *definitiven* Bezeichnung der Kometen spielt nicht die Reihenfolge der Entdeckung, sondern jene des Periheldurchgangs eine Rolle, der oft nicht im Entdeckungsjahr, sondern erst in einem der folgenden Jahre stattfinden kann. Dann erhält jeder Komet eine endgültige Jahreszahl und eine römische Ziffer zugeordnet, die nicht dem lateinischen Buchstaben entsprechen muß. So war der bereits im 1. Kapitel erwähnte Komet Arend-Roland zunächst mit «1956 h» bezeichnet worden; später erhielt er die Nummer «1957 III». Der Komet Kohoutek, von dem noch einiges zu sagen sein wird, heißt vollständig «1973 XII (= 1973 f) Kohoutek», während Halleys Komet bei seinen zwei letzten Besuchen die Bezeichnungen «1835 III» und «1910 II (= 1909 c) P/Halley» erhielt.

Folgende Tabelle gibt eine ungefähre Übersicht über die Zahl der entdeckten Kometen.

Zeitspanne		Zahl der Kometenentdeckungen	Zahl der Entdeckungen pro Jahrhundert
Vor Christus	2500–2000	6	1
	2000–1500	5	1
	1500–1000	6	1
	1000– 500	10	2
	500– 0	118	24
Nach Christus	0– 500	172	34
	500–1000	207	41
	1000–1500	277	55
	1500–1600	77	77
	1600–1700	38	38
	1700–1800	77	77
	1800–1820	31	
	1820–1840	35	
	1840–1860	82	
	1860–1880	79	
	1880–1900	124	351
	1900–1920	95	
	1920–1940	113	(bisher
	1940–1960	156	607)

Die ersten Zahlen sind den sehr unvollständigen Überlieferungen entsprechend nur schlecht mit den späteren zu vergleichen. Entscheidend ist die Zunahme im 19. Jahrhundert, zum einen wegen des starken Anwachsens der Anzahl von Sternwarten und damit der Beobachter, zum andern auch wegen der Anwendung der Fotografie in der Kometensuche, was sich in der plötzlichen Zunahme der *Entdeckungen* ab 1880 zeigt. Als erstem gelang es

E.E. Barnard am 12. Oktober 1892, einen Kometen auf fotografischem Wege zu entdecken (Komet «1892 V»), von dem das Bild bereits einige Schweifspuren zeigte. Zehn Jahre vorher war auf einer Sonnenfinsternis-Fotografie der sogenannte Finsternis-Komet abgebildet worden, der außer auf diesem Foto nie erblickt wurde. Periodische Kometen bleiben also dann unentdeckt, wenn bei ihrer Annäherung die geometrischen Verhältnisse zwischen ihnen, der Sonne und der Erde ungünstig sind. Dies bestätigt aufs schönste Newtons Annahme, es müsse eine große Anzahl Kometen geben, die wegen ihrer Nähe zur Sonne unsichtbar blieben. Mit der Verbesserung der optischen Hilfsmittel und der Fotografie nahm wie erwähnt die Zahl der Amateurastronomen schnell zu, was sich in der steigenden Zahl der Kometenentdeckungen widerspiegelt. Zudem gab es neben dem Ruhm oft auch Medaillen und Geldpreise zu gewinnen, die zur Kometensuche anspornten. So soll gerade *Ewald Emerson Barnard* (1857-1923) mehrmals einen solchen Preis gewonnen haben, was ihm ermöglichte, sein Haus in Nashville, Tennessee, abzuzahlen. Der Astronom beschäftigte sich sonst mit Fragen der Milchstraße und Sterndynamik, gab einen fotografischen Atlas der Galaxis heraus und entdeckte die Eigenbewegung des nach ihm benannten Barnardschen Pfeilsterns im Sternbild Ophiuchus (Schlangenträger), die mit ⅙ Bogenminute im Jahr die größte bis jetzt bekannte Eigenbewegung eines Fixsterns darstellt.
Die *fotografische Entdeckung* eines Kometen kommt durch dessen verhältnismäßig rasche Bewegung vor dem Fixsternhimmel zustande. Macht man nacheinander zwei Aufnahmen derselben Himmelsgegend, verschiebt sich der Komet in der Zwischenzeit. Man sucht also nach solchen Veränderungen im Fixsternmuster, wobei man natürlich die Bewegungen der Planeten und Planetoiden kennen muß, damit man sie nicht für Kometen hält. Es braucht daher nicht nur Geduld und Geschick im Umgang mit technischen Hilfsmitteln, sondern auch einiges an astronomischem Wissen und Erfahrung, um einen Kometen entdecken zu können.
Die erste fotografische Abbildung eines Kometen gelang bereits im Jahre 1858, als *Usherwood* mit einer Belichtungszeit von sieben Sekunden den Schweif des großen Donatischen Kometen aufnehmen konnte. Wenige Tage danach bildete *G.P. Bond* mit sechs Minuten Belichtungszeit den Kern des Kometen ab. Wirklich erfolgreiche Aufnahmen gab es indes erst vom Tebbuttschen Kometen («1881 III»), weil er einerseits ungewöhnlich hell war und weil andererseits nun trockene Silberbromid-Fotoplatten hergestellt wurden. *P.J.C. Janssen* konnte mit dreißigminütiger Belichtungszeit 2,5° des Schweifs abbilden, während *Henry Draper* 2 Stunden und 42 Minuten lang belichtete und 10° des Schweifs auf die Platte bannte. Die Empfindlichkeit der Fotoplatten war also noch recht klein. Immerhin eröffnete die Kometenfotografie weitere Perspektiven zur Erforschung der Natur der Kometenschweife, Köpfe und Kerne, sowohl fotometrisch als auch spektroskopisch, wovon in diesem Kapitel noch ausführlich die Rede sein wird.
Zunächst noch einiges zu der *Vielfalt der Kometen,* die oft einheitliche

Untersuchungen und Schlußfolgerungen erschwert. Bei den insgesamt etwa 1700 Kometen der Tabelle auf Seite 88 sind heute von 1027 die Bahnelemente bekannt (veröffentlicht in *Brian Marsdens* «The Catalogue of Cometary Orbits», Cambridge-Massachusetts 1979). 400 Bahnberechnungen beruhen auf vorteleskopischen Beobachtungen mit entsprechend verminderter Genauigkeit. Im ganzen sind 658 Kometen-Individuen zwischen 86 v. Chr. und 1978 ein oder mehrere Male beobachtet worden.

Bezüglich der Bahnformen ergibt sich folgende Verteilung dieser 658 Kometen:

Hyperbolische Bahnen	$\varepsilon > 1$	98	15%	58%
Parabolische Bahnen	$\varepsilon = 1$	285	43%	
Elliptische Bahnen	$\varepsilon < 1$	275	42%	
	Total	658	100%	

58 % der Kometen sind also einmalige Besucher (sofern nicht durch Bahnstörungen aus einer elliptischen Bahn eine hyperbolische geworden ist). Sie stellen in der Regel einen Kometen im ursprünglichen Zustand dar, was für die physikalischen Untersuchungen von Bedeutung sein kann. Die übrigen 42 % der Kometen machen wegen ihrer regelmäßigen Wiederkehr weit mehr als die Hälfte der Kometen*erscheinungen* aus. Vorherrschend sind folglich die elliptischen Bahnen. Da diese Himmelskörper immer wieder in die Nähe der Sonne gelangen und einen Schweif bilden, machen sie einen Entwicklungs- oder Alterungsprozeß durch, der für die Untersuchungen von grundlegender Bedeutung ist. Es ist dabei aber eine Unterteilung nötig, denn die genaueren Untersuchungen reichen nicht weiter als knapp zwei Jahrhunderte zurück, während die Perioden der auf Ellipsenbahnen laufenden Kometen zwischen drei Jahren und mehreren Jahrtausenden liegen. Als «gealterte» Kometen können nur jene betrachtet werden, die mehr als einmal in der Nähe der Sonne vorbeigezogen sind, deren Periode also weniger als 200 Jahre beträgt. Man nennt sie *kurzperiodische Kometen.* Von den auf elliptischen Bahnen befindlichen Kometen sind:

17 % kurzperiodische Kometen
83 % langperiodische Kometen

Von der Gesamtheit der Kometen machen die kurzperiodischen nur etwas mehr als 7 % aus. Wie im 5. Kapitel zu sehen sein wird, stehen sie in enger Beziehung zum Planetensystem, da ihre Bahnen gruppenweise bis zu jenen der großen Planeten reichen und ihre Bahnebenen stark zur Ebene der Ekliptik hintendieren. Bei diesen kurzperiodischen Kometen konnten teils nur ein paar wenige, teils bis zu 51 Umläufe beobachtet werden. Die Zahl von 51 Umläufen gilt übrigens für den Enckeschen Kometen, dessen Umlaufzeit 3,31 Jahre beträgt. Die Beobachtung in der Nähe des Perihels liefert wichtiges Untersuchungsmaterial, weil diese Kometen dann auch in die Nähe der Erde kommen und gut sichtbar werden. In ihren Aphel-

Distanzen (auch wenn sie nicht weiter als bis zur Jupiterbahn gelangen) bleiben sie dagegen wegen ihrer Winzigkeit auch mit großen Teleskopen unbeobachtbar. Die Perihel-Nähe ist aber vor allem deshalb von Vorteil, weil die Kometen erst in der Nähe der Sonne aktiv werden, d.h. ihre Koma-Hüllen und ihre verschiedenartigen Schweife produzieren. So werden sie zu ebenso bedeutsamen Objekten für die Astrophysik, wie sie es früher für die Metaphysik waren.

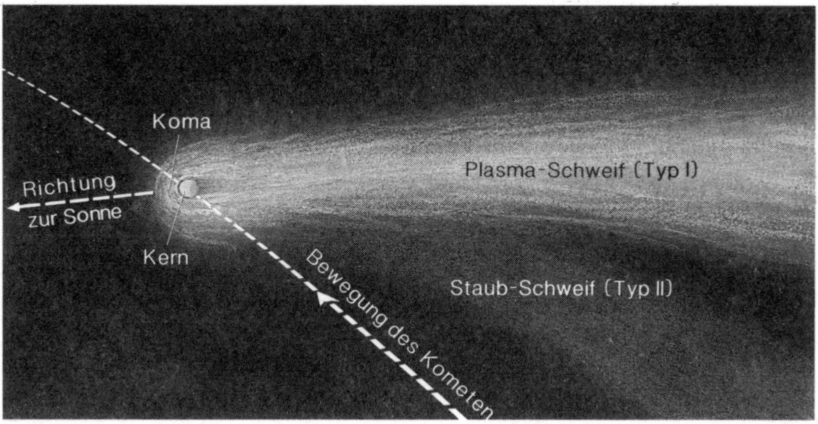

Kometen-Anatomie

Weder das 18. noch das 19. Jahrhundert waren indes in der Lage, diese Erscheinungen gründlich genug zu untersuchen, um die Natur der Kometen und deren Beziehung zum Sonnensystem sicher interpretieren oder gar – wie es heute versucht wird – aus den Kenntnissen über die Kometen Schlüsse über die Natur und die Entstehung des Planetensystems ziehen zu können. Die *wissenschaftliche Auseinandersetzung* mit den Kometen läßt sich in fünf Punkte gliedern:

1. Beobachtung der Lage am Fixsternhimmel. Anhand dieser Positionsmessungen wird zunächst die scheinbare Bahn an der Himmelssphäre und daraus mit Hilfe von Entfernungsmessungen die wahre Bahn des Kometen im Raum gesucht.
2. Bestimmung der scheinbaren Helligkeit, wenn möglich gesondert für Schweif und Kopf (Koma). Berechnung der wirklichen Helligkeit mit Hilfe der Entfernungen Komet–Erde und Komet–Sonne, wozu die Ergebnisse von Punkt 1 benötigt werden. Beobachtung der Schweifformen und anderer Erscheinungen.
3. Spektroskopische Untersuchungen zur Deutung der Leuchterscheinungen. Physikalische Untersuchungen zur Bestimmung der Dimensionen und der Masse sowie der Bewegung der ausströmenden Materie. Folgerungen aus beidem zur Feststellung der chemischen Zusammensetzung der verschiedenen Kometenteile und der Wechselwirkungen mit der Umwelt (Sonnenwind, Gravitationskräfte und nichtgravitative Kräfte).
4. Statistische Untersuchungen der Kometendaten. Entwerfen von Modellen zur Darstellung von Natur und Aufbau der Kometen. Daraus Erklärung der unter Punkt 3 gemachten Beobachtungen und Einordnen der gesammelten Erkenntnisse

in unser Gesamtbild der Naturerscheinungen. Suche nach Beziehungen zwischen den Kometen und anderen Beobachtungen (Meteorströme, Meteoritenfälle usw.).
5. Weitergehende Modelle und Hypothesen, die Entstehung und Herkunft der Kometen und ihre Beziehung zum Planetensystem aufzeigen. Wechselwirkungen zwischen Kometen und anderen Körpern des Planetensystems oder anderen Sternen. Folgerungen in bezug auf die Struktur und Entstehungsart des Planetensystems.

Newton und *Halley* hatten in erster Linie die Lösung der unter Punkt 1 zusammengefaßten Fragen in Angriff genommen. Dabei war ihr Blick auch auf andere Erscheinungen gerichtet. Ihre modellartigen Antworten widersprachen in der Regel dem damaligen physikalischen Wissensstand nicht. Im Falle der Newtonschen Schweifbildungstheorie räumten sie allerdings mit den herrschenden Auffassungen auf und dienten neuen Ideen als Bestätigung. Fortschritte wurden aber nur sehr langsam erzielt. Selbst die Bahnberechnungsmethoden, die es Halley immerhin zum ersten Mal in der Geschichte der Wissenschaft ermöglichten, erfolgreich die Wiederkehr eines Kometen vorauszusagen, waren noch viel zu grob, als daß sich mit deren Hilfe die unter den Punkten 3 und 5 erwähnten Wechselwirkungen überhaupt hätten bemerken lassen. Auch für die Behandlung der Fragen von Punkt 2 waren sie nicht zu gebrauchen. Deshalb bemühten sich namhafte Wissenschaftler noch während des ganzen 18. und bis weit ins 19. Jahrhundert hinein um die Verbesserung der *Himmelsmechanik,* also jenes Teils der Astronomie, der die möglichst genaue und vollständige Erfassung und Erklärung aller Bewegungen von Himmelskörpern zum Ziel hat.
Um die Mitte des 18. Jahrhunderts verfeinerten *Clairaut* (1713–1765) und *Euler* (1701–1783) die *Störungsrechnung,* und die bereits im Zusammenhang mit dem Dreikörperproblem erwähnten Mathematiker *Lagrange* und *Laplace* vervollständigten sie in der zweiten Jahrhunderthälfte. Die Werke «Exposition du Système du Monde» und «Mécanique Céleste» von Laplace stellen großartige wissenschaftliche Leistungen dar, fassen sie doch die mehr als hundertjährigen Bemühungen verschiedener Forscher zusammen und vervollständigen sie zu einem Ganzen. Ein Beispiel mag das illustrieren. Kopernikus und Kepler hatten die ptolemäischen Angaben über die Planetenbahnen mit den zu ihrer Zeit beobachteten verglichen und dabei entdeckt, daß sich deren Form und Lage im Raum langsam in gleichbleibendem Sinn veränderte. *Newton* folgerte daraus, daß sich das Planetensystem im Lauf der Jahrtausende vollständig umgestalte und somit nicht stabil sein könne. Laplace konnte nun vorrechnen, daß es sich bei diesen Veränderungen um periodische Vorgänge handelt, deren Periode allerdings sehr groß ist. So ist die Verschiebung des Perihels (vgl. Darstellung Seite 93), die dazu führt, daß die Planetenbahnen (und erst recht jene der Kometen) keine exakt geschlossenen Ellipsen beschreiben, sondern ganz enge spiralförmige Variationen durchmachen, bei den Planeten eine Angelegenheit von Hunderttausenden von Jahren. Das Perihel der Jupiterbahn beispielsweise macht infolge der störenden Einwirkungen des Saturn auf den Jupiter in 377 000

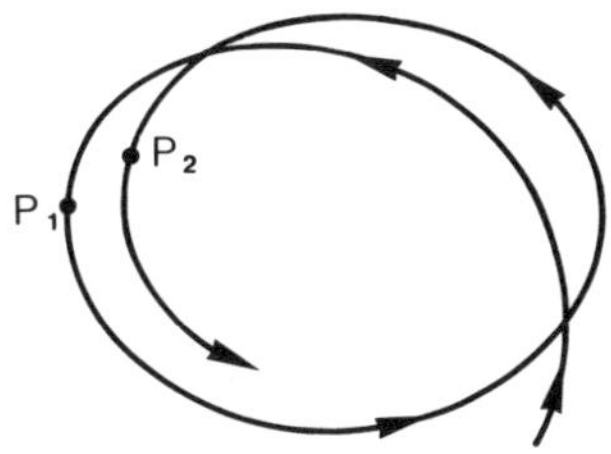

Perihelverschiebung:
Zwischen den beiden gezeichneten Stellungen liegen 10 000 Windungen der Spirale oder Umläufe des Planeten. Bei vielen Kometen ist die Periode wesentlich kleiner.

Jahren einen Umlauf. Wichtig ist die Erfassung solcher Bahnveränderungen besonders bei den kurzperiodischen Kometen, wenn es darum geht, sie mit Sicherheit zu identifizieren. Bei den heutigen Forschungstechniken, zu denen auch die Weltraumfahrt gehört, dient sie ferner dazu, diese Kometen bei einem Rendezvous mit einer Sonde nicht zu verfehlen.

Auf Laplace geht überdies der Begriff der Aktions- oder Attraktionszone eines Planeten zurück, der hier später eingeführt wird. Darunter ist der Bereich um einen Planeten zu verstehen, in welchem dessen Gravitationskraft auf einen dritten Körper stärker wirkt als jene der Sonne.

Obwohl die Berechnungsmethoden von Laplace für elliptische Gravitationsbahnen außerordentlich korrekt und elegant waren, stellten sie doch erhebliche Ansprüche an Zeit und Geduld. Beim rasch einsetzenden Kometenfieber nach einer Neuentdeckung fehlte meist beides, denn man wollte schon nach wenigen Positionsmessungen eine brauchbare Bahnkurve ermitteln. Dieses Problem löste 1797 der Arzt und Liebhaberastronom *Wilhelm Olbers* (1758–1840). Seine verblüffend einfache Methode zur Bestimmung der fünf Bahnelemente, die für eine Parabel notwendig sind, hat bis heute kaum wesentliche Verbesserungen erfahren. Wie bedeutend dieser «Amateurastronom» war, kam bereits 1801 in einem Brief des jungen *F.W. Bessel* aus Bremen an seinen Bruder in Berlin zum Ausdruck: «Wir haben hier einen Mann, worauf wir mit Recht stolz sein können, nämlich den Doktor Olbers; er ist bekanntlich ein großer Astronom (vielleicht der größte in Teutschland); ihm hat die gelehrte Welt ein Werk zu verdanken, welches das Kometensystem in gewisse Regeln bringt ...» Im selben Jahr gelang es *Carl Friedrich Gauß* (1777–1865), aus drei Positionsmessungen alle sechs Elemente einer Ellipsenbahn zu berechnen. Der junge Gauß war von Olbers gefördert worden, der dessen Genie früh erkannte. Ähnlich wie Newton seine Bahnberechnungsmethode für Halleys Suche nach der Periodizität der Kometenerscheinungen entwickelt hatte, half Gauß bei Olbers' Suche nach dem kleinen Planeten Ceres, den *Piazzi* am 1. Januar 1801 in Palermo entdeckt, dann aber wegen schlechter Witterung «verloren» hatte. Tatsächlich fand Olbers den Planetoiden nahe an dem von Gauß berechneten Ort wieder. In den folgenden Jahren entdeckte er zwei weitere Planetoiden, Pallas und Vesta.

Mit Gauß' Methode schließlich berechnete auch *Encke* 1818 die Bahn «seines» Kometen und weitere 55 Kometenbahnen, womit er sicher den Weltrekord an Bahnberechnungen aufstellte – und dies ohne Taschenrechner!
Die Rechnungsmethoden waren so zuverlässig geworden, daß Abweichungen zwischen der beobachteten Position von Himmelskörpern und den vorausberechneten Bahnen mit zunehmender Sicherheit auf Störungen durch noch unbekannte Objekte zurückgeführt werden konnten, was zu einer unerschöpflichen Quelle von Neuentdeckungen wurde. So verdanken die Planeten Neptun und Pluto, wie bereits ausgeführt wurde, ihre Entdekkung der Präzision der Himmelsmechanik. Auch in der Stellarastronomie konnte *Friedrich Wilhelm Bessel* (1784–1846) im Jahr 1844 aus der «torkelnden» Bewegung des Sirius, des hellsten Fixsterns, auf das Vorhandensein eines unsichtbaren Zwillings schließen. Man bezeichnete ihn als «dunklen Begleiter» des Sirius, doch entpuppte er sich später als weißer Zwergstern.
Je mehr nun im Laufe des zu Ende gehenden 19. Jahrhunderts Fortschritte bei den übrigen Beobachtungsmethoden (zum Beispiel bei der Spektroskopie, Fotografie und Fotometrie) erzielt wurden, desto merklicher trat die Himmelsmechanik in den Hintergrund. Sie blieb indes das sichere Fundament, auf dem man weiterbauen konnte. Gerade bei den Kometen, die in der Nähe der Sonne ihre typischen Formen wie Koma und Schweife entwikkeln, ist es von grundlegender Bedeutung, die auf die Wirkung der Gravitationskräfte zurückgehenden Bewegungen genau zu kennen, um die übrigen Kräfte, die man *nicht-gravitative Kräfte* nennt, überhaupt erfassen und studieren zu können. Aus den verschiedenartigsten Wirkungen dieser nichtgravitativen Kräfte kann man oft auf deren Ursache schließen, und daraus wiederum lassen sich weitergehende Erkenntnisse über den Aufbau und den Lebenslauf der Kometen gewinnen.
Am augenfälligsten war schon immer der *Schweif der Kometen,* und auch heute bleibt für Laien dieser Schweif das charakteristische oder gar einzige Merkmal, das einen Kometen von anderen Himmelsobjekten unterscheidet. Entsprechend früh haben die Astronomen begonnen, diese Schweife näher zu beobachten, zu beschreiben, zu untersuchen und Theorien über deren Entstehung aufzustellen.
Die erste wissenschaftliche Monographie über einen Kometen verfaßte *Gottfried Heinsius,* der in St. Petersburg wirkte. Sie hatte den Kometen von 1744 zum Gegenstand (siehe nebenstehende Seite).

Entscheidend war die in der obigen Darstellung erkennbare günstige Lage der Kometenbahn bezüglich der Stellung der Erde. Heinsius schrieb: «Der Komet hat sich zu einer bequemen Jahreszeit eingestellt; man kann ihn in langen Nächten am nördlichen Himmel sehen. Glücklicherweise laufen die Erde und der Komet in ihren Bahnen so, daß letzterer sich der Sonne nähert und der Erde doch nahe bleibt. Das Kometenlicht wurde schließlich so stark, daß man ihn am hellen Tage mit einem Fernglas beobachten konnte.»

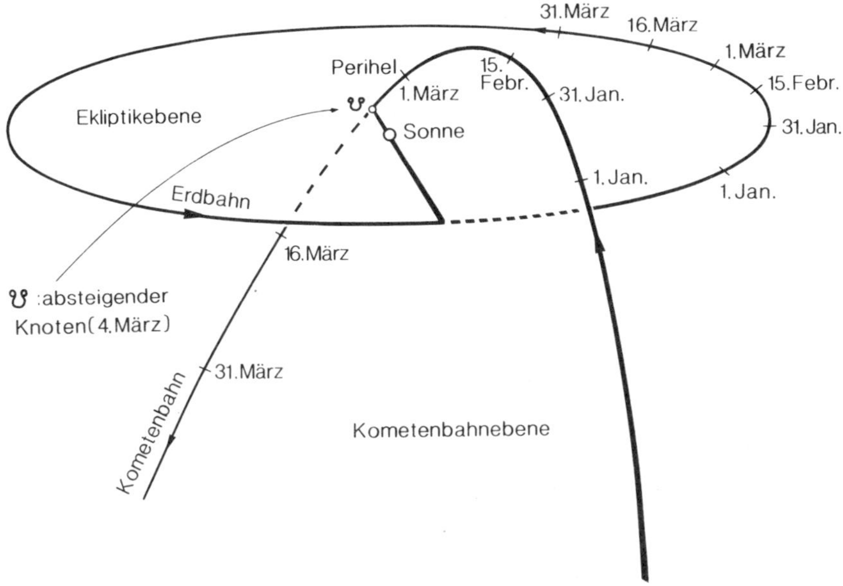

Der große Komet von 1744 mit seinen augenfälligen Schweifstrahlen nach einem zeitgenössischen Kometeneindruckblatt

Die Grafik auf Seite 95 zeigt deutlich, daß der Komet kurz vor Jahresbeginn von Süden nach Norden durch die Erdbahnebene tritt (aufsteigender Knoten der Kometenbahn). Da er während diesen Tagen in Blickrichtung zur Sonne steht, ist er zunächst schlecht sichtbar. Dann aber entfernt er sich von ihr mehr und mehr nach Westen, geht also immer früher *vor* der Sonne auf und ist bei beginnender Morgendämmerung bis Ende Februar immer höher über dem Osthorizont zu sehen. Gleichzeitig nähert er sich bis zu diesem Zeitpunkt seinem Perihel und damit der Sonne, so daß seine Gestalt immer eindrücklicher wird, entstehen doch die interessanten und auffälligen Formen der Kometenköpfe und Schweife durch die Wirkung der Sonnenstrahlung, die in der Umgebung des Perihels am intensivsten ist. Aus diesen Februartagen des Jahres 1744 stammt auch der abgebildete Stich, der einen enorm großen Schweif zeigt. Heinsius maß und berechnete die Schweiflänge zu «7 Millionen teutscher Meilen», was 52 Millionen Kilometer sind – überdurchschnittlich viel für einen Kometen. Solche verdienen zurecht die Bezeichnung *Großer Komet,* und es gibt nur einen, höchstens zwei in jedem Jahrhundert. Eine Ausnahme bildete einzig das 19. Jahrhundert, wogegen in unserem 20. Jahrhundert bisher nur der Halleysche Komet des Jahres 1910 einigermaßen diesen Namen verdiente, was die folgende Aufstellung zeigt.

Schweiflängen einiger «Großer Kometen»

Komet	Schweiflänge (in Millionen km)
Komet 1680 (Kirch)	300
Komet 1744	50
Komet 1811	90
Komet 1843	250
Komet 1858 (Donati)	70
Komet 1910 (Halley)	30

In seiner über hundertseitigen Kometenmonographie machte sich Heinsius auch Gedanken über die Schweifentstehung, das Zustandekommen des Leuchtens und den Zustand der Schweifmaterie. Im ersten Punkt kam er nicht weiter als Newton schon fünfzig Jahre früher; im zweiten und dritten nahm er an, es bestünden Ähnlichkeiten mit der Aufhellung der Erdatmosphäre durch das Sonnenlicht, was sich inzwischen als unzutreffend erwies. Gerade der Stern, der auf dem Stich von damals ganz deutlich mitten durch den Schweif scheint, deutet an, was schon zeitgenössische und viele spätere Beobachter genau untersucht haben: daß nämlich das Sternlicht durch die Schweifmaterie weder merklich abgeschwächt noch abgelenkt wird. Selbst hundertfünfzig Jahre später wußte man sich die Tatsache, daß die aus dem Kometen stammende Materie eine der Sonne abgewandte Richtung einschlägt und so einen Schweif bildet, noch nicht befriedigend zu erklären. Spektroskopische Untersuchungen brachten zwar um die letzte Jahrhundertwende die chemische Zusammensetzung des Schweifs an den Tag, und schon früher hatte man aufgrund von Massenbestimmungen festgestellt, daß der Schweif aus außerordentlich stark verdünnter Materie besteht, aber erst um

1950 konnte die Dynamik dank der Entdeckung des Sonnenwindes und dessen Erforschung im Rahmen der Weltraumfahrt eine gültige Erklärung finden. Die Untersuchungen in bezug auf Kometenschweif und Sonnenwind ergänzen sich wechselseitig. Die wachsenden Kenntnisse über den Sonnenwind ermöglichen eine bessere Deutung der Prozesse im Schweif, und jede günstige Kometenerscheinung wird zur Erforschung des Sonnenwindes genutzt, was auch für das Verständnis, wie dieser sich auf die Erdatmosphäre auswirkt, von großer Tragweite ist.

Was ist aber dieser *Sonnenwind?* Die Sonne sendet nicht nur Licht (elektromagnetische Wellen) aus, sondern es gehen speziell von gewissen Gebieten der Sonne auch Ströme aus feinen, elektrisch geladenen Teilchen (Korpuskeln) aus, die man *solare Plasmastrahlung* oder volkstümlich Sonnenwind nennt. Bei diesen Korpuskeln handelt es sich hauptsächlich um elektrisch positiv geladene Protonen und um negative Elektronen, welche die Sonne mit Geschwindigkeiten von 1000 bis 2000 km/s verlassen. Besonders intensiv ist diese Plasmastrahlung der Sonne bei eruptiven Protuberanzen (Flares). Bei sehr starken Flares können die Protonen so hohe Energien erhalten, daß sie sich beinahe mit Lichtgeschwindigkeit bewegen. In diesem Fall spricht man von Ultrastrahlung (was man in Analogie zum Sonnenwind als Sonnenorkan bezeichnen könnte).

Unmittelbar nachdem englische Astrophysiker auf die Idee gekommen waren, es müsse so etwas wie einen «Sonnenwind» geben, und dessen Existenz auch bestätigt worden war, machte sich 1951 *Ludwig Biermann* vom Max-Planck-Institut für Physik in Göttingen daran, damit die Bewegung der vom Kometenkopf ausströmenden Materie zu erklären und somit die Schweifbildung nachvollziehbar zu machen.

Heute unterscheidet man wissenschaftlich zwischen ganz verschiedenen Schweifformen oder Schweiftypen (vergleiche Darstellung Seite 91). Eine Kometenklassifizierung bedeutet das freilich nicht, denn ein und derselbe Komet kann durchaus mehrere Schweifformen haben. Dies ist zum Beispiel auf dem Foto eines der jüngsten Besucher unseres inneren Sonnensystems auf Seite 105 zu sehen. Sie zeigt den Kometen West, der einen praktisch geradlinigen, radial von der Sonne weggerichteten Schweif aufweist und außerdem stark ausgeprägte krumme Schweife, die noch zusätzlich aufgefächert sind. Zu dieser Auffächerung gibt es erst seit knapp dreißig Jahren eine Erklärung.

Zunächst die *Schweiftypen.*

28 % der Kometen bilden überhaupt keinen Schweif,

24 % einen Typ–I–Schweif,	d.h. einen *Plasmaschweif,* der fast geradlinig und fast genau von der Sonne weggerichtet ist,
48 % einen Typ-II-Schweif,	d.h. einen *Staubschweif,* der mehr oder weniger gekrümmt ist und vom Kometen «nachgeschleppt» wird.

Daß die zwei Schweiftypen von verschiedener materieller Beschaffenheit sind, konnte schon viel früher durch spektroskopische Untersuchungen festgestellt werden, von denen noch die Rede sein wird.
Die Plasmateilchen des Typ-I-Schweifs sind elektrisch geladene Partikel, naber wesentlich größer als die Protonen und Elektronen des Sonnenwinds. Es handelt sich nämlich um Ionen von Molekülen, am häufigsten um solche des Kohlenmonoxids (CO^+), dann solche des Wassers (H_2O^+), des Stickstoffs (N_2^+), des Kohlendioxids (CO_2^+), des Kohlenwasserstoffs (CH^+), des Hydroxylradikals (OH^+) und möglicherweise anderen.
Die Staubteilchen des Typ-II-Schweifs sind mikroskopisch klein, im Vergleich zu den Ionen des Plasmaschweifs aber riesig (etwa 10 000mal größer) und im Vergleich zu den Protonen des Sonnenwindes gigantisch (etwa milliardenmal größer).
Auf diese Staubpartikel kann der Lichtdruck oder Strahlungsdruck einwirken, da er eine genügend große Angriffsfläche vorfindet. Die dadurch entstehende Kraft nennt man *Repulsivkraft*. Sie ist von *James Clerk Maxwell* (1831–1879) theoretisch berechnet und zum ersten Male 1901 von *Piotr N. Lebedew* (1866–1912) im Laboratorium nachgewiesen worden. Auf die Staubteilchen, die aus dem Kometenkopf ausgestoßen werden, wirkt diese Repulsivkraft als nichtgravitative Kraft. Sie ist der Gravitation genau entgegengesetzt und verkleinert diese also. Demzufolge schlagen die Teilchen ganz andere Bahnen als die des Kometen ein, meistens hyperbelförmige, gelangen im Laufe der Zeit – von der Sonne aus gesehen – immer mehr nach außen und bleiben hinter dem Kometenkopf zurück. Dies führt zum gekrümmten Schweif (Typ II), den der Komet hinter sich her zu schleppen scheint. *Bessel* beobachtete als einer der ersten 1836 am Halleyschen Kometen die Wirkung dieser Repulsivkraft, die er noch für eine elektrische oder magnetische Kraft hielt. Er entwarf eine Theorie dazu, die er selber als «nicht die letzte Wahrheit» bezeichnete. Er betonte indes die Wichtigkeit solcher Theorien (oder Modelle, wie wir heute sagen) als Grundlage für die gezielte Beobachtung der Erscheinungen. Deren Ergebnisse bestätigen dann die Theorie oder machen sie zunichte. Hätte Bessel – gemäß seiner eigenen Aussage – über eine solche Theorie *vor* dem Erscheinen von Halley 1835 verfügt, wären seine Beobachtungen bedeutend vollständiger gewesen. 1903 verfolgte *Fjodor A. Bredichin* (1831–1904) in hohem Alter die Gedanken Bessels weiter und baute sie zu einer Theorie aus, die die Entstehung gekrümmter Kometenschweife begreiflich machte.
Die folgende Figur veranschaulicht das Zustandekommen des *Staubschweifs*. Die an den Punkten 1, 2, 3, 4, 5, 6 vom Kometen ausgestoßenen Staubteilchen bewegen sich auf den von diesen Punkten ausgehenden gestrichelten Hyperbelbahnen. Zum Zeitpunkt, da sich der Komet an Punkt 7 befindet, haben diese Teilchen entsprechend der verschieden langen Zeiten, die seit ihrem Ausstoß verstrichen sind, verschieden lange Strecken auf ihren Bahnen zurückgelegt und befinden sich nun gleichzeitig an den Punkten A, B, C, D, E, F, die miteinander verbunden die Form des Schweifs ergeben, der zu diesem Zeitpunkt beobachtet werden kann.

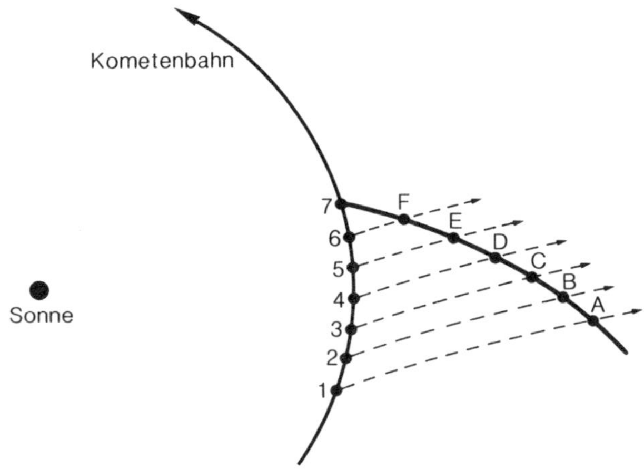

Da die für die Repulsivkraft entscheidende Querschnittsfläche des Staubkörnchens vom Quadrat seines Radius abhängt, die Gravitationskraft dagegen von dessen Masse, d.h. dessen Volumen, das mit der dritten Potenz (resp. dem Kubus) des Radius wächst, wird das Verhältnis dieser beiden Kräfte für größere Staubteilchen immer ungünstiger: solche Teilchen bilden stärker gekrümmte Schweife.
Hätten wir nur ganz bestimmte Größen von Staubpartikeln und wäre deren Ausstoßgeschwindigkeit aus dem Kometenkopf vernachlässigbar, so ergäben sich Schweifformen, wie sie die Kurven im folgenden Diagramm zeigen. Die verschiedenen Ausstoßgeschwindigkeiten würden zu einer Verbreiterung des Schweifs führen, was auch tatsächlich beobachtet wird. Trotzdem sind diese Kurven, die nach der *Bessel-Bredichin-Theorie* berechnet worden sind, nicht geeignet, den beobachteten Verlauf der Typ-II-Schweife genau zu beschreiben, weil sie vor allem unmittelbar am Kometenkopf zu starke radiale Richtungen aufweisen.

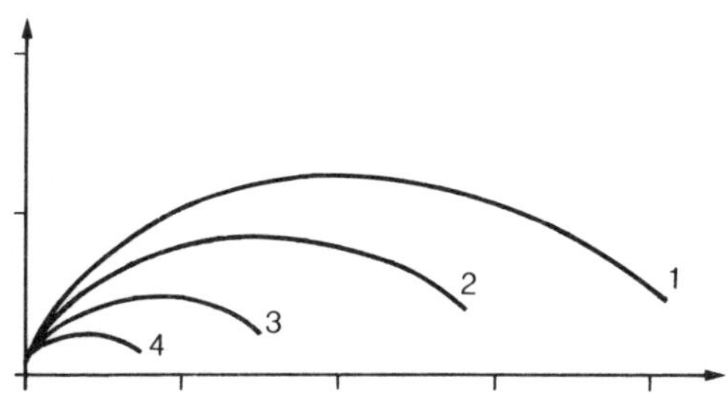

Theoretische Formen des Typ-II-Schweifes für vier verschiedene Größen von Staubpartikeln (1,2,3,4).

1968 haben *Finson* und *Probstein* vom Massachusetts Institute of Technology (MIT) eine neue Theorie vorgeschlagen, nach der aus dem Kometenkopf praktisch alle Größen von Staubkörnern emittiert werden, aber in zeitlich unterschiedlichen Raten. Berechnet man nach dieser Theorie die *Isophoten* des Schweifs (das sind Linien gleicher Helligkeit), ist eine bis in die Details gehende Übereinstimmung mit der Beobachtung feststellbar, wie dies aus den untenstehenden Darstellungen hervorgeht. Die Theorie der Staubschweife gilt heute als eine der sichersten Quellen unseres physikalischen Wissens über die Kometen.

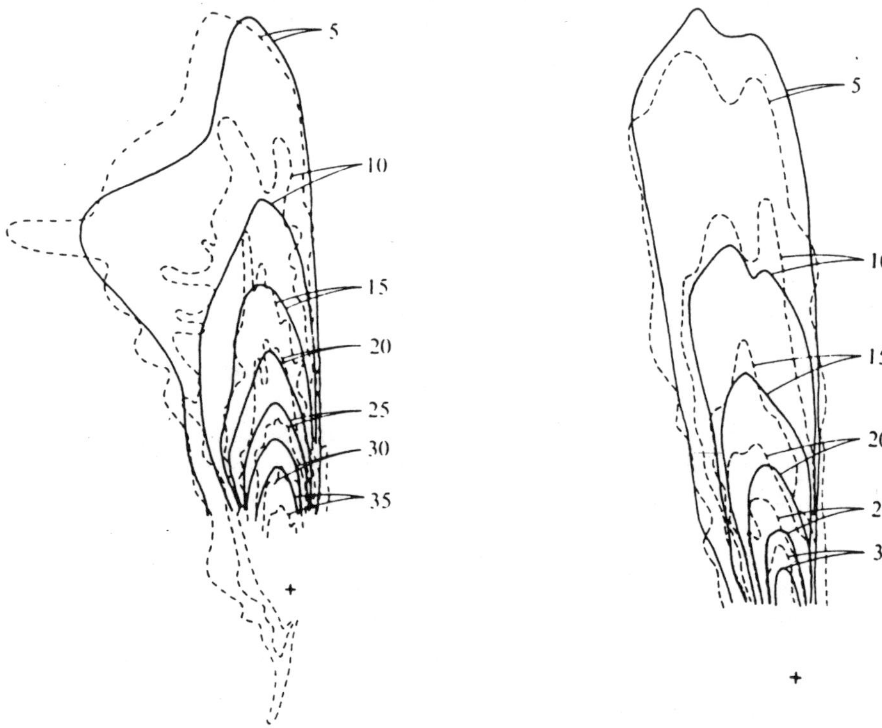

Gemessene (gestrichelt) und berechnete Isophoten des Kometen Arend-Roland am 27. April (links) und 2. Mai 1957. Vergleiche auch die Abbildung dieses Kometen auf Seite 85.

Auf der linken Isophotendarstellung und auf der Abbildung des Kometen Arend-Roland vom selben Datum ist deutlich ein *Gegenschweif* zu erkennen, der direkt auf die Sonne gerichtet zu sein scheint. Solche Gegenschweife sind auch bei anderen Kometen beobachtet worden. Sie kommen dann zustande, wenn ein Komet mit zwei gut ausgeprägten Schweifen sich zwischen Sonne und Erde bewegt, während die Erde durch die Ebene der Kometenbahn läuft (siehe Darstellung Seite 101). Man vermutet, daß der eine der beiden Schweife aus ungewöhnlich großen Staubpartikeln besteht, so daß der Strahlungsdruck ihn wenig auszurichten vermag und die Partikel also hinter dem

Kometen auf dessen Bahnebene oder sehr nahe daran zurückbleiben. Solch anomale Schweife sind auch für die Entstehung von Meteorströmen verantwortlich.

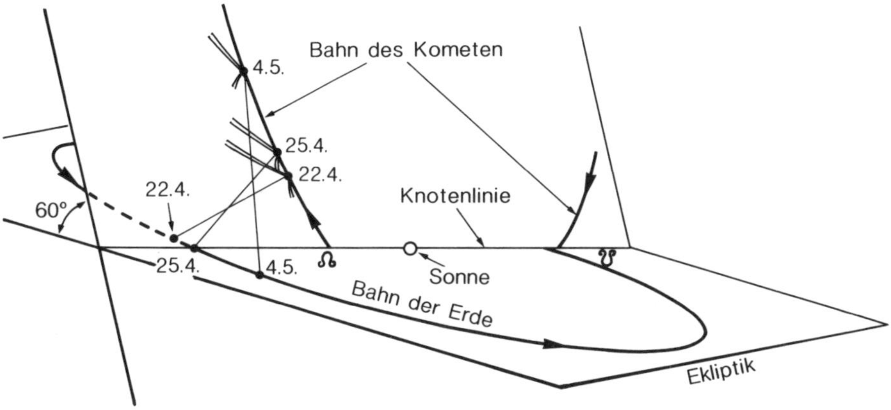

Gegenseitige Lagen von Sonne, Komet Arend-Roland und Erde am 22. und 25. April sowie am 4. Mai 1957. Am 22. April blicken wir von der Erde aus «von hinten» auf die Kometenbahn und sehen die beiden fächerförmigen Schweife unter einem fast gestreckten Winkel. Am 25. April geht die Erde durch die Ebene der Kometenbahn. Der «anomale» Schweif erscheint nadelförmig auf die Sonne gerichtet. Seine Partikel sind also in der Kometenbahnebene konzentriert. Am 4. Mai ist die Situation völlig verändert. Beide Schweife liegen auf derselben Seite unserer Blickrichtung und überlagern einander.

Lassen sich auf diese Weise viele Beobachtungen an den Typ-II-Schweifen deuten, so bleibt die Rechnung für die Typ-I-Schweife völlig unbefriedigend. Der Strahlungsdruck kann nämlich nicht die Ursache der beobachten Geschwindigkeiten der Plasmateilchen sein. Vergleicht man die Lichtteilchen oder Photonen, wie man sie in der modernen Physik bezeichnet, mit Tischennisbällchen, üben sie, wenn sie in großen Mengen auf eine breite Fläche treffen, eine beachtliche Kraft aus. Diese Kraft ist indes unmerklich klein, wenn auf diese Weise eine schwere Billardkugel «Bombardiert» wird, da sie eine viel zu kleine angriffsfläche bietet. Die wenigen leichten Tischtennisbällchen, die sie dennoch treffen, prallen ohne viel auszurichten ab. Da die Plasmateilchen oder Ionen des Typ-I-Schweifs noch stärker als die Staubteilchen der Typ-II-Schweife von der Sonne weggetrieben werden, was zu der fast radialen Ausrichtung dieses schweif-Typs führt, muß es andere «Geschosse» geben, die solches bewirken. Die Billardkugeln müssen also vergleichsweise von anderen Billardkugeln getroffen und bewegt werden. Und diese anderen Kugeln sind die Protonen des *Sonnenwinds.* Dies ist die Vorstellung, die *Ludwig Biermann* 1951 zur Erklärung der Typ-I-Schweife präsentierte. In seiner Arbeit «Kometenschweife und solare Korpuskularstrahlung» schreibt er:

In langgestreckten Kometenschweifen, die aus Ionen bestehen, werden oft Beschleunigungen der Schweifelemente beobachtet, welche ihrem Betrage nach die Schwerebeschleunigung der Sonne (0,6 cm/s^2 in Erdnähe) um Faktoren der Ordnung 10 bis einige 1000 übertreffen. Derart hohe Beschleunigungen lassen sich nicht auf den Druck der Sonnenstrahlung auf die Moleküle zurückführen. Es wird die Auffassung begründet, daß diese Beschleunigungen durch die Korpuskularstrahlung der Sonne hervorgerufen werden.

Damit war die Hauptursache der Entstehung der Typ-I-Kometenschweife gefunden. Doch das mechanistische Vergleichsbild ist zu grob, um die wesentlichen Wechselwirkungen zeigen zu können. Bei den «Billardkugeln» handelt es sich um Ionen, bei den «Sonnengeschossen» um Protonen und Elektronen; stets sind folglich elektrisch geladene Teilchen im Spiel. Wenn solche Teilchen einander nahe kommen oder aufeinanderprallen, machen sich nicht nur mechanische, sondern in viel stärkerem Maß auch elektromagnetische Kräfte bemerkbar. Hier treten die eigentlichen Plasmaeigenschaften in Erscheinung. Bereits 1943 hatte *C. Hofmeister* empirisch gefunden, daß der Plasmaschweif nur wenige Winkelgrade von der Radialrichtung abweicht, und *K. Wurm* hatte im gleichen Jahr darauf hingewiesen, daß im Schweif lange feine Strahlen vorkommen, die bei einer Länge von mehreren Millionen Kilometer einen Durchmesser von nur wenigen Tausend km haben. Das entspricht im Verhältnis einem feinen Rohr, das bei 1 km Länge nur 1 m im Durchmesser ist. Biermann führt diese Eigenschaften auf die elektromagnetischen Kräfte zurück. Speziell die von *Hannes Alfvén* im Jahr 1957 vorgeschlagenen Magnetfelder, die der Sonnenwind wie Netze mitschleppt, um die Kometenkoma wickelt und in den Plasmaschweif durch Wechselwirkung mit dessen Ionen hineinzieht, bilden bis heute die Grundlage für alle Modelle zur Erfassung der Plasmaschweife.
Im Bild des Kometen Finsler (1937 f) auf Seite 44 lassen sich diese Feinstrukturen der Typ-I-Schweife deutlich erkennen. Was nur durch den genauen Vergleich von Serienaufnahmen sichtbar wird, ist die «Pendelbewegung» der Schweifstrahlen, die diese mit etwa 20stündiger Periode um die Schweifachse bis zu einer Auslenkung von ungefähr 60° ausführen. Auf einigen Bildern ist dagegen sehr gut das Abreißen der Schweifstrahlen erkennbar. Seit Anfang des Jahrhunderts hat man bei über 70 Kometen solche Veränderungen in der Struktur der Strahlen beobachten können und manchmal eine Periodizität vermutet, die mit dem «Abnabeln» des Plasmaschweifs an der Koma endet und mit der Neuformung des Schweifs von vorne beginnt (vergleiche Bilder der Kometen Halley [1910 XII] und Morehouse [1908 c = 1908 III) auf Seite 86).
Solche Ereignisse lassen sich durch Sonnenwind-«Stürme» erklären, die den kontinuierlichen Strom durch den Schweif durcheinanderwirbeln, oder aber durch die Grenzen zwischen den verschiedenen Sektoren des interplanetaren Magnetfeldes. Das Zerreißen der Schweifstrahlen kann aber auch mit den

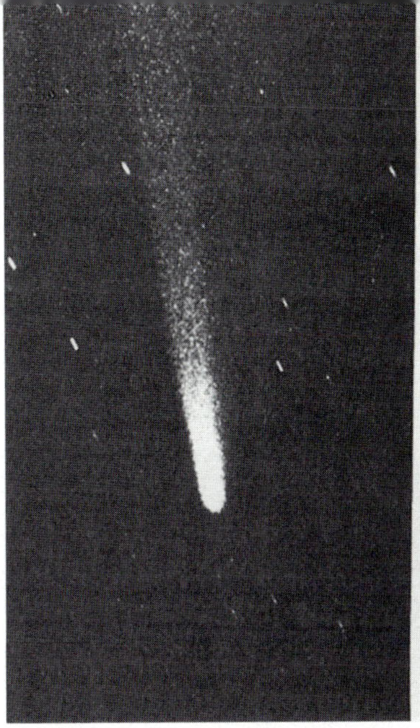
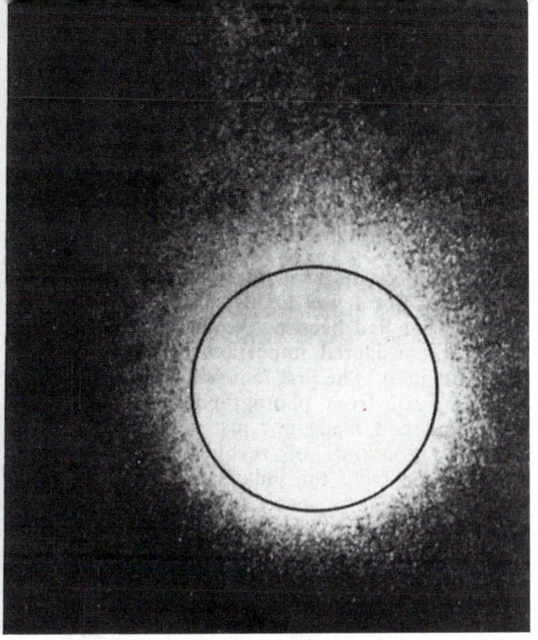

Komet Kohoutek (1973 XII) am 25. Dezember 1973, fotografiert im optischen Strahlungsbereich (links) und im extrem ultravioletten aus dem Weltraum (rechts), so daß die den Kometenkopf umgebende Wasserstoffkorona sichtbar wird. Der Kreis rechts gibt die Größe der Sonnenscheibe an, wie sie aus derselben Entfernung erscheinen würde. Der gleiche Komet am 24. Januar 1974 (unten)

Modernes Fernrohr, das Mayall 4-Meter-Quarzspiegelteleskop (oben links) und ▸ seine Kuppel (oben rechts), eine von insgesamt siebzehn Kuppeln auf dem Kitt Peak, Arizona (USA). Unten: Yantra Mantar in Jaipur (Indien), die steinerne Sternwarte des Jai Singh II. (1669–1744)

Einer der glanzvollsten Kometen des 19. Jahrhunderts: Komet Donati 1858 über Bern

◂ *Komet West (1975n) am 9. März 1976 mit mehreren Schweifen*

Mit dem Verlöschen der Dämmerung erscheint unter günstigen Bedingungen das trapezförmige Zodiakallicht

periodischen Polaritätswechseln im Sonnenwind zusammenhängen. Eine direkte Beziehung zwischen der Sonnenaktivität und diesen Erscheinungen im Plasmaschweif wurde nicht festgestellt, obwohl seit langem feststeht, daß die Aktivität der Sonne bei den Helligkeitsschwankungen der Koma eine entscheidende Rolle spielt.

Schon am Kometen von 1744 sind *Schweifstrahlen* ausführlich beobachtet und gezeichnet worden. Im bereits erwähnten und auf Seite 95 wiedergegebenen Stich ist rechts in einem separaten Bild diese Auffächerung wiedergegeben. Am 7. und 8. März 1744 zählte *de Chéseaux* in Frankreich 5 oder 6 Strahlen, die sich am Schweifende etwa 35° bis 40° öffneten. Auch *de l'Isle* in St. Petersburg und *Margaretha Kirch* in Berlin berichteten darüber; letztere zählte sogar 11 Strahlen, konnte also jeden von de Chéseaux gezählten Strahl noch in zwei feinere Teile trennen. Da sich der Ko et zu diese Zeitpunkt wieder nahe der Sonne befand, waren die Strahlen nur genügend lange vor der Dämmerung deutlich zu sehen, als der Kometenkopf noch unter dem Horizont stand. So kam es, daß selbst Heinsius die Erscheinung für ein Nordlicht hielt, und in seiner Monographie über diesen Kometen fehlt ausgerechnet die wichtige Schweifanalyse.

Alle Materie, die zur Bildung des Schweifs erforderlich ist, stammt aus dem *Kometenkopf.* Dieser Kopf besteht aus einem außerordentlich kleinen *Kern* und der *Koma.* Sie bildet sich erst bei der Annäherung des Kometen an die Sonne, und zwar in Entfernungen von dieser, die weniger als ungefähr 3 A.E. betragen. Vom inneren Teil der Koma steigen Teilchen mit Geschwindigkeiten um 1 km/s auf, die bereits über der Fluchtgeschwindigkeit des Kometenkerns liegen. So entstehen Ströme von Teilchen, die auf verschiedenen Bahnen aus der Koma heraustreten. Neben der Ausstoßgeschwindigkeit haben bei der Bildung der Strömungsmuster längs dieser Bahnen sowohl die Rotation des Kerns und der Koma als auch die bereits erwähnten Wechselwirkungen mit dem Strahlungsdruck und dem Sonnenwind entscheidenden Anteil.

Bereits bei der Wiederkehr des Halleyschen Kometen im Jahr 1835 hatten *Bessel* in Königsberg und *F. G. Wilhelm Struve* (1793–1864) in Dorpat (Tartu/Estland) solche Erscheinungen ausführlich studiert und gezeichnet. Bessel schrieb von einer «Merkwürdigkeit, welche der Comet zeigte, die in einer Ausströmung der Lichtmaterie aus dem Kern bestand ... und beiläufig der Sonne zugewandt war». Auch eine «Pendelbewegung des Lichtkegels» um die Richtung zur Sonne wurde von Bessel beobachtet, mit einer Auslenkung bis zu 60° und einer Periode von 4,6 Tagen. Beim Donatischen Kometen haben 1858 viele Astronomen diese Ausströmungen genauer untersucht.

Besonders eindrücklich müssen diese Ausbrüche von leuchtender Materie, die man heute als *Jets* bezeichnet, beim Kometen 1861 II gewesen sein, der ganz plötzlich am Abend des 30. Juni jenes Jahres am Himmel auftauchte. Der damals in Athen wirkende Astronom *J. Schmidt* berichtete:

Noch die Nacht zuvor hatte ich bei völliger und höchster Reinheit des Himmels keine Spur des Kometen bemerkt. Jetzt zeigte sich plötzlich die große majestätische Gestalt am Himmel, vom Horizonte bis weit über den Polarstern, über Lyra hinaus den Schimmer des Schweifs verbreitend. Es war, um mit dem Ausdruck vergangener Zeiten zu reden, ein Komet von wahrhaft furchtbarem Aussehen. Um 9 Uhr stand der mondgroße Kopf dem Rande des Parnaß schon nahe; er erschien nebst dem sehr breiten unteren Teile des Schweifes ähnlich einer bedeutenden fernen Feuersbrunst, deren vom Winde seitlich und schräg aufwärts getriebenen Rauchmassen gleichmäßig vom Feuer erleuchtet werden. Als der Kopf untergegangen und die Dämmerung verschwunden war, ließ sich bereits leicht erkennen, daß das Ende des Schweifs mindestens bis zur Gegend der Milchstraße im Adler reichte.

Die senkrecht zur Erdbahnebene verlaufende Kometenbahn erklärt, wieso der Komet für die Bewohner der Nordhalbkugel so unerwartet plötzlich auftauchte, als er knappe drei Wochen nach seinem Perihel (11. Juni) von Süden nach Norden am 30. Juni ganz nahe bei der Erde durch die Ekliptik stieß. Der Verlauf des Schweifs über den Himmelsnordpol (Polarstern) hinweg war ein höchst ungewöhnliches Schauspiel. Der Kometenkopf ging um Mitternacht unter und am frühen Morgen erneut auf. J. Schmidt schilderte die Ereignisse mit folgenden Worten:

Um 11 (23) Uhr eilte ich auf die Sternwarte, um den späteren Aufgang des Kometenkopfes im Nordosten beobachten zu können. Auf dem Wege durch die zu solcher Nachtstunde sonst ganz menschenleere Stadt bemerkte ich noch manche Personen, die neugierig sich nach freigelegenen Plätzen begaben, um den außerordentlichen, glanzvoll im Norden senkrecht aufsteigenden Lichtstreifen näher zu betrachten. Am Theseustempel angekommen, fand ich eine Gruppe von Personen, deren Stellung und Bewegung auch ohne astronomische Messung einen Schluß auf die enorme Länge des Schweifs gestattete. Denn während einige den Blick auf den nördlichen Horizont richteten, unter welchem der Kopf des Kometen stand, schauten andere, jenen den Rücken wendend, nach Süden, um dort, wenig über der Akropolis, das Ende des Schweifes zu ermitteln, der 30° über das Zenith reichte. Um 4 Uhr 27 kam der Kometenkopf wieder zum Vorschein, nachdem die hellsten Teile des Schweifes sich schon erhoben hatten und einen wenn auch schwachen, so deutlichen Schatten zu werfen vermochten. So hell war weder der große Komet im März 1843 noch Donatis Komet im Oktober 1858. Den Aufgang des Kernes über dem Parnaß bei Tatoi sah ich mit freiem Auge, ein außerordentliches, unvergleichliches Phänomen: wie ein trübes, mit Rauchwirbeln aufsteigendes Feuer schwebte die große Lichtmasse über dem tiefdunklen Rand des Gebirges ...

Komet 1861 II stand am 30. Juni nur 15 Mill. km von der Erde entfernt, während sein Schweif 35 Mill. km lang war. Er ist in der Tabelle der Großen Kometen auf Seite 96 nicht aufgeführt, ganz im Gegensatz zu den zwei von Schmidt erwähnten Kometen (1843 und Donati 1858). Das Außergewöhnliche bei ihm war die große Nähe zur Erde, die eine gute Woche dauerte und zur Folge hatte, daß sein Schweif ungewöhnlich lang erschien und die Helligkeit so groß, daß sie Schatten warf. Diese Helligkeit hängt sowohl von der Entfernung des Kometen zur Sonne ab, die ihn beleuchtet, als auch von dessen Distanz zur Erde, von wo aus wir das Licht beobachten. Für die Beobachtung von Details ist diese Nähe besonders günstig, weil kurz nach dem Periheldurchgang der Komet am aktivsten ist. So richteten alle Sternwarten in den Tagen nach dem 30. Juni 1861 ihre Teleskope auf den Kometenkopf, und die Astronomen zeichneten die von Schmidt beschriebenen Erscheinungen.

Am 30. Juni stand der Kometenkopf fast zwischen Sonne und Erde, und von dieser aus bildete die Blickrichtung zum Kometenschweif nur einen Winkel von 25°. Man konnte also aus ganz ungewöhnlicher Perspektive (sozusagen aus dem Inneren des Schweifs) die ausströmenden Jets sehen, die einem Feuerrad glichen. Am folgenden Tag hatte sich die Lage «normalisiert», und der Komet zeigte nun ähnliche Jets wie die an Halley 1835 beobachteten. Die in Sonnenrichtung ausgestoßene Materie wurde dabei umgelenkt und mündete in die für die meisten Kometen typisch parabelförmigen Lichthüllen ein (vergleiche untenstehende Darstellung).

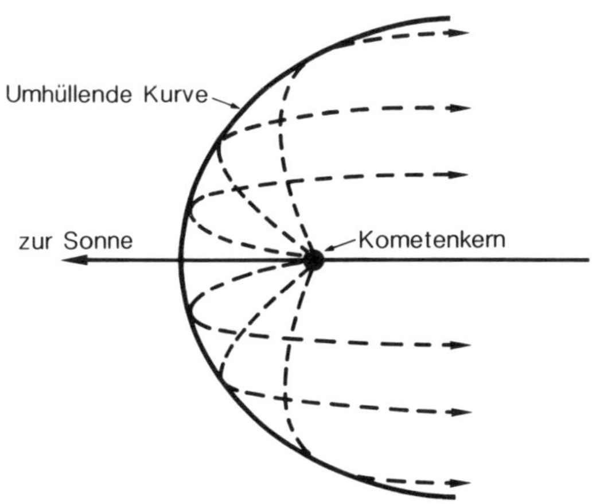

Daß eine Beziehung zwischen den Jets und den Schweifstrahlen besteht, wurde bereits von *Bredichin* bestätigt, der englische Darstellungen des Kometenschweifs vom selben Tag mit den seinen verglich. Sie zeigten fünf isolierte Strahlen von 45° Länge, die sich vom Kometenkopf aus bis zu einem Winkel von 70° auffächerten.

Kurz nach diesen Beobachtungen gelang *Giambattista Donati* (1826–1873) eine erste *spektroskopische Untersuchung* des Kometenlichts, und zwar nicht an dem berühmten und nach ihm benannten Kometen von 1858, sondern an einem Kometen des Jahres 1864. In diesem Jahr hatte Donati die Leitung der Sternwarte von Florenz übernommen. Zehn Jahre früher hatte schon Padre *Angelo Secchi* (1818–1878) in seinem neugebauten vatikanischen Observatorium begonnen, Sternspektren zu untersuchen und zu klassifizieren, was ihn zu einem der Begründer der eigentlichen Astrophysik machte, während *R.W. Bunsen* (1811–1899) und *G.R. Kirchhoff* (1824–1887) im Jahre 1859 die allgemeine Spektralanalyse begründeten. Wie verhält es sich nun mit der für viele moderne Wissenschaften so ergiebigen und nicht mehr wegzudenkenden Analyse der Lichtspektren?

Newton hatte 1666, als er wegen der Pestepidemie von Cambridge nach Hause geschickt worden war, neben seinen vielen Arbeiten auf den verschiedensten Gebieten der Mechanik auch angefangen, eine Theorie des Lichts zu schaffen. Er hatte als erster entdeckt, daß weißes Licht, das durch ein Prisma geschickt wird, in seine Farbbestandteile zerlegt wird, ähnlich wie der Regenbogen aus dem Sonnenlicht entsteht. Die Gesamtheit dieser Farben bildet das Spektrum für die verwendete Art von Licht bzw. der benützten Lichtquelle. Daraus entwickelte Newton eine erste Farbtheorie. Später wurde immer deutlicher, daß die Art des Spektrums mit der Art der Lichtquelle eng zusammenhing. Die Anwendung dieser vielversprechenden Lichtanalyse in der Astronomie ließ deswegen lange auf sich warten, weil es recht intensiver Lichtstrahlen bedarf, um mit Hilfe des Prismas ein gut erkennbares Spektrum erzeugen zu können. 1814 gelang es *Joseph Fraunhofer* (1787–1826), einem bayrischen Instrumentenmacher, als einem der ersten, ein durch ein Teleskop gesammeltes Bündel von Sonnenlicht auf ein Prisma fallen zu lassen und auf der anderen Seite des Prismas nicht nur die bereits von Newton beobachteten Spektralfarben zu erzeugen, sondern eine feine Struktur von dunklen Linien, die dem kontinuierlichen Band aus ineinander übergehenden Farben überlagert waren, d.h. die Kontinuität an ganz bestimmten Stellen unterbrachen. Fraunhofer war mit seinem lichtstarken Instrument auch in der Lage, dasselbe Experiment mit dem Licht verschiedener Sterne durchzuführen. Er erhielt entsprechende Ergebnisse wie beim Sonnenlicht, aber verschiedene Muster der dunklen Linien. Solch dunkle Linien auf einem Spektrum nennt man noch heute *Fraunhofersche Linien* (vergleiche Abbildung Seite 183). Es dauerte noch 45 Jahre, bis Bunsen und Kirchhoff diese Linien als Kennzeichen der chemischen Elemente zu deuten vermochten. Wie jede große Neuerung eröffnete die *Spektralanalyse* der Forschung ungeahnte Horizonte, wobei in diesem Fall eine hundertjährige Entwicklungsgeschichte dahinter lag.
1752 bemerkte *J. Melvill,* daß eine Flamme, in der Salz verdampft wird, ein Spektrum ergibt, das nur aus einzelnen hellen Linien besteht. Verdampfte man statt Salz eine andere chemische Substanz in der Flamme, so entstand im Spektrum ein ganz anderes Muster von hellen Linien. Man nannte diese Art von Spektrum ein Linienspektrum, im Unterschied zum kontinuierlichen

Spektrum des Sonnenlichtes oder zu irdischen Lichtquellen, die aus glühenden festen oder flüssigen Materialien bestehen. Erst 1823 vermutete *John Herschel,* daß es möglich sein könnte, eine chemische Substanz nach ihrem Linienspektrum zu bestimmen. Vorher hatte bereits 1802 *Wollaston* im Farbband des Sonnenspektrums schwache schwarze Linien bemerkt – eben jene Linien, die 1814 Fraunhofer experimentell klar nachwies. Niemand dachte zunächst an einen Zusammenhang mit den Linienspektren, bis 1829 *Foucault* feststellte, daß eine der intensivsten Fraunhoferschen Linien – jene, die Fraunhofer mit D bezeichnet hatte – *dunkler* wurde, wenn das Sonnenlicht noch vor dem Prisma durch einen elektrischen Lichtbogen ging. Es gab demnach im elektrischen Lichtbogen eine Substanz, die in der Lage war, das Licht der Linie D aufzuschlucken. Foucault tat nun das Entscheidende: Er blendete das Sonnenlicht ab und untersuchte das Spektrum des elektrischen Lichtbogens allein. Jetzt erschien die Linie D als *helle* Linie! Die gleiche Substanz, die aus dem Sonnenlicht die Linie D herausfilterte, strahlte selbst diese Linie aus. Die Fraunhoferschen Linien im Sonnenspektrum waren also nichts anderes als die Negative der Linienspektren.
Bunsen und Kirchhoff fanden bald danach heraus, daß die Linie D vom chemischen Element Natrium herrührte. Sie streuten Natrium in eine Flamme, und in ihrem Spektrum erschien die Linie D als strahlend helle gelbe Linie. Darauf ließen sie das Licht von weißglühendem Ätzkalk durch dieselbe, Natrium enthaltende Flamme fallen, und genau an der Stelle der Linie D wurde das sonst kontinuierliche Spektrum durch eine starke dunkle Linie unterbrochen. Es gab keinen Zweifel mehr: Die Linie D gehörte, ob positiv oder negativ, zu Natrium. Und aus dem Experiment von Foucault wiederum ließ sich schließen, daß sowohl im elektrischen Lichtbogen als auch in der Sonne Natrium vorhanden sein mußte, und zwar in Dampfform.
Jetzt ging es nur noch darum, die verschiedenen Linien den chemischen Elementen zuzuordnen, und man war in der Lage, anhand der Spektren die materielle Beschaffenheit von Lichtquellen zu eruieren. Das war für die Astronomie eine wahrlich glückliche Fügung, hat man doch keine andere Möglichkeit, etwas über deren Forschungsobjekte zu erfahren, als der Strahlung, die sie aussenden oder reflektieren, möglichst viele Botschaften zu entreißen. Die Spektralanalyse wurde so zur astrophysikalischen Dekodierungsmethode.
Allerdings lagen die Dinge nicht ganz so einfach. 1855 beschrieb der Amerikaner *David Alter* das Spektrum des Wasserstoffs, das im sichtbaren Bereich komplizierter als jenes des Natriums ist, weist es doch eine ganz bestimmte Folge von Linien auf. Die Leistung von Bunsen und Kirchhoff beruht nun gerade darauf, daß sie eine große Anzahl von Substanzen mit Hilfe komplexer Linienspektren identifizieren konnten. 1861 gelang es ihnen sogar, die beiden Elemente Zäsium und Rubidium auf spektroskopischem Weg zu entdecken. Noch komplexer sind die Spektren von Molekülen, da sie aus immer enger werdenden Linienfolgen, sogenannten Banden zusammengesetzt sind.

Auch wenn noch weitere sechzig Jahre vergingen, ehe man aufgrund der modernen Atomtheorie zu verstehen begann, wie diese Spektren zustandekommen, hatte man jetzt ein Instrument zur Hand, um die in den Himmelskörpern vorkommenden Elemente zu bestimmen. In vielen Fällen läßt sich nicht allein eine qualitative, sondern auch eine quantitative Spektralanalyse durchführen, da sich aus dem Vergleich der Intensität der Spektrallinien mit «Norm-Intensitäten» auch die Mengenverhältnisse der Substanzen ergeben.
Es gibt grundsätzlich drei Möglichkeiten von Spektren (mit entsprechenden Kombinationen):

1. Das *kontinuierliche Spektrum,* wie es als Hintergrund im Sonnenspektrum und in den Sternspektren vorkommt, weist auf die große Dichte der Lichtquelle hin.
2. Das *Linienspektrum* stammt von dünnen glühenden Gasen, die ein für sie charakteristisches Licht aussenden (emittieren). Man nennt es auch *Emissionsspektrum.*
3. Das *Absorptionsspektrum* besteht aus dunklen Linien, die ein kontinuierliches Hintergrundsspektrum unterbrechen. Es entsteht, wenn das Licht durch ein Gas strahlt, das genau jene Linien verschluckt (absorbiert), die es in glühendem Zustand aussenden würde.

Aus den Fraunhoferschen Linien im Sonnenspektrum kann also gefolgert werden, daß diese Absorptionslinien auf jene Elemente hinweisen, die in den äußeren Schichten der Sonne vorhanden sind, denn durch eben diese Schichten muß die im Sonneninnern erzeugte Strahlung hindurchtreten. Entsprechendes gilt für die Sternspektren, wo aus der Verschiedenartigkeit des Musters der dunklen Linien zudem auf das Vorhandensein verschiedener Sterntypen geschlossen werden kann.
Die Analyse der Kometenspektren erlaubt es seit Donati, die materielle Beschaffenheit der zwei verschiedenen Schweiftypen, der Koma und teilweise auch des Kerns direkt zu bestimmen. Da alle Materie aus dem Kometenkern stammt und durch Wechselwirkungen mit den verschiedenen Strahlungsarten der Sonne in die Zustände gerät, die für die Koma und die Schweife kennzeichnend sind, läßt die Spektralanalyse auch Schlüsse auf diese Wechselwirkungen zu.
Die folgende kurze Zusammenstellung gibt die wichtigsten heutigen Kenntnisse über Kern, Koma und Schweife wieder, soweit sie *Leuchterscheinungen* betreffen.

Kometenkern

Es ist nur in ganz wenigen Fällen gelungen, das Spektrum des Kometenkerns rein aufzunehmen, da es meist vom Spektrum der Koma überlagert und oft überstrahlt wird. In diesen wenigen Fällen erwies sich das Kernspektrum als identisch mit dem kontinuierlichen Spektrum der Sonne, woraus hervorgeht, daß der Kometenkern nur Sonnenlicht reflektiert. Dies bestätigt die Erkenntnisse, die man schon anhand von Helligkeitsuntersuchungen gewonnen hatte. Reduziert man die Helligkeit, d.h. eliminiert man ihre Abhängigkeit vom Abstand des

Kometen von der Sonne (der für die Lichtmenge, die den Kometen trifft, verantwortlich ist) sowie vom Abstand des Kometen von der Erde (der für die Lichtmenge verantwortlich ist, die wir von der Erde aus empfangen können), so ist diese *reduzierte Helligkeit* konstant, wenn nur Sonnenlicht reflektiert wird; sie ist indes veränderlich, wenn der Komet oder Teile desselben eigenes Licht aussenden. In bezug auf das gesamte Licht des Kometen ist die reduzierte Helligkeit nicht konstant, sondern nimmt bei der Annäherung des Kometen an die Sonne stark zu. Für das Licht des Kometenkerns wiederum ist sie konstant. Der Kern reflektiert also nur Sonnenlicht.

Kometenkoma
Auch hier ist ein (allerdings nur schwach ausgebildetes) kontinuierliches Spektrum festzustellen, das durch Streuung von Sonnenlicht an feinem meteoritischem Staub in der Koma hervorgerufen wird. Die intensivsten Teile des Komaspektrums bilden dagegen ein Emissionsspektrum aus Linien, die den Atomen Natrium, Nickel, Eisen zugeord-

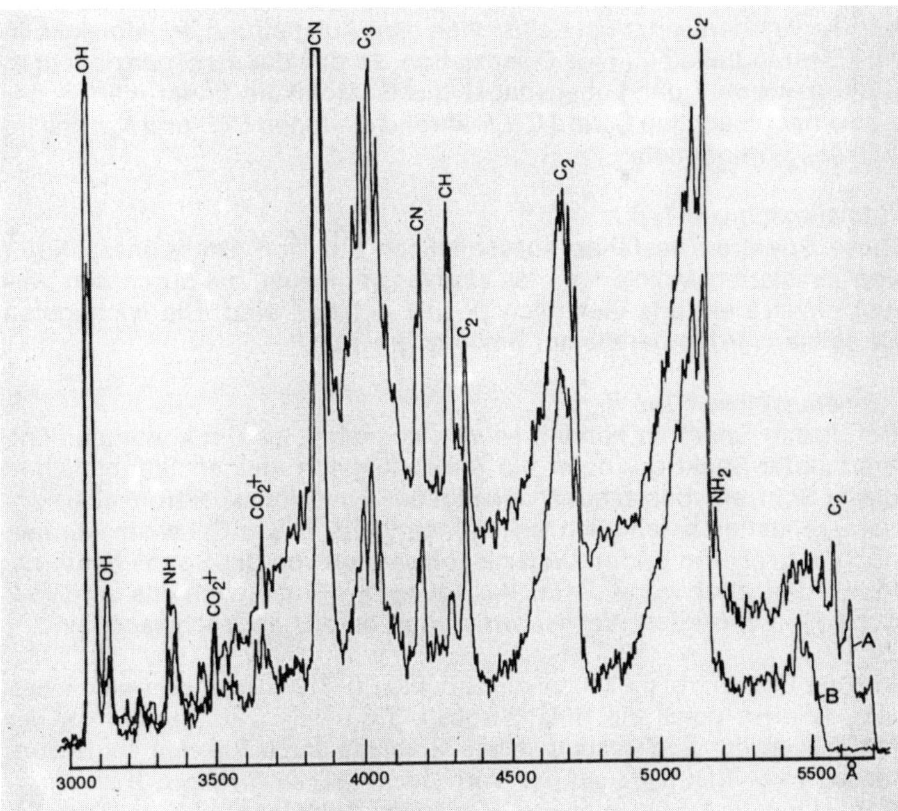

Diagramm eines Kometen-Spektrums

net werden können, oder aus Banden, die zu Molekülen aus Kohlenstoff, Wasserstoff, Stickstoff und Sauerstoff gehören, wie zum Beispiel C_2, C_3, CH, CN, NH, NH_2 und OH. Diese Moleküle können bereits in unmittelbarer Nachbarschaft des Kerns beobachtet werden und strömen dann in alle Richtungen, wobei die Gasdichten schon in Kernnähe sehr niedrig sind und nach außen noch stärker abnehmen (100 bis 10000 Moleküle pro cm^3). Als mögliche Ursachen für diese Leuchterscheinungen werden der Einfluß der Sonnenstrahlung (Lichtdruck und Korpuskularstrahlung) angenommen wie auch die Anregung durch Stöße zwischen den Molekülen, die beträchtliche Geschwindigkeiten erhalten. Heute teilt man allgemein die Ansicht, daß es sich um *Resonanzfluoreszenz* unter dem Einfluß der Sonneneinstrahlung handelt. Das Leuchten geht demzufolge auf die gezielte Absorption einzelner Energien durch Moleküle bzw. Ionen zurück, die davon angeregt werden. Danach strahlen sie diese Energien wieder ab, was zum «Eigenleuchten» der Gase führt. Diesen Energien entsprechen die Spektrallinien der betreffenden Moleküle oder Ionen. Infolge der hohen Geschwindigkeiten (mehrere hundert km/s!), die vor allem am Schweifende entstehen, setzt bei Kollisionen eine Aufspaltung der Moleküle in ihre Bestandteile ein, eine Dissoziation, so daß das Resonanzleuchten aufhört. Gemäß der Lebensdauer dieser Moleküle findet man in der Koma hauptsächlich C_2 und CN, während die Ionen CO^+ und N_2^+ erst im Schweif vorkommen.

Kometenschweif Typ I
Diese Spektren bestehen ausschließlich aus den Emissionsspektren von ionisierten Molekülen; das sind Gasmoleküle, die durch den Verlust eines Elektrons elektrisch positiv geladen sind. Die wichtigsten Beispiele wurden bereits auf Seite 98 erwähnt.

Kometenschweif Typ II
Bei diesen Spektren handelt es sich ausnahmslos um kontinuierliche Fraunhofer-Spektren, denn die mikroskopisch kleinen Staubteilchen dieser Schweiftypen senden kein eigenes Emissionsspektrum aus, sondern reflektieren lediglich das Sonnenlicht. Diese Schweife können noch in größeren Entfernungen der Kometen von der Sonne beobachtet werden, auch wenn die zur Anregung des Eigenleuchtens der Typ-I-Schweife benötigten Wechselwirkungen bereits abgeschwächt sind.

Von der Erde aus ist die Ultraviolettstrahlung der Kometen nicht wahrnehmbar, da diese durch die Erdatmosphäre absorbiert wird. Schon vor der Möglichkeit der Beobachtung dieser Strahlung durch Raketen und Raumsonden hatte Biermann auf das Vorhandensein einer riesigen *Wasserstoff-Korona* um die Kometen hingewiesen (siehe Abbildung auf Seite 103.), die aus der Dissoziation der aus dem Kern ausgestoßenen Gase entsteht. Die

Erdsatelliten OGO 5 und OAO 2 stellten Ende der sechziger Jahre tatsächlich eine riesige Wasserstoffwolke von mehreren Sonnendurchmessern (mehreren Millionen Kilometer!) um die Kometenkoma fest. Bei diesen Satelliten handelt es sich um *O*rbitale (d.h. die Erde umrundende) *G*eophysikalische bzw. *A*stronomische *O*bservatorien, die UV-Spektren aufnahmen und andere, von der Erde aus nicht direkt meßbare Strahlungen untersuchten. Im ultravioletten Strahlungsbereich der Sonnenenergie liegt hauptsächlich die Ursache für die Resonanzfluoreszenz. Bei Sonneneruptionen verändern sich die Intensitäten in diesem Strahlungsbereich. Das führt zu *sekundären Helligkeitsschwankungen* der Kometen, die in engem Zusammenhang mit der Sonnenaktivität (Sonnenflecken-Relativzahlen) stehen. Wie die Messungen am Kometen Jurloff-Achmaroff-Hassel (1939 d) zeigen, ist dies seit langem bekannt.

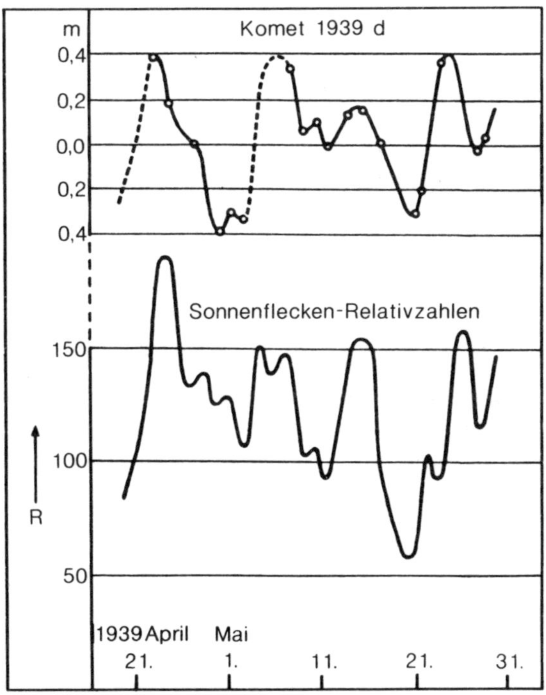

Beziehung in Form einer starken Korrelation zwischen den sekundären Helligkeitsschwankungen m des Kometen Jurloff-Achmaroff-Hassel (1939 d) und der Sonnenaktivität (Sonnenflecken-Relativzahlen R). (Nach M. Beyer)

Solche Helligkeitsschwankungen in der Koma treten bei den Typ-II-Schweifen nicht auf, da dort kein Prozeß des Eigenleuchtens stattfindet.
Die Wasserstoff-Korona der Kometen und alle anderen Erscheinungen, die nicht direkt von der Erde aus untersucht werden können, sind erst dank der Weltraumfahrt genauer bekannt geworden. Weitergehende Aufschlüsse

erhofft man sich von den verschiedenen Missionen, die bereits zum Halleyschen Kometen unterwegs sind (vergleiche 7. Kapitel). Eine der wichtigsten Fragen dabei gilt dem *Aufbau des Kometenkerns,* der so klein ist, daß er von einem irdischen Standort aus nicht eingehend genug erforscht werden kann. Dazu kommt, daß er sich ausgerechnet dann, wenn er sich der Erde nähert, auch der größeren Sonneneinstrahlung aussetzt und somit seine Komahülle erzeugt, die ihn in ihr intensiveres Licht einhüllt und praktisch unsichtbar macht. Aber gerade die Kenntnisse über den Kern sind von grundlegender Bedeutung, denn er ist der eigentliche Komet, der aus den Tiefen des Alls auftaucht, wieder in ihm verschwindet und eventuell erneut zurückkommt. In der Nähe der Sonne macht er erhebliche Veränderungen durch, bildet seine Koma und in der Regel einen oder mehrere Schweife, indem er Materie in den Raum abgibt. Aus den Beobachtungen dieser Kernprodukte lassen sich einige Rückschlüsse auf eine mögliche Beschaffenheit des Kerns ziehen, doch müssen sie durch direkte Beobachtungen des Kerns näher abgeklärt werden.

Über die *Größe des Kerns* von Kometen machte man sich keine Illusionen mehr, seit der Septemberkomet 1882 II, der von der Besatzung eines Schiffes im Golf von Guinea entdeckt worden war, am 17. September 1882 vor der Sonne vorbeiging und weder ein heller noch dunkler Fleck zu sehen war. Ein heller Fleck hätte bedeutet, daß die Koma heller als die Sonnenscheibe leuchtet, und ein dunkler hätte bestätigt, daß es sich beim Kern um einen festen Körper handelt. Sein Durchmesser hätte somit aus der Größe des Flecks bestimmt werden können. Da Merkur mit einem Durchmesser von fast 5000 km bei seinen Durchgängen vor der Sonne als deutliches schwarzes Kreislein erscheint, folgerte man, die Kometenkerne müßten sehr kleine Körper von weniger als 100 km Durchmesser sein. Heute glaubt man zu wissen, daß schon Kerne von 10 km Durchmesser zu seltenen Riesenkometen gehören, da der Durchschnitt bei 3 km vermutet wird. Den Durchmesser des Halleyschen Kometenkerns schätzt man auf 5 km, jenen des Enckeschen lediglich auf 2 km. Sehr schwierig ist die *Masse des Kometenkerns* zu bestimmen, da sie im Vergleich zu anderen Himmelskörpern so gering ist, daß die Einflüsse kaum meßbar sind. So kam am 1. Juli 1770 der Komet Lexell der Erde bis auf 2,8 Millionen km nahe, was die Jahreslänge aber nicht einmal um eine Sekunde veränderte. Dagegen konnte 1835, als der Komet Encke sehr nahe an Merkur vorbeilief, aus der Bahnstörung des Kometen eine sehr brauchbare Massenbestimmung des Planeten vorgenommen werden.

Im Laufe der letzten 180 Jahre sind die Annahmen in bezug auf den Betrag der Kometenmasse immer kleiner geworden. Laplace gab 1805 als obere Grenze $1/5000$ der Erdmasse an. Schätzungen aufgrund der gegenseitigen Störungen der zwei Teile, in die 1846 der Bielasche Komet zersplittert war, ergaben noch immer mehr als ein Millionstel der Erdmasse. Rechnungen über den Perseiden-Meteorstrom, 1946 von *B. Vorontsov-Velyaminov* angestellt, führten beim Kometen Swift-Tuttle (1862 III), der für diesen Strom

verantwortlich war, zu einer Masse von 50 Milliarden Tonnen, was nur noch rund zehn Billionstel der Erdmasse ausmacht. Für den Halleyschen Kometen erhielt Vorontsov 30 Billionen Tonnen, und zwar anhand von Schätzungen, die auf der Helligkeit eines reflektierten Fraunhofer-Spektrums von 1910 basierten. Andere erhielten durch verschiedene Berechnungen ähnliche Ergebnisse.
Heute geht man von den Werten für die Durchmesser (aus denen sich das Volumen berechnen läßt) aus und nimmt außerdem eine Dichte von 2 g pro cm^3 an, die sich aus dem Durchschnitt der spektroskopisch ermittelten chemischen Zusammensetzung der Kometenmaterie (50 % Wassereis und 50 % Silikate) ergibt. Daraus kann dann die mögliche Masse des Kometenkerns errechnet werden, die auch als Masse des ganzen Kometen zu betrachten ist, denn auf Koma und Schweif entfällt nur ein verschwindend kleiner Teil der Gesamtmasse. Für Halleys Komet erhält man so eine Masse von 60 Milliarden Tonnen, wobei noch immer ein Unsicherheitsfaktor von 10 zu berücksichtigen ist. Ein durchschnittlicher Komet hat nach entsprechenden Berechnungen eine Masse von etwa 10 Milliarden Tonnen, was rund ein Billionstel der Erdmasse darstellt.
Wie kann nun ein so kleiner Körper, der auch bei günstigster Stellung zur Erde kaum ohne ein gutes Teleskop zu sehen wäre, all diese spektakulären Erscheinungen erzeugen, die für die Kometen charakteristisch sind? Die Antworten auf diese Frage sind im Lauf der letzten 170 Jahre ermittelt worden. Sie zeigen am besten, welche Vorstellungen man sich vom Kometenkern machte und wie man sich den Mechanismus der Freigabe von Materie erklärte, aus der Koma und Schweife gebildet werden. Hier sollen vor allem zwei Modelle näher erläutert werden.
Das erste ist allgemein unter dem Namen *Sandbank-* oder *Kiesbank-Modell* bekannt. Es wurde von *Giovanni Schiaparelli* (1835–1910) eingeführt und beruht auf der Hypothese, der Kern setze sich aus einem ganzen Schwarm von Einzelkörpern zusammen, deren Größe zwischen $^1/_{1000}$ mm und 10 m liegt. Es könnten Ansammlungen von Meteoriten sein, und diese Annahme bestätigte sich, als sich 1866 eine enge Beziehung zwischen den Bahnen einiger Meteorströme und den Bahnen entsprechender Kometen herstellen ließ. Obschon dieses Modell heute als veraltet gilt, konnte man früher mit seiner Hilfe eine ganze Anzahl von Beobachtungen deuten.
Das zweite Modell geht davon aus, daß der Kometenkern ein einziger *kompakter Körper* ist. Es wurde 1950 von *Fred L. Whipple* geschaffen, etwa gleichzeitig mit der bereits erwähnten Erklärung der Entstehung des Plasmaschweifs durch die Wirkung des Sonnenwinds von *L. Biermann* und der von *Jan Hendrik Oort* entwickelten Theorie über die Herkunft der Kometen. Diese drei Theorien revolutionierten unsere Vorstellungen über die Kometen, und sie ermöglichten seit den fünfziger Jahren eine anhaltend fruchtbare Forschung, der infolge der bald danach realisierten Weltraumfahrt auch experimentell ganz neue Mittel und Wege zur Verfügung standen. Die Behauptung ist wohl kaum übertrieben, daß in den vergangenen 35 Jahren mehr neue Erkenntnisse von grundsätzlicher Bedeutung über die Kometen

zutage gefördert wurden, als vorher in 35 Jahrhunderten. Allerdings haben die jahrtausendelangen Beobachtungen und sorgfältigen Berichte sowie die in den letzten drei Jahrhunderten immer präziseren und gezielteren Fragestellungen diese reiche Ernte vorbereitet.
Whipples Modell für den Kometenkern geht von einem großen Eisklumpen aus, der indes nicht zur Hauptsache aus Wassereis (H_2O) besteht, sondern vor allem aus gefrorenem Ammoniak (NH_3), Kohlendioxid (CO_2), Methan (CH_4) und Dicyan (C_2N_2). In diese Eismasse eingebettet sind kleine Partikel von $\frac{1}{1000}$ mm bis 10 m aus Staub, Stein und Metallen (vor allem Eisenmeteoriten). Dieses durch tiefgefrorene Eismassen zusammengehaltene Konglomerat wird oft bildhaft als *schmutziger Schneeball* bezeichnet.
Nach dem Ende des 19. Jahrhunderts von *R. Proctor* ergänzten *Sandbank-Modell* sind in den meteoritischen Einzelstücken des Kometenkerns Gase absorbiert worden, die es in dünnen Materiewolken im interplanetaren Raum überall gibt. Bei der Annäherung des Kometen an die Sonne werden diese Gase unter der Wärmeeinstrahlung freigesetzt, so daß sie Koma und Schweif bilden. Je mehr sich der Komet der Sonne nähert, desto größer wird die freigesetzte Gasmenge, was die sukzessive Vergrößerung von Koma und Schweif erklärt. Eine quantitative Durchrechnung ergibt freilich, daß das Maximum der auf diese Art freigesetzten Gasmenge nicht einmal ein Tausendstel jener Menge beträgt, die zur Bildung von Koma und Schweif nötig ist. Und da beginnen die Schwierigkeiten und Widersprüche dieser Theorie sichtbar zu werden. Denn maximal können die absorbierten Gase nur freigesetzt werden, wenn man sich einen sehr lockeren Aufbau der Sandbank vorstellt, so daß auch die inneren Teile genügend erwärmt werden und ihre Gase freigeben. Dann müßten aber jene Kometen, die der Sonne sehr nahe kommen, völlig verdampfen, da die Wärmeeinstrahlung bis ins Innerste eindringen könnte und alles meteoritische Material bis zur Siedetemperatur erhitzen würde. Dies widerspricht jedoch den Erfahrungen. Viele Kometen sind in ihrem Perihel der Sonne sehr nahe gekommen, ohne daß ihr Kern starke Massenverluste erlitten hätte. Die kleinsten Periheldistanzen sind, wie die folgende Tabelle zeigt, nur wenig größer als der Sonnenradius von 0,0047 Astronomischen Einheiten (A.E.). Diese Kometen haben sich also auf ihrer Bahn durch die innerste Sonnenkorona knapp über der Sonnenoberfläche bewegt. (Es überrascht nicht, unter diesen Kometen einige der «Großen» zu finden, denn die starke Annäherung an die Sonne bildet – unabhängig von den

Kleinste Periheldistanzen von Kometen

Komet	Periheldistanz (in A.E.)
Ikeya-Seki (1965 f)	0,0050
Gould (1880 I)	0,0055
1843 I	0,0055
Kirch (1680)	0,0062
Du Toit (1945 VII)	0,0063
1882 II	0,0078

Kernmodellen – eine der wesentlichen Voraussetzungen für die Erzeugung riesiger Kometenköpfe und Schweife.)

Eine weitgehende Annäherung an die Sonne bleibt für den Kometenkern natürlich nicht ohne Folgen. Gerade beim Kometen 1882 II ist ein Auseinanderbersten des Kerns beobachtet worden. Bahnberechnungen für diesen Kometen ergaben, daß er sich auf einer sehr ähnlichen Bahn bewegte wie vor ihm die Kometen 1880 I (Gould), 1843 I, 1668 sowie nach ihm 1887 I, 1945 VII (Du Toit) und 1965 f (Ikeya-Seki). Die Vermutung liegt nahe, daß es sich bei dieser Kometengruppe, deren Mitglieder zuweilen als «Sonnen-Schrammer» bezeichnet werden, um Bruchstücke eines Kometen handelt, der früher einmal als erster in so extreme Nähe zur Sonne gelangte. Auch dieses Auseinanderbersten kann durch die Sandbank-Theorie nur unzureichend erklärt werden. Es müßte ja praktisch alle Kometen betreffen, weil die *Gezeitenkräfte* eine Sandbank selbst bei größerer Entfernung von der Sonne völlig auflösen würden, da ihnen keine genügend großen inneren Kräfte entgegenwirken. Auf der Erdoberfläche haben die Gezeitenkräfte ein Ansteigen der Meere «unter dem Mond» zur Folge, und zwar sowohl auf der dem Mond zugewandten Seite als auch auf der ihm abgewandten. Dies geschieht deshalb, weil die Gravitationskraft des Erdtrabanten auf jene etwas stärker und auf diese etwas schwächer einwirkt als auf den Erdmittelpunkt. Ein Auseinanderreißen der Erde wird indes durch die inneren Kräfte in den festen Teilen verhindert.

Noch viel schwieriger wird es, eine andere Erscheinung mit Hilfe des Sandbank-Modells zu deuten. Der Enckesche Komet, den noch immer die kürzeste aller Umlaufzeiten auszeichnet, wurde von *Encke* gründlich beobachtet, nachdem es ihm 1818 gelungen war, eine genaue Bahnbestimmung durchzuführen. Da fiel ihm auf, daß die Umlaufdauer von 3,3 Jahren eine kleine, aber unübersehbare Abnahme um rund 2,5 Stunden pro Umlauf erfuhr. Nach Halley war Encke der zweite, dem eine Voraussage über die Wiederkehr eines Kometen geglückt war. Die 2,5 Stunden Ungenauigkeit

Abnahme der Periode des Enckeschen Kometen zwischen 1819 und 1858:

Periheldurchgang	Periode in Tagen
1819	1211,78
1822	1211,66
1825	1211,55
1829	1211,44
1832	1211,32
1835	1211,22
1838	1211,11
1842	1210,98
1845	1210,88
1848	1210,77
1852	1210,65
1855	1210,55
1858	1210,44

beim vorausgesagten Periheldurchgang für 1822 waren unbedeutend, verglich man sie mit den 30 Tagen, um die Halleys Komet 1759 zu früh durch sein Perihel ging, auch wenn man die in der Zwischenzeit stark verbesserten Berechnungsmethoden in Betracht zieht. Wichtig wurde diese Umlaufzeitverkürzung erst, als man ihre Stetigkeit festellte (siehe Tabelle Seite 119), die nicht mit Störungen durch Planeten erklärbar war und folgenschwere theoretische Konsequenzen zu haben schien.

Encke selber nahm zur Erklärung der regelmäßigen Periodenverkürzung die Existenz eines interplanetaren Mediums an, das den Kometen infolge der Reibung auf einer spiralförmigen Bahn immer näher an die Sonne führe. Daraus resultiere die Abnahme der Periode. Eine andere Möglichkeit diskutierte man um die Jahrhundertwende. Danach würde ein Meteoritengürtel um die Sonne zwar dieselbe Wirkung hervorrufen, aber unregelmäßig, in Abhängigkeit davon, ob der Komet bei einem Umlauf diesen Gürtel passierte oder nicht. In beiden Fällen ist nur eine Abnahme der Periode denkbar. Eine dritte These legte Bessel vor, nachdem er 1835 beim Halleyschen Kometen das Ausstoßen von Materie beobachtet hatte. Durch dieses Ausstoßen – meinte er – werde ein *Raketen-Effekt* erzielt, der je nach Richtung zur Kometenbewegung eine Verzögerung oder eine Beschleunigung zur Folge haben müsse, d.h. eine Vergrößerung oder eine Verkleinerung der Kometenperiode.

Als man herausfand, daß bei einigen Kometen die Periode tatsächlich zunahm (der Halleysche Komet zum Beispiel «verspätete» sich bei seinem Wiedererscheinen sowohl 1835 als auch 1910 im Periheldurchgang), ließ sich nur noch die Besselsche Theorie aufrechterhalten. Aber weder Bessel noch *A.D. Dubiago,* der 1948 dessen Theorie wiederaufgriff, vermochten den genauen Mechanismus dieser Erscheinung zu erklären. Dies gelang erst Whipple mit seinem *Modell des schmutzigen Schneeballs.*

Mit einem Schlag konnten die drei erwähnten Hauptschwierigkeiten und einige weitere dazu überwunden werden. Das neue Modell erlaubte zuverlässige Berechnungen der Vorgänge und Vergleiche mit den Beobachtungen, wie es jede moderne Theorie erfordert. Es besagt im einzelnen, daß der Materieausstoß durch das Sublimieren der Eismasse an der Oberfläche des Kerns das Tausend- bis Zehntausendfache der beim Sandbank-Modell freigesetzten Gasmenge ausmachen kann, womit mengenmäßig der bei der Koma- und Schweifentstehung beobachtete Nachschub begreiflich wird. Unter Sublimieren ist jene Änderung des Aggregatzustandes zu verstehen, bei der ein fester Stoff geradewegs in den gasförmigen Zustand wechselt, ohne den Umweg über den flüssigen Zustand durch Schmelzen und Verdampfen. Dieser direkte Weg ist bei genügender Erwärmung möglich, wenn der herrschende Umgebungsdruck überaus gering ist, was auf den Weltraum zwischen den Planeten zutrifft. Dabei wird vom tiefgefrorenen Eisklumpen jeweils nur eine kleine Oberflächenschicht abgetragen, so daß die Temperatur in den unteren Bereichen wegen der schlechten Wärmeleitung des Materials sehr tief bleibt. Dies ist der Grund, weshalb ein Komet wiederholt in Sonnennähe gelangen und dort immer wieder Koma und Schweif bilden kann, ohne merklich an Masse zu verlieren. Die Kompaktheit der Eismasse liefert zudem die nötigen inneren Kräfte, die ein Auseinanderreißen durch die Gezeitenkräfte verhindern. So erfolgt auch bei großer Sonnenannäherung, wie bei den Sonnen-Schrammern, nur ausnahmsweise ein Bersten des Kerns. Zwar sublimiert selbst in diesen Fällen ein beachtlicher Teil der Oberfläche und ruft die Erscheinungen der Großen Kometen hervor, doch behält der größte Teil des Kometenkörpers, auch wenn er in die Nähe der 6000° heißen Sonnenoberfläche gerät, wegen der schlechten Wärmeleitung und der Rotation des Kerns seine Innentemperatur und überlebt diese «Höllenfahrt».

Zur Erklärung des *Raketen-Effekts* mit seinen vielfältigen Auswirkungen auf die Ausströmungsvariationen der Gasmaterie und die Periode nimmt Whipple zusätzlich eine *Rotation des Kometenkerns* an, «was bei allen Himmelskörpern der Fall ist, und es ist nicht einzusehen, wieso es ausgerechnet bei den Kometenkernen anders sein sollte». Im Prinzip gibt es keine bevorzugte Drehrichtung, weder bezüglich der Stellung der Drehachse zur Kometenbahnebene noch bezüglich des Drehsinns. Da die vielfältigen Variationen ganz verschiedenartige Sonneneinstrahlungen ermöglichen, sind schwierige Einzeluntersuchungen erforderlich. Hier soll einzig noch das Zustandekommen einer weiteren Art nicht-gravitativer Kräfte erläutert werden sowie die damit verbundene Abbremsung (bzw. Beschleunigung) des Kometen, die zur gemäßen Vergrößerung (bzw. Verkleinerung) der Umlaufdauer führt.

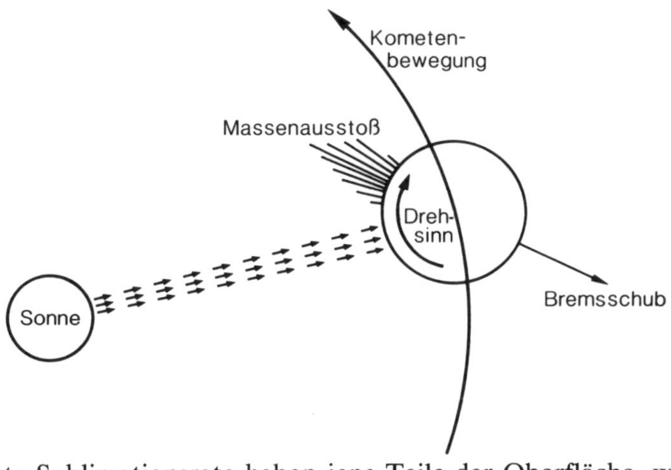

Die höchste Sublimationsrate haben jene Teile der Oberfläche, welche die größte Sonneneinstrahlung erfahren, also auf der Verbindungsachse zwischen Sonne und Komet liegen. Die Sublimierung setzt indes nicht unmittelbar nach der Bestrahlung ein, sondern etwas verspätet, da die Wärme erst in die Oberflächenschichten eindringen muß. Zu diesem Zeitpunkt hat sich der Kern bereits weitergedreht, so daß der maximale Ausstoß in eine Richtung erfolgt, die – im Drehsinn betrachtet – weiter vorne liegt. Bei der in der obigen Darstellung angenommenen Rotation im Uhrzeigersinn werden somit die Gase (und die mitgerissenen Staubpartikel und Meteoritenteile) in bezug

auf die Bahnbewegung des Kometen schräg nach vorne ausgestoßen, was einen «Raketen-Effekt» schräg nach hinten, also einen *Bremsschub* bewirkt. Dieser zeitigt eine Vergrößerung der Periode. Umgekehrt ist die Situation bei einer Rotation des Kerns im Gegenuhrzeigersinn. Dann entsteht ein *Beschleunigungsschub,* der eine Verkürzung der Periode zur Folge hat.
Dieser Ausstoß ist eine reguläre Aktivität des Kometenkerns, die etwa bei 3 A.E. Entfernung von der Sonne einsetzt und mit abnehmender Distanz stärker wird. Das Modell des schmutzigen Schneeballs gestattet dabei, für verschiedene Distanzen die ausgestoßenen Mengen zu berechnen. Es zeigt aber ebenso, warum in Abhängigkeit von der Sonnenentfernung zusehends auch «schmutzige» Bestandteile des Eisklumpens mitgerissen werden, die dann in Koma und Schweif gelangen und deren chemische Elemente in den Spektren erkannt werden. Schwieriger wird es, sollen die Unregelmäßigkeiten oder die *eruptiven Ausbrüche* gedeutet werden, die man schon im letzten Jahrhundert als *Jets* beobachtete und zeichnete. Solche Ereignisse verändern die Gesamthelligkeit und das Gesamtbild des Kometen ganz plötzlich. Zu deren Erklärung stellte man sich den Kern als ein höchst inhomogenes Gebilde vor, in dem «Gaspakete» entstehen, die plötzlich aufbrechen. Oder man vermutet in den eingefrorenen Materialien instabile Moleküle oder freie Radikale, die zu explosionsartigen chemischen Reaktionen führen. Diese könnten eine eruptive Tätigkeit erklären. Aber gerade solche Zusammenhänge müssen erst durch zusätzliche Beobachtungen aus der Nähe genauer untersucht werden, wozu die Missionen zum Halleyschen Kometen hoffentlich beitragen werden. Vielleicht wird man in absehbarer Zeit diese Vorgänge mit ebensolcher Präzision beschreiben können, wie es bei der regulären Kernaktivität bereits möglich ist. Immerhin erlaubt das Zusammenspiel von Gravitation und nicht-gravitativen Kräften schon heute, die Unregelmäßigkeiten der Bahnbewegung von Kometen bis in feinste Details zu erfassen.
Vom Kometenkern geht also alles aus, was man als imposante Kometenerscheinung am Himmel sieht. Dabei liegt der direkte Anteil des eigentlichen Kernlichts unter 10 % des gesamten Kometenlichts, und der Kern selbst ist – wie bereits erwähnt – nur in ganz seltenen Fällen sichtbar. Seine wenigen Kilometer Durchmesser stehen in krassem Kontrast zu den Dutzenden und manchmal Hunderten von Millionen Kilometern der Schweife oder den paar Millionen km des Wasserstoff-Halos um die *Koma.* Diese Koma übertrifft den Kern an Größe ebenfalls in enormem Ausmaß, was folgende Tabelle von beobachteten Koma-Durchmessern zeigt.

Komet	Durchmesser der Koma in 1000 km	in Erddurchmessern
1932 g/Geddes	190	14,9
1932 k/Peltier-Whipple	130	10,2
1932 m/Brooks	18	1,4
1933 a/Peltier	70	5,5
1937 f/Finsler	620	48,8

5. Kapitel

Der Lebenslauf der Kometen

Von der Oortschen Wolke über Umlaufbahnen bis zur Auflösung

Bereits Halley hatte, wie schon im 2. Kapitel angemerkt, einen Einfluß Jupiters auf «seinen» Kometen angenommen, und er berechnete auch näherungsweise die Bahnstörung und die daraus resultierende Veränderung der Umlaufdauer. Am Ende des 18. Jahrhunderts erlebte man nun einen neuerlichen Jupitereinfluß auf eine Kometenbahn, der zu weitergehenden Spekulationen Anlaß gab.
Messier hatte 1770 einen Kometen entdeckt, der sich der Erde so stark näherte, daß seine Koma ein Mehrfaches des Monddurchmessers betrug. Sein Einfluß auf die Bewegung der Erde blieb indes unmerklich, woraus Laplace auf die Winzigkeit der Kometenmasse im Vergleich zur Erdmasse schloß. Der Komet erhielt den Namen *Lexell,* weil dieser Astronom in St. Petersburg die elliptische Kometenbahn und eine Umlaufzeit von 5,585 Jahren berechnete. Der Komet würde also im Frühling 1776 und dann wieder im Winter 1781/82 in die Nähe der Sonne zurückkehren. 1776 waren die geometrischen Bedingungen so ungünstig, daß praktisch die ganze Zeit die Sonne zwischen Erde und Komet stand, weshalb dieser unsichtbar blieb. Um so größer war die Überraschung, als er 1781/82 trotz optimaler Bedingungen ebenfalls nicht aufgefunden werden konnte. Lexell stellte anhand seiner Bahnberechnungen fest, daß der Komet 1767 und dann wieder 1779 sehr nahe an den Planeten Jupiter herangekommen war. Daraus zog er einen folgenschweren Schluß: Der Komet war von Jupiter «eingefangen» worden, als er auf einer Bahn von 11,4 Jahren Umlaufdauer aus dem äußeren in den inneren Teil des Sonnensystems geriet. Durch den *Einfluß Jupiters* wurde der Komet in eine Ellipsenbahn von kürzerer Periode gezwungen, auf der er aber nur knappe zwei Umrundungen vollzog, bevor er Jupiter wieder zu nahe kam, diesmal vom Innern des Sonnensystems her. Jupiter «fing» ihn erneut ein und beförderte ihn nach außen, diesmal auf eine Ellipsenbahn von etwa 175 Jahren Umlaufdauer. Die folgenden zwei Zeichnungen zeigen schematisch, wie dieses zweimalige «Umsteigen» von einer Bahn in eine andere vor sich gehen kann. Der Bahnverlauf während der nur wenige Wochen (höchstens Monate) dauernden Beeinflussung durch Jupiter war recht kompliziert, läßt sich aber am ehesten durch eine Hyperbel darstellen.

Lexells Berechnungen wurden durch die des in Paris lebenden Astronomen *Burckhardt* bestätigt. Sie waren erst 1806 beendet, und Burckhardt stützte sich dabei auf die Laplacesche Himmelsmechanik und auf die vom selben französischen Astronomen eingeführten Attraktions- oder Aktionszonen der Planeten.

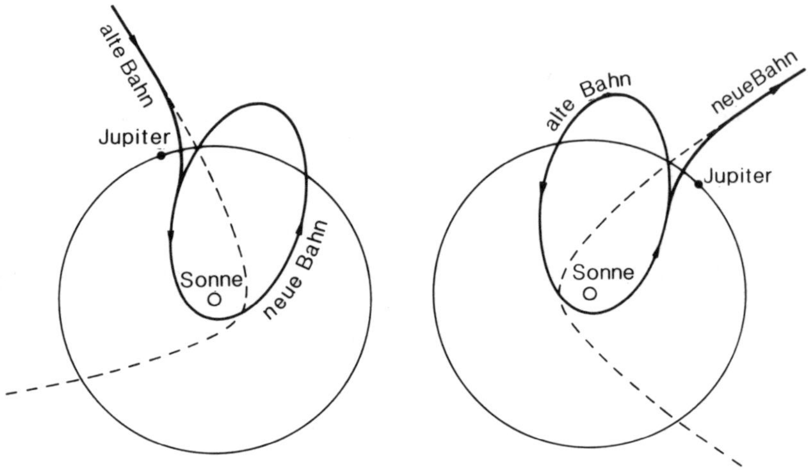

«Einfangen» eines Kometen durch Jupiter. Links: Der Komet wird in eine Ellipsenbahn mit kleinerer Umlaufdauer um die Sonne gezwungen. Rechts: Aus dieser Ellipsenbahn kann der Komet durch den Einfluß Jupiters in eine langperiodische Ellipsenbahn oder in eine Hyperbelbahn umgelenkt werden.

Als *Aktionszone eines Planeten* ist jener Raumbereich anzusehen, in dem ein dritter Körper von diesem Planeten stärker als von der Sonne angezogen wird. Diese Zonen, in deren Mittelpunkt sich der Planet befindet, sind annähernd kugelförmig. Ihre Radien hängen vom Abstand zur Sonne und vom Massenverhältnis zwischen Planet und Sonne ab. Sie sind in der folgenden Tabelle in Astronomischen Einheiten (A.E.) angegeben.

Planet	Aktionszone (in A. E.)	Planet	Aktionszone (in A. E.)
Merkur	0,001	Jupiter	0,322
Venus	0,004	Saturn	0,363
Erde	0,006	Uranus	0,330
Mars	0,004	Neptun	0,576

Es versteht sich von selbst, daß die Monde eines jeden Planeten sich ganz im Innern von dessen Aktionszone bewegen. So beträgt der Bahnradius des Erdmondes 0,0026 A.E., also weniger als die Hälfte des Aktionszonenradius der Erde.

Wie die Tabelle zeigt, sind bei den erdähnlichen Planeten die Aktionszonen recht klein. Bei den Riesenplaneten machen sie dagegen etwa ein Drittel oder sogar mehr als die Hälfte der Entfernung zwischen Erde und Sonne (die 1 A.E. beträgt) aus. Die Untersuchung, ob wohl weitere Kometen ein ähnliches Schicksal wie der Lexellsche erfuhren, war demnach von großer Bedeutung. Sehr genau wurde der Fall des Kometen Brooks 2 (1889 V) berechnet, der im März 1886 in die Aktionszone des Jupiter eindrang. Unter dem Einfluß des Riesenplaneten verminderte sich die Umlaufzeit des Kometen von 29 auf 6,88 Jahre. Mit dieser Periode ist Brooks 2 inzwischen bereits 11mal in das Perihel seiner neuen Bahn zurückgekehrt. Bei der Annäherung an Jupiter lief er zwischen diesem und dessen innerstem Mond Io (Nr. I) durch, ohne diesen im geringsten zu stören, was einmal mehr auf eine verhältnismäßig sehr kleine Kometenmasse hinweist. (Der noch weiter innen laufende V. Jupitermond Amalthea wurde erst sechs Jahre nach Brooks Passage von Barnard entdeckt.)

Inzwischen sind über 70 Kometen entdeckt worden, deren Bahnen so verlaufen, daß ihr Aphel in der Gegend der Jupiterbahn liegt und die Umlaufzeiten zwischen 5 und 8 Jahren betragen. Man vermutet, daß sie alle zu irgendeinem Zeitpunkt von Jupiter eingefangen wurden, und bei einigen ist dies bereits berechnet worden. Langperiodische oder sogar nicht-periodische Kometen wurden auf diese Weise zu Mitgliedern des Planetensystems und kehren in kurzen Zeitabständen zu ihrem Perihel zurück. Weil sie von Jupiter auf diese Bahnen gelenkt worden sind, bezeichnet man sie als die *Jupiterfamilie.* Entsprechend gibt es eine *Saturnfamilie* (mit nur 5–6 Mitgliedern), eine *Uranusfamilie* (mit vermutlich 3 Mitgliedern) und eine *Neptunfamilie* (mit 9 Mitgliedern, darunter den Halleyschen Kometen). Die letzten drei Familien können allerdings wegen der kleinen Anzahl ihrer Mitglieder und der großen Entfernung der «Mutterplaneten» nicht sehr genau analysiert werden. Dafür stellt die Jupiterfamilie eine interessante Quelle statistischer Untersuchungen dar.

Wenden wir uns zuerst der *statistischen Verteilung der Umlaufzeiten* zu. Die Grafik unten läßt deutlich eine Anhäufung zwischen 5 und 8 Jahren erken-

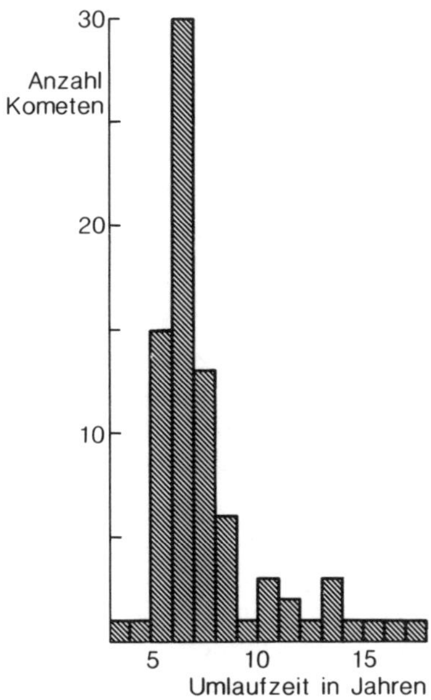

nen, was etwa der halben Umlaufdauer des Jupiter (ungefähr 12 Jahre) entspricht und zugleich bestätigt, daß dieser Planet entscheidend bei der Bahngestaltung mitwirkte. Himmelsmechanische Berechnungen der Umlaufdauer von Kometen, die von einem Planeten eingefangen werden, ergaben nämlich in bezug zur Umlaufdauer des Planeten selbst gerade dieses Verhältnis von 1:2.

Untersucht man zweitens die Bahnen, bestünde dann eine Korrelation zu den Planeten, wenn die größte Entfernung des Kometen von der Sonne – die Apheldistanz – mit der entsprechenden Entfernung des Planeten vergleichbar ist, der den Kometen einfängt. Das untenstehende Diagramm zeigt, daß es eine solche Verknüpfung vermutlich gibt. Sie wurde von *Merton* bemerkt, der die Apheldistanzen von 90 Kometen, die man damals als «Mitglieder des planetarischen Kometensystems» bezeichnete, einer kritischen Sichtung unterzog. Diese Apheldistanzen sind nicht gleichmäßig verteilt, sondern zeigen dort typische Anhäufungen, wo sich die großen Planeten aufhalten.

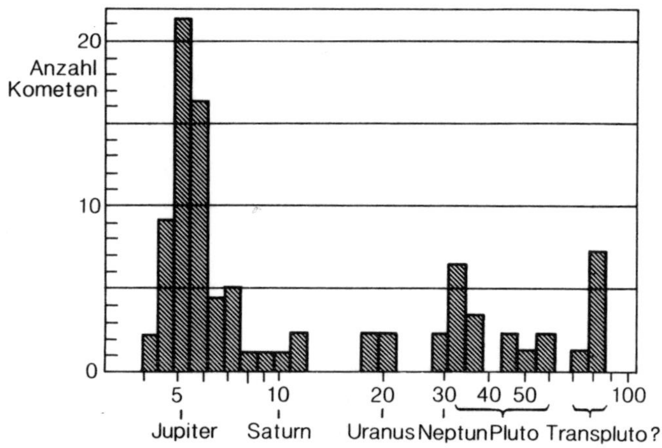

Apheldistanzen in Astronomischen Einheiten

Etwas fragwürdig wird die Situation bei *Pluto.* Er beschreibt eine sehr exzentrische Bahn mit Entfernungen zwischen ungefähr 30 und 50 A.E. Er könnte also sowohl einige Kometen der Neptungruppe eingefangen haben als auch jene mit der Aphelanhäufung um 50 A.E. Da Plutos Masse aber sehr gering ist und nach heutiger Ansicht nur 0,015 % der Neptunmasse beträgt, ist demgemäß seine Aktionszone klein. Zudem ist eine weitere Anhäufung um 80 A.E. herum zu bemerken, was zu der kühnen Hypothese führte, es existiere unter Umständen ein weiterer Planet, *Transpluto* genannt, und der habe diesen Fang besorgt. Die folgende Darstellung von 1949 (nach Schütte) zeigt die Bahnen von acht solchen Kometen einer möglichen «transplutonischen Familie».

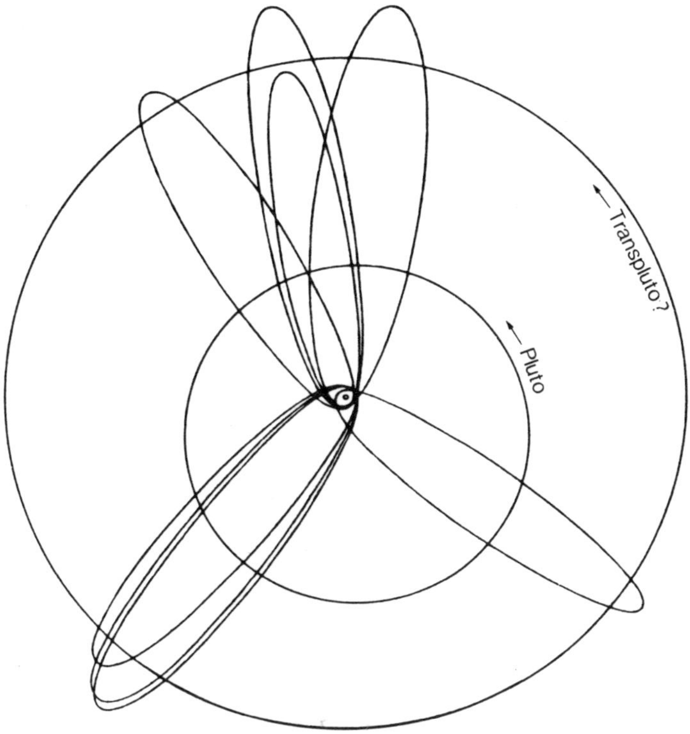

Bei dieser offenen Frage setzt die Analyse der Statistik von Kometenbahnen an, die unabhängig von ihrer Periode und ihrer möglichen Zugehörigkeit zu einer Planetenfamilie alle Kometen in Betracht zieht. Sie führt zu fesselnden Theorien über die Herkunft und den Verbleib der Kometen vor bzw. nach ihren jeweiligen Besuchen im Innern des Planetensystems, so daß darauf noch zurückzukommen ist.

Unsere Aufmerksamkeit gilt zunächst einer weiteren Statistik, die den Sonderfall der kurzperiodischen Kometen charakterisiert und zu Spekulationen über die Herkunft der Planetenmonde Anlaß gibt. Es ist eine Statistik über die *Neigungen der Kometenbahnebenen.* Betrachtet man jene Kometen, bei denen es unwahrscheinlich ist, daß ihre Bahn bereits durch einen Planeten beeinflußt wurde, solche folglich mit parabelförmigen und parabelähnlichen Bahnen, so ist zu erwarten, daß die Ebenen ihrer Bahnen völlig gleichmäßig im Raum verteilt sind. Alle möglichen Lagen, die eine Ebene, in der die Sonne liegt, im Raum einnehmen kann, kommen daher gleichberechtigt in Frage. Die Ekliptikebene, in der sich die Erde und praktisch alle übrigen Planeten bewegen, ist ja für die Bahn eines Kometen nur eine von vielen möglichen Ebenen. Da wir den Winkel der Kometenbahnebene von dieser Ekliptikebene aus messen, werden bei gleichmäßiger Verteilung kleine Winkel zur Ekliptik (nahe bei 0° oder nahe bei 180°) wenig wahrscheinlich, große Winkel zur Ekliptik dagegen (nahe bei 90°) viel wahrscheinlicher sein. Die Kurve dieser theoretisch idealen gleichmäßigen Verteilung ist im folgenden Diagramm auch eingetragen. Man erkennt auf den ersten Blick, daß die *Verteilung der Bahnneigungen* von mehreren hundert nicht-periodischen Kometen der gleichmäßigen Verteilung sehr gut entspricht. Daraus läßt sich der Schluß ziehen, daß im Raum hinter dem äußersten Planeten kein bevorzugter Bereich für die Herkunft der Kometen vorhanden ist; vielmehr können diese aus allen Richtungen des Raumes in das Innere des Planetensystems eindringen.

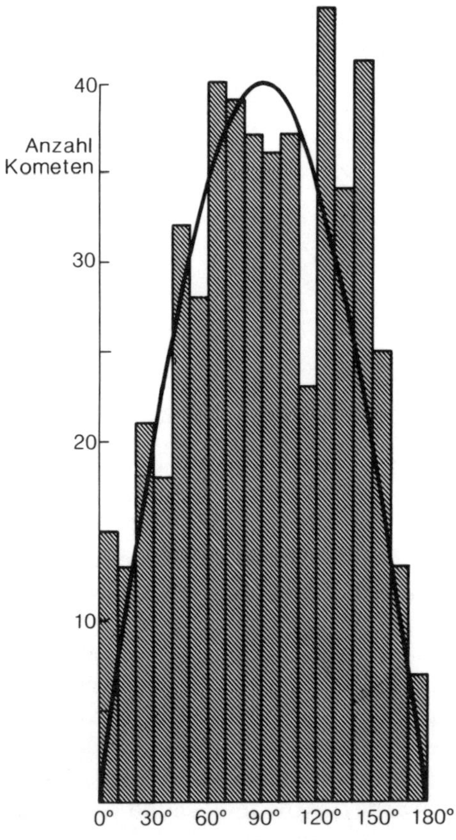

Bahnneigung zur Ekliptik bei nicht-periodischen Kometen

Betrachtet man nun aber auf einem weiteren Diagramm (Seite 129) die Verteilung der Bahnneigungen von etwa hundert kurzperiodischen Kometen, so erweist sich, daß kleine Winkel zur Ekliptik stark vorherrschen.

Diese Bevorzugung hängt einerseits damit zusammen, daß Kometen, deren Bahnebene nahe der Ekliptik verläuft, sich eher einem Planeten annähern

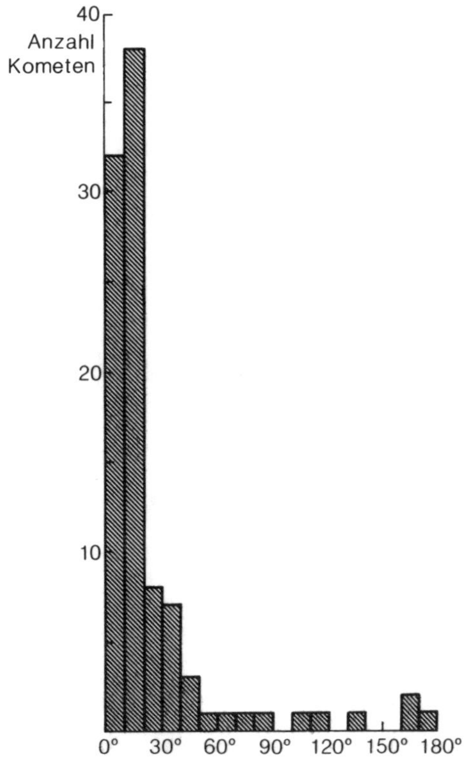

Bahnneigung zur Ekliptik bei kurzperiodischen Kometen

können. Andererseits aber ist sie eine direkte Folge der Bahnstörung durch den Planeten, die (wie zum Beispiel bei Brooks 2 beobachtet) die Bahnneigung der Kometen bezüglich der Ekliptik vermindert.
In diesem Zusammenhang drängte sich die Frage auf, ob einige der Monde der großen Planeten nicht in Wirklichkeit eingefangene Kometenkerne sind, die mit so geringer Geschwindigkeit in die Aktionssphäre von Jupiter oder Saturn eindrangen, daß sie nicht auf eine engere Bahn um die Sonne mit entsprechend kürzerer Periode gezwungen wurden, sondern auf eine ganz enge Bahn um den Planeten selber. Vor allem bei jenen Monden von Planeten, deren Bewegungsebene stark von der Ekliptik abweicht, ergänzte diese Theorie auf willkommene Weise die Vorstellung, das Planetensystem sei aus einer *solaren Wolke* entstanden. Infolge der Rotation wäre sie dann zu einer diskusförmigen Scheibe abgeflacht, aus deren Reibungswirbeln die einzelnen Planeten entstanden, alle im selben Umlaufsinn und praktisch in derselben Ebene um die Sonne sich bewegend. Aus ähnlichen Wirbeln sollen sich gleichzeitig jene Planetenmonde gebildet haben, die man «regulär» nennt, weil die Ebenen ihrer beinahe kreisförmigen Bahnen fast mit den

Äquatorebenen der jeweiligen Planeten zusammenfallen. In jüngster Zeit wird allerdings auch diese Gleichzeitigkeit der Entstehung regulärer Planetenmonde in Zweifel gezogen. Gerade die starke Bindung ihrer Bahnen an die Planeten lasse nämlich eher vermuten, wechselseitige Einflüsse (vor allem die Gezeitenreibung) hätten diese Satelliten in ihre jetzigen Bahnen verschoben, denn früher wären sie in weit größerer Nähe der Planeten gewesen, weil sie dort auch entstanden seien. Vielleicht aber seien sie ganz tief in die Aktionszonen eingedrungene Kometenkerne, die von den Planeten «festgenommen» wurden.

In der nachstehenden Tabelle sind die *Kometen* zusammengestellt, die *in Jupiternähe* gelangten und eine Bahnumwandlung erfuhren. In der letzten Kolonne ist die kleinste Annäherung d an Jupiter angegeben, dessen Aktionszonenradius 0,322 A.E. beträgt.

Komet	Jupiter-nähe	Ent-deckung	Aphel *e* (A.E.)	Umlauf-dauer *P* in Jahren	Annähe-rung an Jupiter *d* (A.E.)
Lexell	1767	1770	5,6	5,5	0,01
Brossen	1842	1846	5,6	5,5	0,14
Wolf I	1875	1884	5,8	8,3	0,05
Brooks 2	1886	1889	5,4	6,8	0,02
Faye	1841	1843	5,9	7,4	0,10
Finlay	1862	1886	6,2	6,9	0,01
Perrine	1888	1896	5,8	6,6	0,09
Swift	1886	1895	5,1	5,9	0,08
Whipple	1922	1933	5,2	7,5	0,26
Schwaßmann-Wachmann	1921	1929	4,8	6,5	0,30
Comas Sola	1912	1936	6,6	8,5	?

Bei sechs dieser Kometen konnte auch der genaue Bahnverlauf vor der Beeinflussung durch Jupiter berechnet werden. Die Tabelle auf Seite 133 gibt die große Halbachse a, die Periheldistanz q und die Periode P vor und nach der *Jupiterstörung* an (bei den ersten drei Kometen sogar für zwei Jupiterstörungen).

Für die «Festnahme» durch den Planeten und die Umwandlung in einen Mond wäre eine entsprechend geringere kleinste Annäherung mit einer nach Richtung und Betrag passenden Geschwindigkeit erforderlich. Es könnte aber auch eine mehrfach sich wiederholende Annäherung zur schließlichen Bindung an den Planeten führen.

Bessere Stützen für diese Hypothesen werden erst dann zur Verfügung stehen, wenn man über die materielle Beschaffenheit sowohl der Kometenkerne als auch der Planetenmonde Genaueres weiß. Missionen zu den Planeten wie mit den Voyager-Sonden der siebziger Jahre und zu den

Teleobjektivaufnahme mit knapp 10° einer selten hellen Feuerkugelspur, die sich über mehr als 120° des Himmels hinzog

Farbverstärkte Darstellung der Saturnringe, kombiniert aus drei digital erstellten Filteraufnahmen. Die subtilen Farbvariationen weisen auf die verschiedene chemische Beschaffenheit der Teilringe hin. Ob sich darin auch Kometentrümmer befinden, die Saturn eingefangen hat, ist eine offene Frage

Die Oortsche Kometenwolke in einer künstlerischen Darstellung. Im Zentrum die Bahnen der äußersten Planeten Neptun und Pluto. Die Entfernung zwischen Sonne und Oortscher Wolke ist tausendmal größer als die zwischen Sonne und Pluto

Der Van Allen-Strahlungsgürtel (rötlich) und der Magnetoschweif der Erde: Er entsteht aus dem irdischen Magnetfeld durch die Einwirkung des Sonnenwindes und läßt die Erde wie einen «magnetischen Kometen» erscheinen

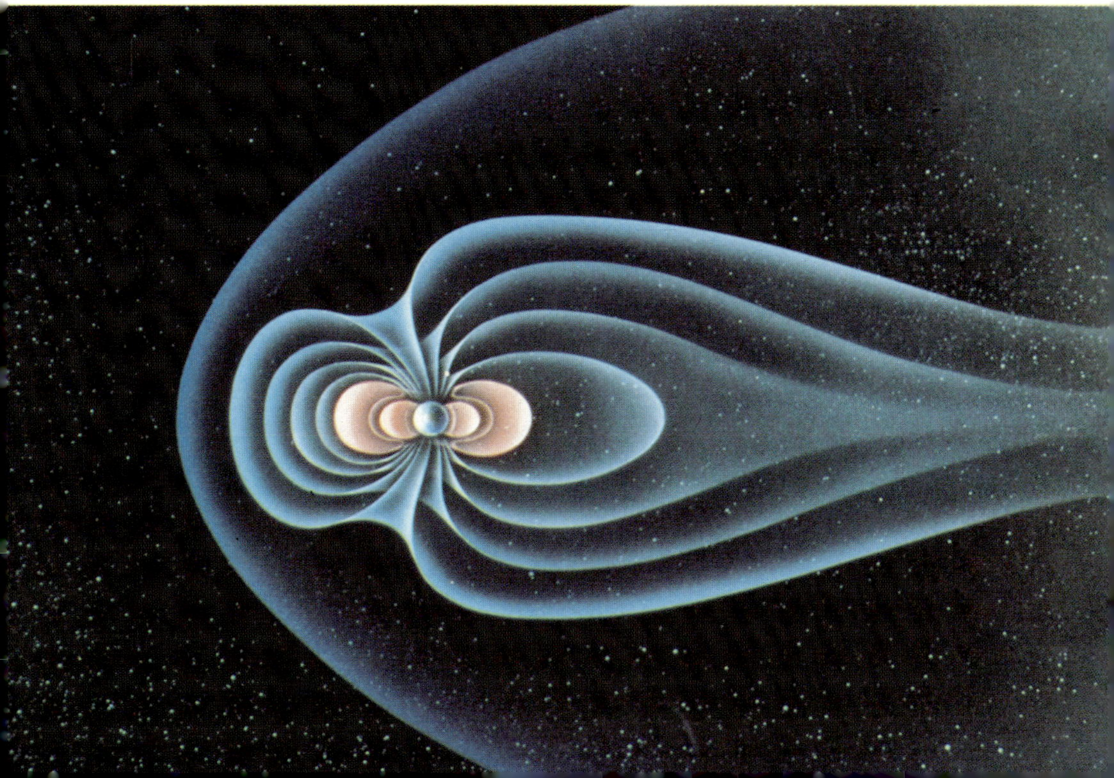

Komet	Zeit	Große Halbachse a (A. E.)	Perihel q (A. E.)	Umlaufdauer P in Jahren
Lexell	vor 1767	5,06	2,96	11,4
	1770	3,15	0,67	5,6
	nach 1779	6,37	3,33	16,2
Brooks 2	vor 1889	9,00	5,44	27,0
	1889–1921	3,59	1,95	6,8
	nach 1921	3,64	1,86	6,95
Wolf I	vor 1875	4,18	2,54	8,54
	1875–1922	3,59	1,59	6,80
	nach 1922	4,07	2,36	2,20
Comas Sola	vor 1912	4,46	2,15	9,43
	nach 1912	4,17	1,77	8,52
Schwaßmann-Wachmann 2	vor 1921	4,43	3,55	9,30
	nach 1921	3,46	2,09	6,42
Whipple	vor 1922	4,74	3,90	10,30
	nach 1922	3,83	2,50	7,50

Kometen (vergleiche 7. Kapitel) machen es überhaupt erst möglich, die Monde und Kerne aus der Nähe zu erforschen.

Die Aufnahmen, die beispielsweise Voyager I im Jahre 1979 von den Jupiter-Trabanten zur Erde funkte, trugen einiges zur Klärung bei, allerdings weniger zur Theorie der Entstehung der Planetenmonde als vielmehr zu den Hypothesen über die *Herkunft der Kometen.* Eine seit Hevelius immer wieder diskutierte Annahme bestand darin, es handle sich bei den Kometen um vulkanisches Ausbruchsmaterial der großen Planeten. *Langrange, Proctor, Tisserand* und *Vsekhsvyatskij* setzten sich bis in jüngster Zeit mit diesem Problem immer wieder auseinander, wobei letzterer den Ursprungsort der Kometen von den Planeten auf deren Monde verlegte, da die Fluchtgeschwindigkeiten der Planeten (bei Jupiter zum Beispiel 67 km/s) so groß seien, daß sie bei Vulkaneruptionen bei weitem nicht erreicht würden. Die Voyager-I-Bilder dokumentieren zwar die starke vulkanische Tätigkeit des Jupitermondes Io, doch kommt dessen Auswurfsmaterial für die Bildung von Kometenkernen kaum in Frage. Die Monde Europa und Callisto wiederum sind von Eiskrusten bedeckt. Der vulkanische Ursprung von kompakten Kometenkernen scheint demnach eher unwahrscheinlich zu sein. Gegen diese Theorie spricht noch entschiedener, daß sie nur die verhältnismäßig kleine Gruppe der kurzperiodischen Kometen erfaßt. Für die übrigen Kometen müßte eine andere Theorie ausgearbeitet werden, und das wäre mit der Tatsache unvereinbar, daß in ihrem Erscheinungsbild alle Kometen praktisch die gleichen Eigenschaften aufweisen.

Es gibt verschiedene Wege, um Theorien über die Herkunft der Kometen zu entwickeln. Aber alle Aussagen zur Erklärung bestimmter Erscheinungen und der ihnen zugrundeliegenden Gesetzmäßigkeiten müssen zwei Tatsachen beachten, die beide dafür sprechen, daß die Kometen *Mitglieder unseres Sonnensystems* sind.

Die erste Tatsache betrifft die *chemische Zusammensetzung der Kometenmaterie.* Wie A.H. Delsemme Ende der siebziger Jahre nachwies, ist sie mit der Beschaffenheit interstellarer Wolken stark verwandt. Zumindest bekräftigt diese Zusammensetzung die Annahme, daß die Kometen aus solch interstellaren Wolken hervorgegangen sind. Eine solche Wolke war der Urzustand des Sonnensystems. In der Nähe der Sonne entwickelten sich daraus die inneren Planeten (Merkur, Venus, Erde, Mars), in etwas größerer Entfernung die äußeren Planeten (Jupiter, Saturn, Uranus, Neptun), während Plutos Herkunft noch nicht völlig geklärt ist. Sind nun neue Kometen, die zum ersten Mal ins Innere des Sonnensystems eindringen, ebenfalls Kondensationen in dieser solaren Wolke (die in extrem großen Entfernungen von der Sonne entstand), so müssen auch sie aus Materie in unverändertem Urzustand bestehen. Solche Kometen können uns demnach Informationen über den Anfangszustand des Sonnensystems vermitteln, als es sich noch im Stadium der sich verdichtenden interstellaren Materie befand.

Bei der zweiten Tatsache geht es um die *Statistik der Kometenbahnen.* Zunächst könnte man aus dem Vorhandensein von parabel- und hyperbelförmigen Bahnen (also nicht-geschlossenen Kurven) denselben Schluß wie *Laplace* 1813 ziehen, nämlich daß es sich bei den zugehörigen Kometen um Körper handelt, die von außerhalb des Sonnensystems in den Anziehungsbereich der Sonne gelangten und von dieser «eingefangen» wurden. Bei genauerer Betrachtung stellt man aber fest, daß es sich bei diesen Bahnen nicht um beliebige Hyperbeln handelt, sondern um solche, die parabelähnlich sind, d.h. deren Exzentrizität nur wenig über 1 liegt. Wie wir schon mehrmals feststellten, stimmen die beobachteten Kometenbahnen nicht unbedingt mit den ursprünglichen Bahnen überein, da wir die Kometen nur in jenem Bereich des Sonnensystems beobachten können, wo sie den Störungen der Planeten ausgesetzt sind. *E. Strömgren* und andere haben schon am Anfang dieses Jahrhunderts für viele hyperbolische Bahnen den ursprünglichen Verlauf nachberechnet, und sie sind dabei auf parabelähnliche, also sehr exzentrische Ellipsen gekommen. Das gilt für alle Kometenbahnen, die wir bislang als nicht-periodisch bezeichnet haben. Es sind mit Sicherheit Bahnen von sehr langperiodischen Kometen. Damit läßt sich praktisch ausschließen, daß es unter den Kometen Himmelskörper gibt, die wirklich von außerhalb des Sonnensystems stammen.

Untersucht man nun statistisch die großen Halbachsen aller ursprünglichen Kometenbahnen, so ergibt sich eine sehr ungleichmäßige Verteilung. Die Häufigkeit nimmt im Bereich zwischen 10 000 und 100 000 A.E. stark zu und erreicht zwischen 20 000 und 30 000 A.E. ein sehr klar ausgeprägtes Maximum. Im folgenden Diagramm wurden die *Apheldistanzen* von langperiodischen Kometen mit einer Periheldistanz von 20 A.E. berücksichtigt. Sie weisen ein extremes Maximum bei 50 000 A.E. auf. Aus dieser Entfernung von der Sonne müssen demnach die meisten Kometen ihre Reise ins Innere des Planetensystems angetreten haben. Oder anders formuliert: Könnte es in dieser Entfernung, die das 1000fache der Pluto-Entfernung beträgt, aber bloß rund ¼ der Entfernung zum nächsten Fixstern, eine Anhäufung von Kometen geben, eine Art Kometen-Wolke, die das Sonnensystem umhüllt?

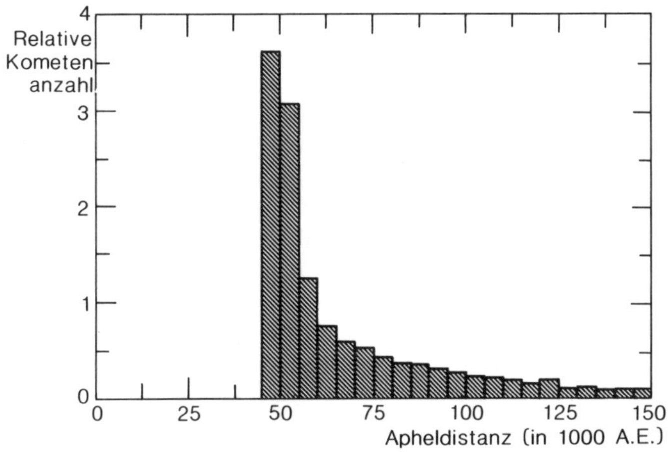

Schon *B. Peirce* hat im 19. Jahrhundert diese Idee ausgesprochen, und *E. Öpik* brachte sie 1932 in die Diskussion um die Herkunft der Kometen erneut ein. Aber erst *Jan Hendrik Oorts* Untersuchungen von 19 Kometenbahnen, die von E. Strömgren mit großer Genauigkeit bereinigt worden waren, bezeugten 1950 die Existenz einer Region zwischen 20 000 und 150 000 A.E., in der die Kometen sich bevorzugt aufhalten und eine Art Wolke um das Sonnensystem bilden. Man nennt sie heute die *Oortsche Wolke*. Spätere Untersuchungen haben immer wieder die Existenz einer solchen Wolke bestätigt, zum Beispiel jene von *B.G. Marsden, Z. Sekanina* und *E. Everhart*, die 1978 200 Kometenbahnen analysierten, wovon die Hälfte solche von «hoher Qualität» waren, was bedeutet, daß sie mit größter Präzision beobachtet und berechnet wurden.
Wären nun die Kometen zu einem frühen Zeitpunkt der Entstehung des Planetensystems in der solaren Wolke dort draußen gebildet worden, müßten sie wegen der dort herrschenden tiefen Temperatur die Materie über Milliarden von Jahren in ihrem ursprünglichen Zustand erhalten haben. Die Oortsche Wolke könnte dann sozusagen mit einer Tiefkühltruhe verglichen werden, die für uns Substanzen aufbewahrt, aus denen sich über die Zusammensetzung der Gas- und Staubwolke, die einst die Sonne und die Planeten erzeugt hatte, einiges erfahren ließe. Nicht zuletzt wäre es dann auch möglich, einen Vergleich mit anderer interstellarer Materie anzustellen. Die Frage ist nur, wie wir an diese Substanzen herankommen.
Wären die Kometen auf besagte Weise entstanden, müßten sie in der Oortschen Wolke bleiben und somit auf großen Parkbahnen um die Sonne

verweilen, deren Radius der Entfernung der Oortschen Wolke entspricht. Wie aber gelangen die Kometen von diesen Parkbahnen auf die langgestreckten Ellipsen, die sie in die Nähe der Sonne und damit in unsere Sichtweite bringen? Oort sah die Ursache dafür in Störungen, wie sie im Milchstraßensystem, dessen Aufbau und Dynamik er hauptsächlich untersuchte, auftreten können. Die Sonne bewegt sich ja mit etwa 20 km/s durch das All, und ähnliche Bewegungen führen auch die übrigen Sterne durch. Nähert sich nun die Sonne einem anderen Stern, kann dies bei den Kometen in der Oortschen Wolke gewaltige Bahnstörungen zur Folge haben. Einige werden dabei aus dem Sonnensystem herausgerissen und gehen für immer verloren; andere indes verändern ihre Geschwindigkeit in Richtung auf die Sonne und verfolgen so eine langgestreckte Ellipsenbahn, auf der sie als *neue Kometen* zum ersten Mal in Sonnennähe gelangen. Werden sie zusätzlich von Planeten gestört, begeben sie sich auf kurzperiodische Bahnen, wodurch sie häufig in die Nähe der Sonne kommen und entsprechend «altern». Wegen des Materieverlustes infolge der Koma- und Schweifbildung bei jedem Periheldurchgang rechnet man bei solchen Kometen mit einer Lebensdauer von wenigen hundert Periheldurchgängen, es sei denn, es würde einer durch eine erneute Bahnstörung wieder in die Oortsche Wolke abgelenkt oder sein Kern würde zersplittert.
Bis alle kurzperiodischen Kometen, die wir regelmäßig beobachten können, «ausgebrannt» sind, verstreichen mehrere 10000 oder bis zu einer Million Jahre. Und in dieser Zeitspanne sorgt eine erneute Annäherung zwischen der Sonne und einem Stern für Nachschub aus der Oortschen Wolke. Oort hat die Zusammenhänge genauer geprüft und festgestellt, daß die Verteilung der Bahnhalbachsen, der Bahnneigungen und der Periheldistanzen in Theorie und Praxis übereinstimmen. Notwendig ist dabei ein Vorrat von etwa 100 Milliarden Kometen in der Wolke, was wegen der Kleinheit der Kometenkerne aber gesamthaft nur $\frac{1}{10}$ bis $\frac{1}{100}$ der Erdmasse ausmacht.
Oort hat überdies auch Erklärungen für feine Unstimmigkeiten zwischen seiner Theorie und der Beobachtung gefunden. Es werden zum Beispiel 20mal mehr Kometen mit sehr großen Halbachsen beobachtet, als die Theorie dies voraussagt. Sehr große Halbachsen bedeuten sehr exzentrische Bahnen mit großen Umlaufzeiten, also praktisch Kometen, die zum ersten Mal in Sonnennähe geraten. Solch «neue Kometen entwickeln viel ausgedehntere Hüllen als ältere», meint Oort, und können deshalb viel eher entdeckt werden. Unterschiede im Erscheinungsbild neuer und älterer Kometen untersuchten Oort und Schmidt im Jahre 1951, und sie fanden heraus, daß sich neue Kometen vor den anderen durch ein intensiveres kontinuierliches Spektrum auszeichnen, «weil sie staubreicher sind». Die Sublimation der oberflächennahen flüchtigen Bestandteile des Kometenkerns setzt beim ersten Periheldurchgang diesen Staub frei. Bei späteren Durchgängen sind diese Bestandteile teilweise bereits aufgebraucht, weshalb die Sublimationsrate und die Freisetzung von Staub abnimmt.
Die Substanzen, aus denen der Kern zusammengesetzt ist, bleiben jedoch auch nach mehreren Durchgängen in jener *Urform der Materie,* die für

unsere wissenschaftlichen Erkenntnisse von so großer Bedeutung sind. Um sie beobachten zu können, lassen wir Sonden in die innersten Komateile eindringen. Dort sind vermutlich die Gasmoleküle kurzfristig noch in ihrer ursprünglichen Form beobachtbar, ehe sie durch die Strahlung der Sonne in ihre Bestandteile aufgebrochen und ionisiert werden. Die Lichtproduktion dieser Bestandteile ist so intensiv, daß sie in den von der Erde aus aufgenommenen Spektren alles andere überstrahlen. Vielleicht wird die Giotto-Mission zum Kometen Halley neue Einblicke gewähren (vergleiche 7. Kapitel). Interessant wird auch der Vergleich mit den Ergebnissen der Sonden-Beobachtungen des Kometen Kohoutek (1973 XII) sein, der ein «neuer» Komet war, während Halley zu den «älteren» gezählt werden muß.

Unbestritten ist die geschilderte Theorie von der Kometenentstehung und deren Lagerung in der Oortschen Wolke nicht. Schon Oort selber hielt es für denkbar, daß die Kometen weiter innen entstanden, beispielsweise im Bereich des Planetoidengürtels zwischen Mars und Jupiter, und zwar in einem frühen Stadium des Planetensystems. Danach wären sie «durch Störungen des Jupiter und von Sternen» in ihre weiten stabilen Bahnen hinaus befördert worden. *A.G.W. Cameron* griff diese zweite Idee auf und befand, daß sie ebensowenig wie die erste physikalischen Gesetzen und unserem bisherigen Wissen über die Kometen widerspreche. Allerdings besteht zwischen den beiden Theorien ein wesentlicher Unterschied. Im ersten Fall, bei der Entstehung der Kometen in der Oortschen Wolke selbst, haben die Kometen das unverfälschte Urmaterial der solaren Wolke tiefgekühlt aufbewahrt, während im zweiten Fall einzelne flüchtige Bestandteile verloren gegangen sind, nämlich jene, die bei Temperaturen, wie sie jenseits des Mars herrschen, bereits sublimieren.

Eine allerneuste Theorie, die der Kanadier *M.W. Ovenden* 1975 entwickelte, greift bis auf die von Lagrange zu Beginn des 19. Jahrhunderts aufgestellte *planetarische Hypothese* der Kometenentstehung zurück. Nach Lagrange waren die Kometen, ähnlich wie die Planetoiden, durch das Auseinanderbersten eines Planeten entstanden. Ovenden nun ließ die Explosion eines Planeten mit hundertfacher Erdmasse inmitten des Planetoidengürtels vor etwa 10 Millionen Jahren stattfinden. Den Löwenanteil der Masse soll Jupiter eingefangen haben, während die Teile mit den höchsten Energien zu langperiodischen Kometen wurden. Der Planet, der Krypton (= der Versteckte) getauft wurde, war gemäß Ovenden jupiterähnlich aufgebaut, so daß er Eisklumpen herausschleudern konnte, woraus nach dem neuesten Konzept ja die Kometenkerne bestehen. *T.C. Van Flandern* hat 1978 diese Hypothese rechnerisch verarbeitet. Besonders interessant ist seine Feststellung, daß die beobachteten langperiodischen Kometen tatsächlich eine Umlaufdauer von 10 Millionen Jahren haben und daß von ihnen weit überdurchschnittlich viele eine rückläufige Bahn einschlugen. Die Erklärung dafür ist einfach: Die hochenergetischen Bruchstücke von Krypton verließen in ihrer Mehrzahl das Planetensystem vollständig, wobei jene, die bei der Explosion in die Bewegungsrichtung des Planeten geschleudert wurden (also zu rechtläufigen Kometen geworden wären), zusätzlich noch die ursprüngli-

che Planetengeschwindigkeit mitbekamen und demzufolge den prozentualen Anteil der entflohenen Kometen steigerten. Es blieben somit überdurchschnittlich viele mit einer rückläufigen Bahnbewegung zurück.
Die planetarische Hypothese bleibt trotz allem sehr spekulativ, auch wenn sie für gewisse Ungereimtheiten der Oortschen Theorie eine Erklärung liefert. Viele davon ließen sich auch anders deuten, und einige entscheidende Schwierigkeiten vermag auch diese Hypothese nicht zu beseitigen. Der Hauptunterschied ist der Zeitfaktor von 10 Millionen zu über einer Milliarde Jahren. Nach der Ovenden-Flandern-Hypothese wären wir beinah Zeugen eines einmaligen Ereignisses im Planetensystem. Die *Oortsche Wolke* ist dagegen alt genug, schon eine beträchtliche Anzahl von dennoch seltenen Störungen durch Sternvagabunden erlitten zu haben. Die große Anzahl der Störungen bereitet allerdings interpretatorische Schwierigkeiten, denn sie müßten sich auf die Verteilung der Apheldistanzen für alle Raumrichtungen ausgleichend auswirken. Die Kometen sollten sich also nicht über längere Zeit an ihre Bahn erinnern können.
Es bedarf indes nicht unbedingt der Vorstellung von einer Oortschen Wolke, die als Parkbahn für Kometen dient und diese erst bei einer Störung ins Innere des Planetensystems entkommen läßt. Man kann mit einer viel kleineren Zahl von Kometen auskommen, die sich ständig auf ihren langgezogenen Ellipsenbahnen bewegen. Wandern sie in Richtung auf ihre Perihelia, die in der Gegend der Oortschen Wolke liegen, wird ihre Bewegung immer langsamer. Statistisch betrachtet bedeutet dies, daß sie sich viel länger in der Nähe der (fiktiven) Oortschen Wolke aufhalten als in der Nähe der Sonne. Beim Halleyschen Kometen mit einer Umlaufzeit von nur 76 Jahren (er gehört noch zu den kurzperiodischen) ist das Geschwindigkeitsverhältnis von Perihel zu Aphel 60:1. Er hielt sich zwischen 1918 und 1978 (also während 60 Jahren) jenseits der Neptunbahn auf, während er in knapp 16 Jahren zweimal durch das ganze Planetensystem raste. Für langperiodische Kometen mit entsprechend größeren Exzentrizitäten wird die Aufenthaltsdauer in weiter Ferne jenseits von Neptun immer größer. Sie bewegen sich dort mit Geschwindigkeiten von 1–2 m/s, so daß sie für *eine* Astronomische Einheit, die 150 Milliarden Meter beträgt, entsprechend viele Sekunden oder ungefähr 3000 Jahre benötigen. Da die Oortsche Wolke 50 000 A.E. entfernt ist, werden jetzt die Umlaufdauern von mehreren Millionen Jahren anschaulich. Davon stehen nur mehrere Monate für die direkte Beobachtung von Auge und einige wenige Jahre für teleskopisch-fotografische Untersuchungen zur Verfügung, weil sich der Komet einzig dann in genügender Sonnen- und Erdnähe befindet.
Aufgrund dieser Theorie müßte für die Entstehung der Kometen ein Ort jenseits von Saturn angenommen werden, also im näheren Bereich des Planetensystems. Von dort aus wären diese Körper in der relativ kurzen astronomischen Zeitspanne von einigen 10 000 Jahren auf ihre heutigen Bahnen (vor allem durch Störungen von Jupiter und Saturn) «verteilt» worden. Aufgrund einer solchen Hypothese gäbe es keinen Nachschub. Die

Kometenzahl würde längerfristig kontinuierlich abnehmen. Nur die Oortsche Wolke sorgt für ein zahlenmäßig stabiles Kometensystem über sehr lange Zeiträume. Ob dieses System tatsächlich stabil ist, läßt sich nicht leicht nachweisen. Leichter wird es vielleicht sein, sich über den Entstehungsort etwas mehr Klarheit zu verschaffen, wenn man die Signale der Giotto-Sonde analysiert (vergleiche 7. Kapitel). Denn nur die Oortsche Wolke ist in der Lage, die Materie im unveränderten Urzustand zu bewahren. Findet man im Kometenkern solche Materie, wird die Existenz der Oortschen Wolke sehr viel wahrscheinlicher.
Dies ist nur eine von vielen offenen Fragen, die mit den Kometentheorien verknüpft sind. Sie werden immer wieder in die wissenschaftliche Diskussion geworfen, vor allem wenn spektakuläre Neuentdeckungen Aufsehen erregen oder ganz neuartige Ideen über diese Zusammenhänge veröffentlicht werden. Dies dürfte in den nächsten Monaten und Jahren beim Erscheinen des *Halleyschen Kometen* und bei den Beobachtungen der Halley-Sonden geschehen. Ein Kometenfieber neuer Art könnte ausbrechen. Statt nach der Bedeutung der Kometen als Zukunftszeichen zu fragen, wird man in ihnen Boten einer urfernen Vergangenheit sehen und versuchen, aus den übermittelten Daten möglichst viele Botschaften jener Zeiten herauszudekodieren. Auf die meisten der noch offenen Fragen wird es aber in absehbarer Zukunft kaum gesicherte Antworten geben. Bedeutungsvolle Fragenkomplexe, auf die im 6. Kapitel näher eingetreten wird, sind die folgenden:

1. Haben die Kometen zur Bildung der Planetenatmosphären beigetragen, indem sie insbesondere der Erde jene *organischen Moleküle* lieferten, aus denen das Leben entstand?
2. Sind Kometen für größere kosmische und urgeschichtliche *Katastrophen* verantwortlich, wie zum Beispiel für das Aussterben der Dinosaurier, die Sintflut usw.?
3. Sind Kometen die Ursache von *Meteoren* und *Meteoriten* sowie von interplanetarem Staub? Und stehen sie mit Kleinplanetoiden wie den Apollo/Amor-Objekten, die der Erde zeitweise bedrohlich nahe kommen, in einem Zusammenhang?

Wie vorhin erwähnt, ist die Lebensdauer der kurzperiodischen Kometen auf wenige hundert Periheldurchgänge beschränkt. Gelangt ein Komet in die Nähe der Sonne, setzt eine enorme Aktivität infolge der Sonneneinstrahlung ein und führt zur Sublimation der tiefgefrorenen Materie an der Oberfläche. Dabei reißen deren Moleküle bei ihrem raschen, manchmal eruptiven Aufsteigen Staub- und Meteoritenpartikel, oft sogar ganze Brocken mit. Diese ungleichmäßige Reaktion bewirkt die verschiedenartigsten Erscheinungen in der Koma, die als erstes – in der Regel bereits bei 3 A.E. Entfernung von der Sonne – entsteht. Je mehr sich der Komet der Sonne nähert, desto größer wird die Koma. Gleichzeitig bleiben die größeren Auswurfpartikel hinter dem Kometenkern zurück und formen so die berühmten gekrümmten Staubschweife. Die kleinen Teilchen, vor allem die ionisierten Moleküle und Atome, erfaßt der Sonnenwind, der bei der Annäherung des Kometen an die Sonne immer stärker wird. Sie werden geradlinig von der Sonne weggestoßen und bilden den Ionen- oder Plasmaschweif. Zuweilen ist die Energie, mit der die Plasmaschweifteilchen die Koma verlassen, so groß, daß sie Staubteilchen mitreißen und ein Stück weit auf ihrem Weg mittransportieren. Die Folge davon ist eine spätere Biegung des Staubschweifs, wie es zum Beispiel beim Kometen Mrkos (1957 d) sehr schön zu sehen war (siehe Abbildung Seite 85).

An Kopf und Schweif eines Kometen sind oft rasche zeitliche Veränderungen zu beobachten, so etwa explosionsartige Ausbrüche in der Koma, Verdichtungen im Schweif und Ablösungen von Teilen oder gelegentlich des ganzen Schweifs, der sich dann von neuem bildet. Alle diese Vorgänge werden durch den *Kern* verursacht, der in der unmittelbarsten Nähe der Sonne, also im Perihel der Kometenbahn, die größte Einstrahlung erleidet und daher am aktivsten wird. Dies dauert nur wenige Tage. Danach werden die Erscheinungen immer weniger attraktiv, und einige Wochen, höchstens Monate später kann der Komet überhaupt nicht mehr beobachtet werden.

Mit dieser Tätigkeit ist ein großer *Massenverlust* des Kometen verbunden. Man rechnet, daß pro Sekunde etwa 100 Tonnen Staub und 60 Tonnen Gas ausgestoßen werden. Für den Kometen Encke schätzten *Whipple* und *Sekanina* 1979 die Masse auf 10 Milliarden Tonnen und den Massenverlust pro Umlauf auf 10 Millionen Tonnen oder 1 ‰. Das ergibt als obere Grenze 3000 weitere Umläufe oder (bei einer Umlaufzeit von 3,3 Jahren) eine Lebensdauer von 10 000 Jahren. *J. Rahe* berechnete 1980 aus Ultraviolettspektren den Massenverlust an Wasser und an festen Bestandteilen für verschiedene Kometen unter gleichen Bedingungen, d.h. bei den in der folgenden Tabelle wiedergegebenen Werten für eine Standardentfernung von 1 A.E.

Komet	Verlust (in Tonnen pro Sekunde)	
	an Wasser	an festen Stoffen
Bennett (1970 II)	15	3,6
Encke	0,2	0,02
Kohoutek (1973 XII)	9	1
Kobayashi-Berger-Milon (1975 IX)	2	0,5
West (1976 VI)	15	9,4

Der Ausstoß an Materie kann folglich unterschiedliche Werte erreichen, was außer von der Größe der sonnenbestrahlten Fläche ebenso von deren Absorptionsfähigkeit für Wärme bzw. ihrem Reflektionsgrad für Strahlung abhängt. Auch in dieser Hinsicht sind Kometen höchst individuelle Erscheinungen, und gerade dieser Ausstoß bestimmt, ob ein oder mehrere Schweife gebildet werden.

Im Laufe der Zeit pflegen größere Veränderungen aufzutreten, die jedoch schwer vorauszusagen sind. Längerfristig wird ein Komet sicher bei jeder Wiederkehr schwächer werden. Die Abschwächung braucht indes nicht mit strenger Regelmäßigkeit vor sich zu gehen, da die Oberfläche des konglomeratartigen Kerns je nach dem, welche Bestandteile beim Sublimationsprozeß freigegeben werden, völlig andersartig aussieht. Besonders aufschlußreich ist die Beobachtung der Helligkeitsabnahme während längerer Perioden. Die nachstehende Tabelle gibt bei 14 Kometen die *Abnahme der reduzierten Helligkeit* wieder, und zwar in Sterngrößeklassen und für eine Spanne von 50 Jahren. Die durchweg sehr kurzperiodischen Kometen führten in dieser Zeit 6 bis 15 Umläufe aus. Eine Beziehung zu der Anzahl der Umläufe ist allerdings kaum auszumachen.

Komet	Anzahl Umläufe in 50 Jahren	Helligkeitsabnahme in 50 Jahren
Encke	15	0,5
Faye	7	3,4
D'Arrest	8	0,4
Tempel 2	9	1,1
Pons-Winnecke	8	0,9
Finlay	7	4,4
Wolf	6	3,7
Tempel 3 – Swift	9	1,8
Perrine	7	4,9
Brooks	7	4,5
Borelly	7	3,0
Kopff	8	5,0
Tuttle	7	1,1
Giacobini-Zinner	8	0,0

Die Helligkeitsabnahme zieht früher oder später ein «Erlöschen» des Kometen nach sich, wobei sich seine Sichtbarkeit von der einen Rückkehr bis zur nächsten so stark vermindern kann, daß er überhaupt nicht mehr aufgefunden wird. Mit den heutigen Mitteln der Fotografie durch große Teleskope können zwar auch sehr lichtschwache Kometen noch nachgewiesen werden. Aber das bedeutet nur eine Vergrößerung der Zahl der von uns beobachtbaren Kometen und hat mit der Lebensdauer des einzelnen Kometen nichts zu tun.

Alle Kometen hinterlassen in der Umgebung der Sonne eine wachsende Menge an Gas und Staub. Früher fragte man weniger danach, was wohl aus der im interplanetaren Raum verstreuten Materie werde, als vielmehr nach dem Verbleib der Kometen selbst, die nicht wieder auftauchten, obwohl man sie erwartete.

Aufregendes gab der nach dem österreichischen Hauptmann und Liebhaberastronomen *M. von Biela* benannte Komet zu berichten, der 1826 entdeckt worden war und sich mit nur 6,75 Jahren Umlaufzeit als kurzperiodisch erwies. *Olbers* und andere erwarteten seine Rückkehr auf den November 1832. In der Tat erschien der Bielasche Komet pünktlich, obwohl die Berechnungen wegen Jupiterstörungen heikel waren. Präzise Rückrechnungen ergaben überdies, daß der Komet schon früher gesehen worden war, nämlich bereits 1772 von *Montaigene* und *Messier* und 1805 von *Pons*. Von

einer eigentlichen Neuentdeckung konnte deshalb nicht gesprochen werden. Die Rückkehr von 1839 ließ sich erwartungsgemäß nicht beobachten, da sich der Komet stets zu nahe der Blickrichtung zur Sonne aufhielt. Um so gespannter wartete man auf die Wiederkehr von 1845 – ein Jahr, in dem einmal mehr ein Komet Schlagzeilen machte und berühmt wurde.
Bereits am 28. November 1845 wurde der *Bielasche Komet* genau auf der erwarteten Bahn wiederbeobachtet. Sein Periheldurchgang war für den 11. Februar 1846 vorgesehen. Aber etwas in der Geschichte der Kometen Einmaliges geschah. Bereits am 19. Dezember 1845 bemerkte der englische Astronom *Hind* eine Verzerrung der Gestalt des Kometen. Dann sah *Maury* in Washington, wie sich der Komet vor seinen Augen *in zwei Teile spaltete*. In Europa konnte man ihn wegen schlechter Witterung erst Mitte Januar 1846 wieder sehen und stellte fest, daß die beiden Teile sich bereits beachtlich voneinander entfernt hatten. Und jeder der beiden Teile war ein vollkommen ausgebildeter Komet mit Kopf und Schweif! *John Herschel* (1792–1871) schrieb: «Man hatte wirklich zugeschaut, wie er sich in zwei gesonderte Kometen aufteilte, die dann in Gesellschaft miteinander fortfuhren, friedlich auf ihrer scheinbaren Bahn zu reisen und einen Bogen von mehr als 70° zurückzulegen, während sie so nahe beieinander blieben, daß man sie gleichzeitig im Gesichtsfeld des Teleskops beobachten konnte.» Die Entfernung nahm tatsächlich bis zum Periheldurchgang (11. Februar) nur wenig zu, während sie danach wieder abnahm:

14. Januar 1846	288000 km
24. Januar	303000 km
3. Februar	311000 km
13. Februar	314000 km
23. Februar	312000 km
5. März	308000 km
15. März	293000 km
25. März	280000 km

Auffallend war der Wechsel der Helligkeit. Zunächst war der nachfolgende Teil etwas heller, dann glichen sich die Helligkeiten an, und kurz nach dem Perihel schien der vorausgehende Teil heller zu sein, worauf sich die Situation erneut änderte. Dem damaligen Stand der Wissenschaft entsprechend wurde über die Ursache der Aufspaltung rege spekuliert, und zu der Lage der beiden Teile bei der folgenden Wiederkehr im Jahr 1852 waren zahlreiche Voraussagen zu vernehmen. *Secchi* in Rom entdeckte am 26. August den ersten, am 15. September den zweiten Teil auf den vorausberechneten Bahnen. In erster Linie interessierte man sich für den Einfluß der beiden Kometenmassen aufeinander, da ein solches «Doppelsternsystem» schwankende Bewegungen um seinen Schwerpunkt ausführen müsse. *D'Arrest* bemühte sich vergeblich, Einflüsse auf die Bahnverhältnisse festzustellen, und schloß daraus auf eine sehr geringe Masse der Kometen. Seine Schätzung, sie betrage etwa ein Millionstel der Erdmasse, erwies sich nach unseren heutigen Kenntnissen immer noch um einen Millionenfaktor zu groß. Wahrnehmbare Einflüsse auf die gegenseitige Bahnbewegung ließen sich tatsächlich nicht erkennen. Die Entfernung der beiden Teile hatte nun auf rund 2,5 Millionen km zugenommen.

Das Jahr 1859 war für die Beobachtung ebenso ungünstig wie 1839. Um so eifriger suchte man 1866 nach dem Doppelkometen Biela. Die Amateurastronomen widmeten sich wochenlang jede Nacht dieser Suche. Aber auch Secchi, d'Arrest und andere Berufsastronomen durchmusterten zwei Monate lang vergeblich den Nachthimmel. Jetzt konnten sie nicht mehr daran zweifeln, daß 1846 ein Prozeß begonnen hatte, der mit der *Auflösung des Kometen* endete. (Selbstverständlich hatte man auch an eine starke Bahnveränderung durch die Störung eines der großen Planeten gedacht, wie sie Lexells Komet vor und nach 1770 widerfahren war. Doch dies stand bei den Bahnverhältnissen der Bielaschen Kometenteile nicht zur Diskussion.) Die Frage lautete nun: Was ist aus dem Doppelkometen geworden? Gesehen hat man ihn jedenfalls nie wieder. Aber 1872, als er zurückgekehrt wäre, wenn er noch existiert hätte, fand man darauf trotzdem eine Antwort (vergleiche 6. Kapitel, Seite 151 ff.).

Die Kometen geben also durch die Bildung und Ablösung von ganzen Schweifen Materie an die Umwelt ab. Sie hinterlassen bei jedem Periheldurchgang die Gas-, Staub- und anderen festen Partikel irgendwo im interplanetaren Raum. Und außerdem brechen sie schließlich auseinander, so daß größere Brocken ihrer eisigen Materie im Raum herumschwirren. Solche Teilungen von Kometen sind seit 1846 wiederholt beobachtet worden, zuletzt in aufsehenerregender Weise beim Kometen West, der sich 1976 in einem Prozeß, den man fotografisch verfolgen konnte, in vier Stücke spaltete.

Der langsame Auflösungsvorgang bei jedem Umlauf als Folge der Sublimation von flüchtigen und mitgerissenen anderen Bestandteilen scheint sich demnach nicht beliebig lange fortzusetzen. Je nach innerer Struktur des Kometen kommt es viel früher, als die anhand des Massenverlusts berechnete Lebensdauer erwarten läßt, zu einem brüsken Ende. Einerseits spielen dabei die Gezeitenkräfte eine wesentliche Rolle, denn die beobachteten Aufspaltungen finden immer in Sonnennähe statt. Andererseits kann es, ebenfalls in Sonnennähe, zu einem Zusammenbruch der inneren Kräfte kommen, die den Kern zusammenhielten. Je nach innerem Aufbau und Wärmeeinstrahlung (vor allem, wenn es zu heftigen Jet-Ausbrüchen kommt, die aus größerer Tiefe Material herausschleudern), entstehen Risse im gefrorenen Material, so daß der Zusammenhalt stark vermindert wird. Der Kern bricht dann entlang dieser Rißstellen in zwei oder mehrere Teile auseinander. Die bei einem derartigen Auseinanderbersten oft beobachteten Helligkeitsausbrüche lassen sich durch das Modell des schmutzigen Schneeballs, das auch den vorangegangenen Überlegungen zugrunde lag, sehr gut erklären. Denn zum einen vergrößert die Spaltung gesamthaft die Oberfläche, so daß plötzlich viel mehr Sonnenlicht reflektiert wird. Und zum andern findet nun die Wärmeeinstrahlung eine weitaus größere Wirkfläche vor, was

die Sublimationsrate und die damit verbundenen Leuchterscheinungen schlagartig erhöht.
Aber gerade deshalb sind die Bruchstücke zu einem kurzen Leben verurteilt. Der innere Zusammenhalt versagt sehr bald, spätestens bei einem der folgenden Periheldurchgänge, und so kommt es zu einer schnellen Weiterteilung. Entlang der Kometenbahn bewegen sich nun nach dem Lebensende des Ursprungskometen eine ganze Reihe von Splittern, die sich immer mehr voneinander entfernen und mit der Zeit über die ganze Bahn verstreuen, wobei auch die wechselnden Einflüsse von Planeten mitspielen.
Die Kometen hinterlassen über einen größeren Raum verteilt Gas und Staub, und auf ihrer Spur oder in deren Umgebung bleiben ebenso kleinere und größere Eisbrocken zurück. Man kann durchaus sagen, daß sie eine interplanetare Umweltverschmutzung verursachen. Oder aber, daß sie die Materie, aus der sie entstanden sind, in mehr oder weniger unveränderter Form wieder in den Raum abgeben. Was wir von der Erde aus davon bemerken, schildert das folgende Kapitel.

6. Kapitel

Kosmisches Feuerwerk

Meteorerscheinungen und Meteoritenfälle

Ein großartiger und furchterregender *Meteorschauer* versetzte in der Nacht vom 12. auf den 13. November 1833 die Menschheit in starres Staunen. Für die Astronomen aber wurde das Schauspiel zum Anlaß, genauer Ausschau nach solchen Erscheinungen zu halten. Beim November-Meteorschauer hatte es so ausgesehen, als kämen alle Teilchen, die bei ihrem Fall durch die irdische Atmosphäre ein gewaltiges Leuchten hervorriefen, von einer Stelle des Himmels, die im Sternbild des Löwen (lateinisch leo) lag. Man bezeichnete diese Meteore daher als *Leoniden.* Analog wurden auch andere schauerartige Meteorfälle nach dem Sternbild benannt, aus dem sie zu kommen schienen, zum Beispiel die Perseiden, Orioniden, Andromediden usw. Diesen scheinbaren Ausgangspunkt bezeichnet man als *Radiant.*

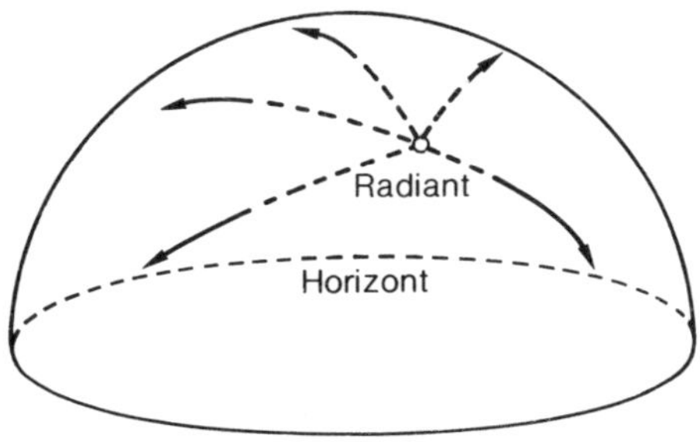

Einzelne Meteore (Sternschnuppen) können praktisch in jeder klaren Nacht beobachtet werden. Die «American Meteor Society» (AMS) sammelte Beobachtungsdaten von über hundert Amateurastronomen und wertete sie aus. Die auf Seite 146 wiedergegebene Tabelle ist das Ergebnis. Sie gibt die stündliche Anzahl der zu erwartenden *Sternschnuppenfälle* bei idealen Bedingungen um 3 Uhr nach Mitternacht an. (Bei nicht-idealen Bedingungen muß die Zahl mindestens halbiert werden.) Berücksichtigt sind die durchschnittlichen, jährlich wiederkehrenden Aktivitäten von Meteorströmen, nicht aber außergewöhnliche Ereignisse. Solch seltene Schauspiele, bei denen mehrere tausend, ja bis zu zehntausend einzelne Sternschnuppen stündlich zu sehen waren, kennen wir von der geschichtlichen Überlieferung her. Einige der frühesten Aufzeichnungen stammen aus China, Korea und Japan (siehe Seite 147).
Die Bezeichnung «fallende Sterne» oder «Sternschnuppen» geht auf die alte Vorstellung zurück, es handle sich dabei wirklich um Sterne, die aus ihrer

Stündliche Anzahl Meteore bei idealen Bedingungen um 03.00 Uhr (in Klammern interpolierte Werte), nach AMS

Tag	Jan.	Febr.	März	Apr.	Mai	Juni	Juli	Aug.	Sept.	Okt.	Nov.	Dez.
1	19	24	12	10	13	14	9	37	10	10	15	22
2	33	3	(8)	9	14	6	16	32	18	12	16	18
3	30	21	5	12	19	8	21	22	15	18	23	30
4	20	16	13	5	19	10	15	32	10	19	(17)	19
5	17	(16)	5	7	18	4	26	14	23	17	11	18
6	16	16	14	4	19	9	14	20	22	15	12	19
7	(16)	4	11	9	18	8	21	21	19	18	17	36
8	17	10	10	5	15	13	19	35	16	20	10	18
9	25	(11)	14	12	18	16	32	33	14	17	15	12
10	(20)	12	11	21	12	21	18	42	14	12	11	29
11	14	12	11	8	25	(17)	22	66	34	23	19	25
12	26	11	(12)	11	26	13	13	39	(22)	18	15	83
13	19	19	13	20	21	20	20	32	10	20	14	44
14	12	13	26	8	9	7	35	29	13	17	21	30
15	11	13	11	10	10	18	9	17	13	21	25	18
16	20	9	5	9	13	(17)	24	16	28	20	(20)	23
17	16	3	11	7	12	(16)	22	26	13	20	15	18
18	20	(7)	17	18	12	(15)	11	18	8	21	21	18
19	12	22	8	7	11	14	13	19	19	24	13	22
20	16	15	8	10	12	31	23	24	18	25	13	17
21	19	(15)	10	14	(13)	13	14	22	25	41	31	16
22	17	(15)	12	14	(13)	23	33	32	25	25	28	7
23	12	(15)	6	9	14	40	17	24	21	25	19	27
24	12	15	2	6	20	5	36	11	20	19	15	16
25	14	9	8	14	14	9	31	21	19	17	(17)	23
26	12	12	6	8	21	12	34	22	17	22	(19)	16
27	10	16	8	11	9	22	24	24	27	28	21	28
28	(14)	8	(5)	14	20	20	28	23	15	22	16	15
29	16	15	1	13	7	14	23	17	10	10	30	19
30	20	...	12	10	28	18	29	20	11	22	15	25
31	14	...	(11)	...	(21)	...	30	15	...	22	...	11
Monats-durch-schnitt	17	13	10	11	16	15	22	26	17	20	18	23

Bahn gerieten und erlöschend herabfielen. «Schnuppe» heißt auf Nord- und Mitteldeutsch «verkohlter Docht». Erst ziemlich spät begann man, den Zusammenhängen zwischen den verschiedenen Meteorschauern einerseits und dem Verlauf der einzelnen Meteorspuren andererseits nachzuforschen. Nach dem großen Leoniden-Schauer von 1833 vermutete man, daß die Teilchen, die durch ihr Eindringen in die Erdatmosphäre das Meteorleuchten verursachen, sich auf parallelen Bahnen im Raum bewegten. Als man deren Verlauf genauer untersuchte, entdeckte man in manchen Fällen frap-

Datum (nach dem Julianischen Kalender)	Beschreibung (Chronik)
23. März 687 v. Chr.	Sterne fielen wie ein Schauer (Han-shu Pên-Chi, China)
Februar/März 104 n. Chr.	Viele Sterne fielen wie ein Schauer, aber sie erreichten nicht die Erde (Munhŏn-piko, Korea)
20. Jan. 308	Sterne fielen und zerstreuten sich zitternd (T'ien-wêm-chih, China)
März/April 464	Ungezählte Meteore fielen westwärts bis zum Morgen (T'ien-wên-chih, China)
24. November 685	Der Himmel war in Aufruhr, Sterne fielen wie ein Schauer (Mizu Kogami, Japan)
15. Oktober 931	Viele Sterne fielen und durchkreuzten einander (Ssŭ-tien-k'ao, China)
Mai/Juni 1363	Sterne fochten miteinander inmitten der Luft (Munhŏn-piko, Korea)
3. November 1533	Sterne fielen wie ein Schauer und färbten den Himmel rot (Lu-an-fu-chih, China)
Sommer 1642	Sterne flogen wie Weberschiffchen umher (T'ien-wên-chih, China)

pante Übereinstimmungen mit den Bahnen bekannter Kometen. Als erster erbrachte *Giovanni Schiaparelli* im Jahre 1866 den Nachweis dafür. Bei zwei Gruppen von *Meteoritenströmen*, wie man nun die Gesamtheit der Teilchen nannte, die sich auf gemeinsamer Bahn um die Sonne bewegen, führte Schiaparelli genaue Berechnungen durch und fand heraus, daß ihre Bahnen mit denen von Kometen identisch waren. Dies traf zum einen auf den *Perseiden-Strom* und den Kometen *Swift-Tuttle* (1862 III) zu, zum andern auf den bereits erwähnten *Leoniden-Strom* und den Kometen *Tempel-Tuttle* (1866 I). In der folgenden Tabelle sind die entsprechenden Bahnelemente wiedergegeben.

Bahnelemente von Meteoritenströmen und zugehörigen Kometen

	Länge des aufst. Knotens Ω	Länge des Perihels ω	Neigung der Bahn i	Perihel-distanz q	Periode
Perseidenstrom	138°16′	343°48′	115°57′	0,964 A.E.	108 Jahre
Komet 1862 III Swift-Tuttle	137°27′	344°41′	113°34′	0,963 A.E.	121,5 Jahre
Leonidenstrom	231°28′	56°26′	162°16′	0,987 A.E.	33,25 Jahre
Komet 1866 I Tempel-Tuttle	231°26′	60°28′	162°42′	0,976 A.E.	33,18 Jahre

Die Übereinstimmung ist erstaunlich gut, vor allem wenn man bedenkt, daß bei den Meteoritenströmen die Beobachtungen und Rechenarbeiten besonders schwierig sind. Aus der Bewegungsrichtung und der Geschwindigkeit der Sternschnuppenkörper kann deren Bahn vor dem Eindringen in die Erdatmosphäre bestimmt werden.

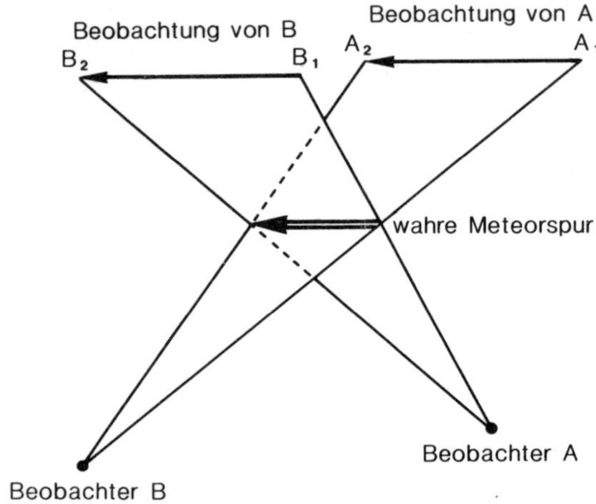

Dazu müssen – siehe oben – mindestens zwei Beobachtungen von Standorten aus bekannt sein, die auf der Erdoberfläche möglichst weit auseinander liegen. Ist diese Voraussetzung erfüllt, läßt sich ähnlich, wie seinerzeit Tycho Brahe die Lage der Kometen ermittelt hatte, die Entfernung dieser Körper errechnen. Aus den beobachteten Höhen der Leuchtspur über dem Horizont ergibt sich dann auch Anfangs- und Endpunkt der Meteoritenbahn in der Atmosphäre, also deren *Höhe über der Erdoberfläche.* Diese Höhen liegen, wie die Tabelle zeigt, je nach Geschwindigkeit des Teilchens, zwischen 70 und 110 km.

Geschwindigkeit (in km/s)	Höhe des Aufleuchtens (in km)	Höhe des Erlöschens (in km)
10	80	70
20	91	80
30	96	86
40	101	90
50	104	94
60	108	97
70	110	100

Eine in so hohem Maß übereinstimmende Bahnbewegung konnte nur eine Erklärung finden: Die Teilchen, die in die Erdatmosphäre eindringen und die *Meteorerscheinungen* hervorrufen, sind die im 4. Kapitel beschriebenen Überbleibsel von Kometen, die längs der Kometenbahn verstreut wurden. Sie fahren fort, der Gravitationskraft gehorchend, sich auf dieser Bahn zu bewegen, wobei sie sich immer mehr über die ganze Bahn verteilen. Durchkreuzt die Kometenbahn die Erdbahn, trifft die Erde in ihrem jährlichen Lauf an einem Punkt oder auch zwei Punkten solche Kometenüberreste an. Am jeweiligen Tag, an dem die Erde durch den betreffenden Punkt ihrer Bahn läuft, prallen diese Teilchen auf die Erdatmosphäre, dringen in diese ein und bringen Leuchterscheinungen hervor, die wir als Meteorspuren sehen. Bei den *Perseiden* und vor allem den *Leoniden* gibt es freilich keine Kreuzungspunkte der Kometen- bzw. Teilchenbahnen mit der Erdbahn, sondern lediglich während eines kurzen Bahnstücks eine starke Annäherung. Wie die Tabellenwerte für die Periheldistanzen auf Seite 147 zeigen, ist in beiden Fällen der sonnennächste Punkt praktisch 1 A.E. von der Sonne entfernt, also so weit wie die Erdbahn. Unser Planet läuft daher während einigen Tagen zu Anfang August bzw. in der Novembermitte durch Kometenüberreste, die sich wie eine lose Teilchenwolke auf der zugehörigen Kometenbahn bewegen. Nachfolgende Darstellung gibt die Bahnen der Perseiden- und Leoniden-Ströme wieder.

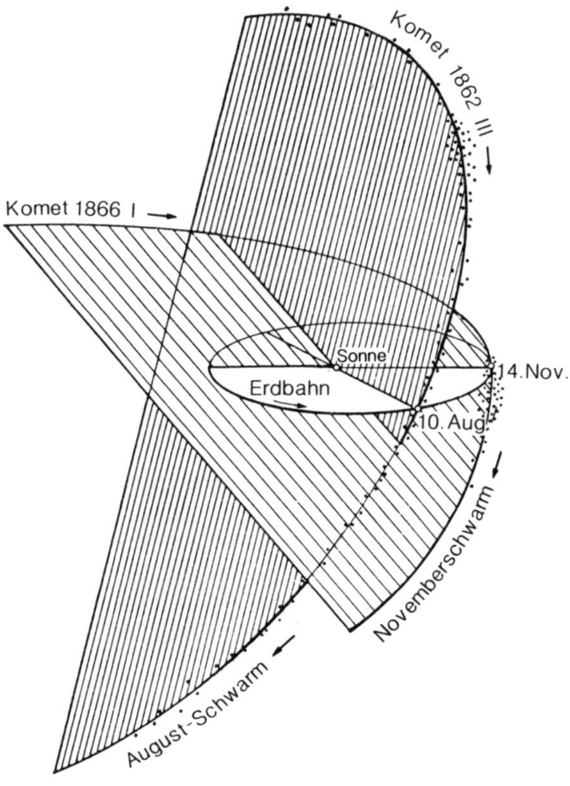

Die Lage der Perseiden-Bahn (August-Meteorschwarm) und der Leoniden-Bahn (November-Meteorschwarm) in bezug zur Erdbahn

Seit dem Zweiten Weltkrieg ist die Meteorforschung immer mehr eine radioastronomische Aufgabe geworden. Radiowellen können ebensogut am Tag wie auch bei bewölktem Himmel empfangen werden, was die Beobachtungsquantität ernorm steigert. Zwei Meteoritenströme werden auf den Halleyschen Kometen zurückgeführt, dessen Bahnebene 18° gegen die Ekliptik geneigt ist. Hier sind die Verhältnisse für die *Orioniden* im Oktober günstig, wogegen die *η Aquariden* im Mai während der Morgendämmerung fallen und folglich einen Meteoritenstrom darstellen, der eher Radarbeobachtungen zugänglich ist.
Je älter ein Meteoritenstrom ist, desto gleichmäßiger sind die Kometenüberreste auf die ganze Bahn verteilt. In diesen Fällen ist die Bestimmung der Periode schwierig, denn Jahr für Jahr wiederholt sich ein mehr oder minder schwacher Schauer. Bei den *Perseiden* ist am 12. August ein Maximum an Aktivität mit durchschnittlich 50 Meteoren pro Stunde üblich. 1921 stieg die Rate auf 250 pro Stunde, weil die Erde in jenem Jahr vermutlich durch einen dichteren Teilchenschwarm auf der Perseiden-Bahn hindurchging. Einige Forscher meinen, die Perseiden-Ströme über ein Jahrtausend zurückverfolgen zu können, doch ist bei der großen Periode von 122 Jahren der Unsicherheitsfaktor recht beachtlich. Einfacher ist die Situation bei den *Leoniden.* Vor 1833 waren sie 1799 von *Alexander von Humboldt* in Cumaná (Venezuela) beobachtet worden. Er schrieb: «Die Nacht vom 11. zum 12. November war kühl und ausnehmend schön. Gegen Morgen von ½ 3 Uhr an sah man gegen Osten höchst merkwürdige Feuermeteore ... Tausende von Feuerkugeln und Sternschnuppen fielen hintereinander eine Stunde lang ... Kein Stück am Himmel so groß als 3 Monddurchmesser, das nicht jeden Augenblick von Feuerkugeln und Sternschnuppen gewimmelt hätte ...» Von den ältesten Einwohnern Cumanás erfuhr Humboldt, daß «einem großen Erdbeben 1766 ein ähnliches Phänomen vorausgegangen war». Dementsprechend war eine Periode erhöhter Aktivität der Leoniden von etwa 33 Jahren Dauer vermutet worden. Man konnte den Strom in historischen Berichten bis zum Jahr 902, vielleicht sogar bis 585 zurückverfolgen, wobei die Maxima immer zwischen dem 10. und 14. November lagen. Nach dem großen Meteorschauer vom 12./13. November 1833 war also für 1866 mit einer neuen Maximalaktivität zu rechnen. Und sie wurde tatsächlich sowohl in Amerika als auch in Europa beobachtet. Kleinere Aktivitäten wurden auch 1867 und 1868 verzeichnet, doch 1899 blieb das erwartete Großereignis aus. Der Teilchenschwarm war 1870 in die Nähe des Saturn und 1898 in jene des Jupiter geraten. Die Störungen lenkten die Teilchen auf eine andere Bahn um, 2 Millionen km an der Erdbahn vorbei. Danach wurde kein extremer Leoniden-Meteorschauer mehr registriert. 1932 stieg die stündliche Teilchenrate wieder auf 240, aber erst 1966, nach einer weiteren und diesmal günstigen Jupiter-Störung, war am 17. November ein prächtiger Schauer mit einem Maximum von über 2000 Meteoren pro Minute zu erblicken.
Als erster hat *Ernst Florens Friedrich Chladni* (1756–1827) in seiner 1794 in Leipzig erschienenen Schrift «Über den Ursprung der von Pallas gefundenen

und anderer ähnlicher Eisenmassen und über einige damit in Verbindung stehende Naturerscheinungen» den außerirdischen Ursprung der Meteoriten postuliert, die Meteorerscheinungen verursachen und als Meteoritensteine auf die Erdoberfläche fallen können. Er fand aber wenig Glauben. Noch 1845 bezweifelte *Humboldt* in seinem «Kosmos» die außerirdische Herkunft dieser Objekte. Erst nachdem *Schiaparelli* 1866 zunächst für die Ströme der Leoniden und Perseiden einen eindeutigen Zusammenhang zwischen Meteorschauern und Kometen herstellen konnte, gelang der Durchbruch: die eigentliche Erforschung dieser kosmischen Phänomene begann. Als im selben Jahr kein Bruchstück des Kometen Biela mehr auftauchte, war es naheliegend, dessen Auflösung anzunehmen und für 1872, den nächsten fälligen Periheldurchgang, einen Meteorschauer zu erwarten. Und man wartete um so gespannter auf das Ereignis, als schon 1867 *Weiss* und *d'Arrest* dem *Andromediden*-Meteorstrom eine Bahn zuordneten, die jener des Bielaschen Kometen entsprach. Auch der im 4. Kapitel bereits erwähnte Astronom *J. Schmidt* beschäftigte sich in Athen ausführlich mit Meteoren:

Am Mittwoch Abend, den 27. November (1872), als die Dämmerung noch nicht zu Ende war, bemerkte ich zuerst etwa um 5 Uhr 48 Min. einige rasch nacheinander aufleuchtende wenig helle Sternschnuppen. Die nächsten fünf Minuten zeigten zwar, daß die Meteore viel häufiger als in den früheren Abenden auftraten, ließen aber noch nicht die großartige Erscheinung erwarten, die bereits nahe bevorstand. Während ich die Zählung der stündlichen Häufigkeit begann, informierte ich schleunigst vier Hilfsbeobachter hinsichtlich der Teilung der Arbeiten in den folgenden Stunden. Sie sollten besonders die Zählungen übernehmen, während ich Bahnen verzeichnen und das Phänomen nach verschiedenen anderen Richtungen untersuchen wollte. In der Zeit von 8 Uhr 0 Minuten bis 8 Uhr 7 Minuten trübte sich der Himmel durch niedrige Seenebel; diese verzogen rasch, kamen nur stellenweise sehr schwach wieder zum Vorschein, und wir hatten den übrigen Teil der Beobachtungsstunden höchst klaren Himmel. Nachdem ich in der ersten Stunde über 500 Meteore von meist großer Lichtschwäche gesehen hatte, trat eine so große Steigerung der Häufigkeit ein, daß ich für je 100 Meteore die Zeiten notierte, wobei sich bald, ähnlich wie 1866 November 13 herausstellte, daß von einer Zählung im strengen Sinne des Wortes nicht die Rede sein könne und daß wir uns mit guten Näherungen begnügen müßten.

Die Zahl von etwa 8200 Meteoren in 9 Stunden stellte bloß eine untere Grenze dar, da nur ein Teil des Nachthimmels überblickt werden konnte. Andere Beobachter berichteten von 10 000 oder gar 30 000 Meteoren in der gleichen Nacht. Wichtig sind aber auch Helligkeit, Farbe und Bahnverlauf der Meteore. In Schmidts Bericht werden sie mit den Leoniden von 1866 verglichen (siehe Seite 153).

Die Aufzeichnungen Schmidts und seiner Gehilfen ergaben folgende Häufigkeit:

Zeit	Meteor-Anzahl (auf 1 Stunde umgerechnete Rate)
18.00	375
18.30	650
19.00	980
19.30	1300
20.00	1620
20.30	1770
21.00	1760
21.30	1610
22.00	1425
22.30	1200
23.00	1020
23.30	810
24.00	590
00.30	440
01.00	300
01.30	200
02.00	125
02.30	64

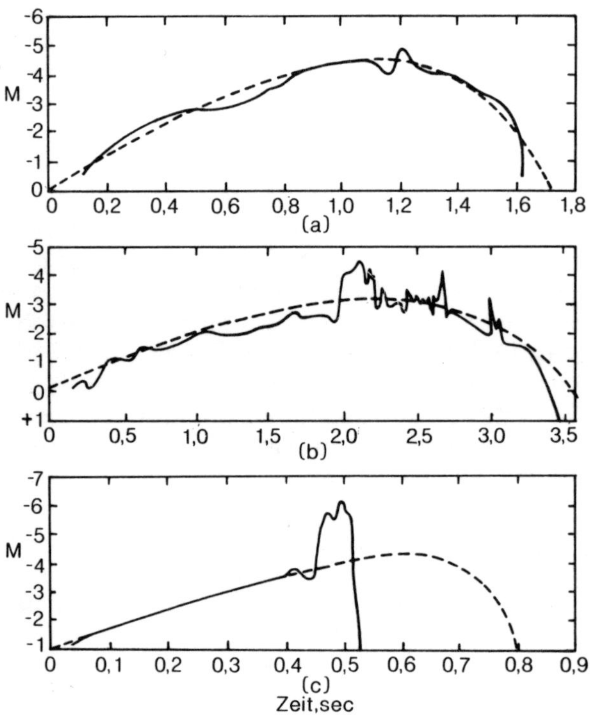

Lichtkurven von drei hellen Meteoren (ausgezogene Linien bei a, b, c). Die gestrichelten Linien entsprechen den theoretischen Werten (Nach L. G. Jacchia)

Während sich der Meteorfall des 13. November 1866 auszeichnete durch den Glanz der Meteore, durch so viele hundert wirkliche Boliden, durch Schmalheit und Helle der Schweife, durch das Vorwiegen der grünen Farbe und besonders durch die große Schnelligkeit der scheinbaren Bewegung, fanden am 27. November 1872 auffallend andere Verhältnisse statt. Die überaus große Mehrzahl der Sternschnuppen war sehr lichtschwach, die Schweife zwar sehr häufig, aber breit und rauchartig, so daß viele der größeren Meteore völlig den langgeschweiften Kometen glichen. Die grünliche Farbe zeigte sich vielleicht nur einmal, sonst lagen die Farben zwischen dem Weiß und Rotgelb. Viele Tausende waren orange oder gelbrot. Besonders merkwürdig erschien die ausnahmslos langsame, fast schwebende Bewegung und die viele Stunden lang konstatierte Tatsache, daß namentlich fast alle Meteore, die nicht weiter als 30–40 Grad von der Radiation entfernt waren, krumme und überhaupt anomale Bahnen hatten. Bei etwa 1000 solcher Bahnen hatte ich stets den Eindruck, daß außer der gewöhnlichen Bewegung, die sehr häufig 1–2½ Sekunden dauerte, noch eine markierte seitliche Drift stattfand, die ich schon (wenn auch selten) vor vielen Jahren wahrnahm und als einen Effekt der Rotation der Erde ansah. Glänzende Feuerkugeln wurden nie gesehen, nur 2 oder 3 hatten die Helle des Jupiters, 5 oder 6 die des Sirius, vielleicht 250–300 die erste Größe; alle übrigen waren lichtschwach und nur selten fehlte der Schweif. Schon in der ersten Stunde sahen wir nicht nur oft 5 oder 6 Meteore in derselben Sekunde, sondern gleichzeitig zogen kleine Gruppen an verschiedenen Stellen des Himmels zu 3–7 nebeneinander in parallelen Bahnen hin. Nach 8¾ Uhr sahen wir schmale Züge von 10–20 neben- und hintereinander, nicht nur der Radiationsstelle nahe, wo sie in flutender, pulsierender Bewegung scharenweis oft nur als kurze Lichtlinien allseitig ausströmten, sondern auch 50–60 Grad davon entfernt.

Die «Radiationsstelle», wie Schmidt schrieb (oder der Radiant, wie wir heute sagen), lag nach den Angaben mehrerer Betrachter nahe beim Stern γ Andromedae. Anhand der Beobachtungen konnte die Bahn des Schwarms ermittelt und mit jener des vermißten Bielaschen Kometen verglichen werden. Die Übereinstimmung war auffallend. Den *Andromediden*-Meteoritenstrom nennt man deshalb auch *Bieliden*-Strom. Doch nicht nur diese Bestätigung der Voraussage, daß sich der aufgelöste Komet in einen Meteoritenstrom verwandelt hatte, war von grundsätzlicher Bedeutung. Der Astronom *Klinkerfues* ging noch weiter und behauptete, ein Komet könne sich zwar in einen Sternschnuppenschwarm auflösen, aber dieser Sternschnuppenschwarm müsse uns aus der Ferne betrachtet wie eine neblige Kometenmasse erscheinen. Er postulierte mit anderen Worten – entsprechend der Vorstellung des Sandbank-Modells –, der Kometenkern sei so locker aufgebaut, daß die Erde unbeschadet durch ihn hindurchgehen könne, die einzelnen Teilchen sozusagen beiseiteschiebend. Diese Teilchen würden sich dann hinter dem Rücken der Erde wieder sammeln – und sie könnten als feine Nebelmasse wieder sichtbar sein. Man mußte darum an jener Stelle des Himmels Ausschau halten, die γ Andromedae genau gegenüberlag, und das war bei ϑ Centauri im südlichen Himmel. Klinkerfues sandte *Pogson*, dem Direktor der Sternwarte im südindischen Madras sofort ein Telegramm: «Bielas Komet berührte die Erde am 27. November. Suchen Sie bei Theta Centauri.» Da die damaligen Informationsmöglichkeiten noch sehr langsam waren, wußte Pogson noch nichts von dem Sternschnuppenschauer, als er das Telegramm erhielt. Und weil zur selben Zeit der Bielasche Komet erwartet wurde, glaubte er aufgrund der Depesche, der Komet sei bereits beobachtet worden. So machte er sich an die Arbeit und durchmusterte den Himmel im Sternbild des Zentauren. Wegen der schlechten Witterung konnte er erst am 2. Dezember durch Wolkenlücken hindurch einen kleinen Nebelfleck sehen, der ein Komet sein mußte. Er war kreisförmig und wies einen ausgeprägten Kern auf, aber keinen Schweif. Auch am 3. Dezember konnte das Gebilde erblickt werden, diesmal sogar mit einem unverkennbaren Schweif. Außerdem war dessen Bewegung zwischen den Sternen erkennbar. Der trübe Himmel verhinderte weitere Beobachtungen, weshalb sich nicht feststellen ließ, ob das unbekannte Objekt wirklich der Bielaschen Bahn folgte. So ist dieses vielleicht einmalige Ereignis des Durchgangs der Erde durch einen in Auflösung befindlichen Kometenkern nicht mit letzter Sicherheit bestätigt. Durch spätere Nachrechnungen erhärtete sich im Gegenteil immer mehr der Verdacht, daß Pogson nicht den Bielaschen Kometen wahrnahm, sondern einen ganz anderen, der sich zufällig an jenem Datum durch das Sternbild des Zentauren bewegt hatte.

Kometarische Meteoritenströme

Meteoritenstrom	Ursprungskomet	Zeitraum	Datum des Maximums	Transitzeit[1]	Stündliche Anzahl
Lyriden	1861 I	20.–23. Apr.	22. Apr.	04.00	40
η Aquariden*	1835 III (Halley)	1.–10. Mai	5. Mai	07.45	120
β Tauriden	1957 c (Encke)	24. Juni–6. Juli	30. Juni	11.10	120
α Capricorniden	1948 n	17. Juli–21. Aug.	1. Aug.	00.00	30
Perseiden	1862 III	29. Juli–7. Aug.	11. Aug.	05.45	300
Draconiden*	1946 V (Giacobini-Zinner)	8.–10. Okt.	9. Okt.	17.15	var.
Orioniden	1835 III (Halley)	18.–26. Okt.	22. Okt.	04.10	50
Tauriden	1957 c (Encke)	15. Sept.–15. Dez.	1. Nov.	00.40	25
Andromediden	1852 III (Biela)	2.–22. Nov.	14. Nov.	22.20	10
Leoniden	1866 I (Tempel-Tuttle)	14.–20. Nov.	17. Nov.	06.20	25
Phoeniciden**	Blanpain		5. Dez.	20.00	300
Ursiden*	1939 X (Tuttle)	17.–24. Dez.	22. Dez.	08.20	25

1 Zur Transitzeit kulminiert der Radiant des Stromes: er steht dann am Himmel in Richtung Süden in seinem höchsten Punkt

* Radioastronomische Objekte, da ihre Transitzeit in die Dämmerung bzw. in den Tag fällt

** Nur von der Südhalbkugel der Erde aus beobachtbar

Die vorhergehende Tabelle führt neben den erwähnten noch einige weitere Meteoritenströme auf, als deren Ursprung eindeutig ein Komet nachgewiesen wurde. Die angegebene stündliche Anzahl der Meteore entspricht dem statistischen Mittel für Jahre normaler Tätigkeit. Meteor-Schauer wurden dabei nicht in Betracht gezogen. Diese Durchschnittsziffern beziehen sich indes auf das ganze Himmelsgewölbe, von dem ein Beobachter jeweils nur 10 bis 20 % überblicken kann.
Die als Meteore bezeichneten *Leuchterscheinungen* entstehen auf recht komplizierte Art und Weise. Die simple Erklärung, durch die Reibung kämen die Teilchen in der Erdatmosphäre zum Glühen, trifft nämlich nicht zu, da in den Höhen des Meteorleuchtens die atmosphärische Luft dafür viel zu dünn ist. Man nimmt vielmehr an, daß sich die Luft vor den Teilchen verdichtet und eine Stoßwelle bildet. Die an der Oberfläche der Teilchen verdampfenden bzw. sublimierenden Atome werden dabei ionisiert, d.h. sie verlieren ein Elektron. Bei der Wiedervereinigung entsteht ein sogenanntes Rekombinationsleuchten, das spektroskopisch bestätigt wird.
Beim Wiedereintritt von Raumschiffen in die Erdatmosphäre können die Astronauten dieses Leuchten «von innen» wahrnehmen. Im April 1961 erlebte als erster Mensch *Juri Gagarin* dieses Schauspiel. Er berichtete: «Ich sah, wie dunkelrote Flammen mein Raumschiff leckten. Ich befand mich in einem feurigen Ball, der tiefer und tiefer stürzte.»
Die Helligkeit der Meteorerscheinungen kann sehr unterschiedlich sein. Früher nannte man Meteore, die heller als die Venus waren, *Feuerkugeln*, und dieser Ausdruck ist zum Teil noch heute gebräuchlich. Wird das Aufleuchten von einem Knall (Donner) begleitet, der je nach Höhe und Entfernung einige Minuten hinterher ertönt, spricht man auch von *Boliden*. Diese Unterscheidungen haben freilich eher historischen Charakter. Dasselbe gilt natürlich erst recht für jene Zeiten, da man noch dachte, es gehe um atmosphärische Erscheinungen ohne Beteiligung außerirdischer Körper, und demgemäß zwischen Feuermeteoren und Wassermeteoren differenzierte. Zu den letzteren zählten Regen, Schnee, Graupel und Hagel, also die übrigen «vom Himmel fallenden» Körper. Alle zusammen waren Untersuchungsobjekte der Wetterkunde, die ja noch heute «Meteorologie» heißt. In unseren Tagen werden die Meteore nicht mehr als «wetterverursachende» Phänomene betrachtet. Vielmehr versteht man darunter alle mit Lichtaussendung verbundenen astronomischen Erscheinungen, die durch das Eindringen außerirdischer Klein- und Kleinstkörper in die Erdatmosphäre hervorgerufen werden. Die Körper selbst bezeichnet man als *Meteorite(n)*. Sie waren bis vor kurzem nur selten der Forschung zugänglich, denn beim Fallen durch die Atmosphäre verglühen die meisten vollständig. Dank der Weltraumfahrt ist es nun möglich geworden, meteoritisches Material im Weltraum zu holen oder dort draußen zu untersuchen.
Die folgende Tabelle gibt einige Höhen an, in denen *Meteorerscheinungen* stattfinden.

	Höhe des Aufleuchtens (Anzahl Fälle)	Höhe des Verlöschens (Anzahl Fälle)
Große Meteore	138,6 km (121)	59,7 km (213)
Feuerkugeln ohne Donner		60 km (147)
Feuerkugeln mit Donner		31 km (57)
Meteoritenfälle		22 km (16)
Perseiden (nach Weiß)	115 km	88 km
Leoniden (nach Olivier)	124 km	89,5 km
Lyriden (nach Hofmeister)		85 km

Eine wichtige Frage ist die nach der Größe oder Masse der Meteorite. Da dies schwer abzuschätzen ist, gehen die Angaben weit auseinander. Ein Meteor, dessen Helligkeit mit jener der hellsten Sterne vergleichbar ist, hat als Meteorit eine Körpermasse zwischen 6 mg (Milligramm) und 2 g und einen Durchmesser zwischen 1 mm und 1 cm. Meteorite, die Feuerkugeln von der Helligkeit der Venus verursachen, sind entsprechend schwerer und größer. Nur teleskopisch beobachtbare Meteore bestehen aus kleinen Teilchen von 1/10 bis 1 mm Größe und einer Masse von 2 Millionstel bis 2 Tausendstel Gramm. Noch kleinere Teilchen verursachen zwar keine Leuchterscheinungen, kommen jedoch in viel größeren Mengen vor. Diese *Mikrometeorite* bilden die große Gesamtmasse an meteoritischem Material, das täglich die Erde erreicht. Es wird auf einige tausend Tonnen geschätzt, wobei Untersuchungen des Tiefseeschlamms (unabhängig von dieser Schätzung durchgeführt) ein ähnliches Ergebnis lieferten. Praktisch geht diese ganze Masse wie erwähnt in Form von Mikrometeoriten nieder, während die tägliche Ablagerung durch helle Feuerkugeln weniger als 1 t ausmacht und jene der von Auge sichtbaren Meteore knapp 5 t, also nur wenige Promille des gesamten Massenzuflusses.
Bevor wir näher auf die Meteoritenfälle und Funde auf der Erde eingehen, muß betont werden, daß nur ein Teil der Meteorite von Kometen herstammt. Im Raum um die Sonne gibt es nämlich Materie, die sich nicht zu Planeten und Monden verdichtete, aber auch nicht in Kometenkernen konzentrierte und sich mit deren Auflösung wieder frei verteilte. Diese Materie ist einerseits in Kleinplaneten oder Bruchstücken von ihnen enthalten und andererseits wie gesagt im Raum. Zu solch *interplanetarer Materie* zählt heute die der Sonnenkorona, fein verteilter Meteoritenstaub, zählen die Partikel des Zodiakallichts und das Gas, das vor allem durch Diffusion aus den Planetenatmosphären in den Raum hinaustrat.
Diese Materie ist nicht gleichmäßig verteilt, sondern weist Verdichtungen auf. Es kann also geschehen, daß die Erde auf ihrer jährlichen Bahn um die Sonne regelmäßig durch derartige Verdichtungen läuft, und auch dies führt zu Anhäufungen von Meteorerscheinungen. Ansammlungen von Teilchen nicht-kometarischen Ursprungs können somit analog Ströme bilden, wenn sie der Erde regelmäßig wieder begegnen. Je nachdem, ob ihr Radiant in der Nähe der Ekliptik liegt oder nicht, nennt man sie *ekliptikale oder planetari-*

sche Ströme – eine Einteilung, die auf *C. Hoffmeister* zurückgeht. Mehrheitlich sind es ekliptikale Ströme, da der größte Teil der interplanetaren Materie sich in der Ekliptikebene konzentriert. Eine klare Unterscheidung läßt sich nicht immer treffen. Einzelne dieser Ströme sind vielleicht doch kometarischen Ursprungs, doch war es bisher nicht möglich, sie mit einem der bekannten Kometen zu identifizieren. Gewisse Theorien bringen alle Meteoritenströme mit Kometen in Verbindung. Darüber wird man aber erst in Zukunft mehr aussagen können, wenn Näheres über den Aufbau der Kometenmaterie bekannt ist und ein Vergleich mit der jeweiligen Meteoritenmaterie angestellt werden kann.
Für die folgende Tabelle *nicht-kometarischer Ströme* gelten dieselben Anmerkungen wie für die Tabelle auf Seite 154.

Planetarische und ekliptikale Meteoritenströme

Meteorstrom	Zeitraum	Datum des Maximums	Transitzeit	Stündliche Anzahl
Planetarische Ströme				
Quadrantiden	1.–4. Jan.	3. Jan.	08.30	145
K-Cygniden	25. Juli–8. Sept.	16. Aug.	21.25	15
Cepheiden	18. Aug.	18. Aug.	24.30	10
Velaiden	5. Dez.–7. Jan.	29. Dez.	03.00	12
Ekliptikale Ströme				
Hydraiden	12. März–5. April	25. März	02.30	15
Virginiden	1. März–10. Mai	3. April	23.30	20
Arietiden*	29. Mai–18. Juni	8. Juni	09.50	60
ζ-Perseiden*	1.–16. Juni	9. Juni	11.00	40
Scorpio-Sagittariiden	20. Apr.–30. Juli	14. Juni	24.30	20
Ophiuchiden**	17.–26. Juni	20. Juni	23.25	20
δ-Aquariden	25. Juli–10. Aug.	3. Aug.	02.10	40
ι-Aquariden	15. Juli–25. Aug.	5. Aug.	01.35	15
Pisciden	16. Aug.–8. Okt.	12. Sept.	24.40	15
Geminiden	5.–19. Dez.	12. Dez.	02.00	50

Eine weitere Unterscheidung zwischen planetarischen und ekliptikalen Strömen ist eventuell auch anhand der Leuchterscheinungen möglich. Wie schon erläutert, wird das Gemisch aus Luft und verdampfter Meteoritenmaterie vor allem in der Stoßwelle stark erhitzt und ionisiert. Die Rekombination führt dann zu einem typischen Leuchten, das gelegentlich auch in Form von *Meteorschweifen* wahrnehmbar wird. Es finden also auch langsamere Rekombinationsvorgänge statt, die in einzelnen Fällen bis zu einer Stunde sichtbar bleiben. Der Durchmesser solcher Schweife ist bis zu 6 m groß. Bei den Tagesmeteoren können sie auch als sonnenbeleuchtete Rückstände aufgefaßt werden, sozusagen als nachgeschleppte Rauchfahne der Meteorite. Auffallend bei der Meteor-Schweifbildung ist das voneinander abweichende Verhalten der Meteoritenströme. Die Objekte kometarischen Ursprungs von überdurchschnittlicher Helligkeit weisen zu fast 68% einen Schweif auf, wogegen die ekliptikalen Ströme der gleichen Helligkeit nur zu 18% Schweife bilden.

Sehr ungleichmäßig sind auch die *Farben* verteilt. Weiß dominiert (etwa 62%) und Gelb ist noch relativ häufig (15%). Selten sind Gelbrot (6%) und Grün (3%), während ein richtig dunkles Rot ebenso fehlt wie Blau. Der Rest (14%) erscheint in nebliger Farbe. Auf solche grobe ältere Einteilungen geht man heute allerdings nicht mehr ein, sondern versucht durch spektroskopische und massenspektroskopische Untersuchungen die chemische Zusammensetzung der Meteorite zu analysieren. Wie beim Kometenkern wird dieses Wissen die Deutung mancher Erscheinung vertiefen und weiterführen.

Viel diskutiert wird auch die Frage nach dem *Ursprung* der sporadisch aufleuchtenden Meteore, die nicht zu einem Meteoritenstrom gehören. Einerseits verbreitern sich die Meteoritenströme zusehends, was zu lange dauernden Passagen der Erde führt (beispielsweise 3 Wochen durch die Perseiden, 3 Monate durch die Tauriden) und zu oft sehr flachen Maxima (etwa bei den Leoniden, Tauriden und Pisciden). Dadurch wächst die Zahl jener Meteorite, die aus sich auflösenden Strömen stammen, irgendwo auf der Erdbahn zu einem beliebigen Zeitpunkt in die Erdatmosphäre eindringen und einen sporadischen Meteor erzeugen. Andererseits läßt sich zunächst nicht ausschließen, daß es auch Meteorite interstellaren Ursprungs gibt, also solche, die von Gebieten außerhalb unseres Sonnensystems herkommen. Dies zu wissen, wäre natürlich besonders wertvoll, weil sich bei einer möglichen Untersuchung der stofflichen Beschaffenheit die interstellare mit der interplanetaren Materie vergleichen ließe. Ob ein Meteorit interstellaren Ursprungs sein kann, hängt davon ab, ob er auf einer nichtelliptischen Bahn in die Nähe der Erde kommt. Seine Geschwindigkeit hat somit einer Parabel- oder gar Hyperbelbahn zu entsprechen. Und da auf der Erdbahn die Fluchtgeschwindigkeit aus dem Sonnensystem 42 km/s beträgt, müßte dies die minimale Ankunftsgeschwindigkeit (oder Parabelgeschwindigkeit) eines solchen Meteoriten sein. Trifft er von vorne auf die Erde, die sich mit 30 km/s auf ihrer Bahn um die Sonne bewegt, summieren sich die beiden zu einer Relativgeschwindigkeit (geozentrischen Geschwindigkeit) von mindestens 72 km/s.

Ältere visuelle Beobachtungen ergaben einen beachtlichen Anteil an Geschwindigkeiten, die höher als 72 km/s lagen, was auf einen hohen Prozentsatz an Meteoriten hindeutete, die auf hyperbolischen Bahnen, also offenbar von außerhalb des Sonnensystems kamen. Aus neuen fotografischen und radartechnischen Messungen resultierte indes ein Anteil von höchstens 1%, wobei die Geschwindigkeiten den Grenzwert nur knapp überschritten. Man kann daher die Ansicht vertreten, daß auch von den sporadischen Meteoriten der weitaus größte Teil zum Planetensystem gehört.

Im Zusammenhang mit den Meteorerscheinungen lassen sich aus der Bewegung der Erde um die Sonne und deren täglichen Drehung um die eigene Achse noch zwei weitere statistisch untermauerte Beobachtungen erklären. Die erste betrifft die *tagesperiodischen Schwankungen*. Die stündliche Anzahl von Meteoren ist nämlich nicht konstant, sondern nimmt von den Abendstunden bis zu den frühen Morgenstunden kontinuierlich zu und sinkt tagsüber wieder ab. Das morgendliche Maximum kann den 3- bis 5-fachen Betrag der Abendwerte erreichen. Warum das so ist, zeigt die folgende Skizze. Wegen des Rotationssinns der Erde und des gleichartigen Drehsinns ihrer Bewegung um die Sonne befindet sich ein Beobachter auf der Erdoberfläche zwischen Mitternacht und Mittag auf der «Frontseite» der Bahnbewegung – in einer für Zusammenstöße mit interplanetarischen Kleinkörpern günstigeren Lage also als zwischen Mittag und Mitternacht.

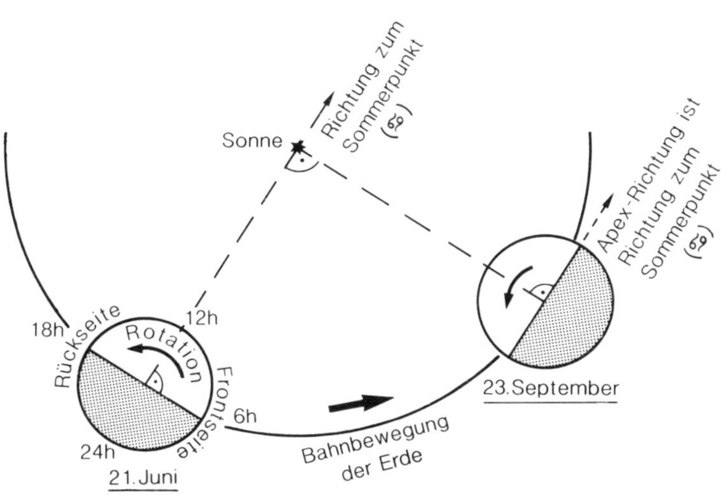

Theoretisch wird das Maximum der Meteorhäufigkeit um 6 Uhr, das Minimum um 18 Uhr Ortszeit erreicht.

Die zweite Beobachtung bezieht sich auf die *jahresperiodischen Schwankungen*. Das Maximum der Meteorhäufigkeit stellt sich ein, wenn der Zielpunkt (Apex) der Erdbewegung so hoch wie möglich über dem Horizont liegt, da dann die nach allen Seiten fallenden Meteore am vollzähligsten gesehen werden können. Der höchste Punkt der Ekliptik ist für die Nordhalbkugel der Sommerpunkt (♋), an dem die Sonne am 21. Juni steht. Da aber die Bahnbewegung der Erde senkrecht zur Richtung zur Sonne verläuft, hinkt der Apex auf der Ekliptik der Sonnenstellung um 90° hinterher. Er erreicht am 23. September den höchsten Stand über dem Horizont, und die monatliche Höchstrate an beobachteten Meteorerscheinungen wird deshalb in der zweiten Jahreshälfte (Sommer und Herbst) registriert. Sie kann bis doppelt

soviel betragen wie die monatliche Rate für Winter und Frühling, was die Tabelle auf Seite 146 bestätigt.
Noch feinerer Meteoritenstaub als jener, der für die planetarischen und ekliptikalen Meteorströme verantwortlich ist, befindet sich in einer symmetrisch zur Ekliptik liegenden abgeflachten Staub- und Gaswolke um die Sonne. Der Staub besteht aus *Mikrometeoriten* von 1/10 bis zu 1/1000 mm Größe. Deren teils kugelige, teils bizarre Formen konnte man an Partikeln sehen, die von Raumsonden zur Erde gebracht wurden. Der Gasanteil entfällt in erster Linie auf den *Sonnenwind* und setzt sich aus Protonen, Elektronen und zum Teil auch aus neutralen Wasserstoffatomen zusammen. Von der Wechselwirkung zwischen dem Sonnenwind und den Ionen- oder Plasmaschweifen der Kometen war schon in einem vorhergehenden Kapitel die Rede. Trifft er nun auf die Ionosphäre der Erde in etwa 100 km Höhe, so wird er durch das irdische Magnetfeld «eingefangen», wobei die Leuchterscheinungen entstehen, die gemeinhin *Polarlichter* (Nord- oder Südlichter) genannt werden. Die Häufigkeit erlangt bei 23° Polentfernung (67° geographischer Breite) ihr Maximum, während die Intensität von der Sonnenaktivität abhängt. Neben dieser seit alters bekannten Erscheinung der Polarlichter zeitigt der Sonnenwind noch eine erst 1958 entdeckte Wirkung. Bereits Explorer I, der erste amerikanische Erdsatellit, stellte einen vom Magnetfeld der Erde eingefangenen, die Atmosphäre asymmetrisch umhüllenden intensiven Strahlungsbereich fest. Es ist der *Van-Allen-Gürtel*, ein mehrschichtiger, ringförmiger Bereich, der die Erde in der Äquatorebene zwischen 600 und etwa 70 000 km Höhe umgibt. Zusätzlich wird die Magnetosphäre der Erde vom Sonnenwind gegen die Erde gedrückt, während sie sich auf deren Leeseite über 320 000 km weit in den Raum erstreckt und einen langen magnetischen Schweif bildet. Könnte man die Erde mit magnetischen Augen sehen, so hätte sie durchaus Ähnlichkeit mit einem Kometen (siehe Abbildung Seite 132). Die Dichte des Sonnenwindes beträgt in der Umgebung der Erde bloß 5 bis 10 Teilchen pro Kubikzentimeter. Sie wächst indes bei Sonnenwindstürmen bis zum zehnfachen Wert, während die Teilchengeschwindigkeit von 400 km/s bis auf 800 km/s steigt. Die Folge für die Erde sind (außer erhöhter Polarlichtaktivität) die berüchtigten magnetischen Stürme, die zum Kollaps des Radioempfangs führen, wenn die oberste Ionosphärenschicht, an der gewöhnlich Radiokurzwellen reflektiert werden, «ausgeblasen» wird.
Die flach um die Ekliptik lagernde Wolke interplanetarer Materie mit den in ihr enthaltenen Mikrometeoriten können wir unter günstigen Bedingungen sehen, wenn das durch sie gestreute Sonnenlicht zu uns gelangt. Es heißt *Zodiakal-* oder *Tierkreislicht*, da es als schmales Band symmetrisch zur Ekliptik erscheint und den Tierkreis fahl ausleuchtet. Die Intensität nimmt mit der Entfernung von der Sonne rasch ab. Bei 90° bis 100° Winkelabstand von der Sonne erreicht sie ein Minimum, setzt sich dann als schwache Lichtbrücke fort und wird in der Nähe des der Sonne entgegengesetzten Punktes wieder etwas stärker. Dort bezeichnet man das Leuchten als *Gegenschein*. Das Zodiakallicht wurde in den Jahren 1683–1686 von *J.D. Cassini*

und *N. Fatio* entdeckt. Es ist nur bei idealen Bedingungen wahrzunehmen, wenn zugleich die Ekliptik steil zum Horizont steht, was nur in den Tropen immer der Fall ist. In gemäßigten Breiten dagegen erblickt man es im Februar/März am Abendhimmel, denn in diesen Monaten sinkt die Sonne am steilsten unter den Horizont. Ebenso wird es im September/Oktober am Morgenhimmel sichtbar, weil da die Sonne am steilsten über den Horizont steigt. In beiden Fällen bleibt bei fortschreitender Dämmerung noch ein genügend heller und damit beobachtbarer Teil des Zodiakallichtes über dem Gesichtskreis. Entsprechend der zur Ekliptik symmetrischen Verteilung des Mikrometeoritenstaubs und der Intensitätsabnahme mit der Entfernung von der Sonne hat das Tierkreislicht über dem Horizont die Form eines Dreiecks oder eines in die Höhe gestreckten Trapezes mit der Ekliptik als Symmetrieachse (siehe Abbildung Seite 106).
Das Spektrum des Zodiakallichtes ist mit dem Sonnenspektrum identisch, was beweist, daß es sich in der Tat um gestreutes Sonnenlicht handelt. Wie eine beobachtete Polarisation zeigt, liegt dabei außer der Streuung von 0,1 bis 0,001 mm großen Staubkörnern auch eine solche von Elektronen vor. Als nächstes stellt sich die Frage, ob das Zodiakallicht von konstanter Helligkeit ist. Darauf gibt es keine einfache Antwort. Früher vermutete zeitliche Schwankungen scheinen sich jedenfalls nicht zu bestätigen. Wahrscheinlich verwechselte man sie wegen der Schwäche des Zodiakallichtes mit Schwankungen des Nachthimmellichts. Und da es auch längerfristige Schwankungen nicht zu geben scheint, würde dies bedeuten, daß die Mikrometeoritenwolke stabil ist. Das kann aber nicht zutreffen, denn nach dem *Poynting-Robertson-Effekt* müssen sich Teilchen von 0,001 mm Größe auf die Sonne zubewegen. Kleinere Teilchen erliegen dem Strahlungsdruck und werden von der Sonne abgetrieben. Mikrometeoriten über der kritischen Größe von 0,001 mm strahlen das absorbierte Sonnenlicht nach allen Richtungen wieder aus. Dabei erleiden sie einen «Rückstoß» und verlieren an Impuls, so daß sie ganz allmählich abgebremst werden. Das einzelne Teilchen beschreibt so eine eng gewundene Spiralbahn, auf der es sich langsam der Sonne nähert. Von der Erdbahn aus würde ein 0,01 mm großes Teilchen ungefähr 20 000 Jahre bis zur Sonne brauchen.
Der Raum würde auf diese Weise schließlich leergefegt, und das Zodiakallicht müßte an Intensität abnehmen und mit der Zeit erlöschen – es wäre denn, es erfolge von irgendwoher ein Nachschub an Materie. Man hat schon an viele Quellen gedacht. Überreste der solaren Wolke aus der Urzeit des Sonnensystems standen ebenso zur Diskussion wie die Idee, daß unser Sonnensystem zur Zeit (d. h. für einige Jahrmillionen) durch eine interstellare Staubwolke gleite. Beide Theorien sind widersprüchlich und vermögen die Form des Zodiakallichts nicht plausibel zu machen. Eine dritte Theorie ist aktueller. Sie führt den Nachschub auf Kollisionen von Planetoiden zurück. Solche sind durchaus wahrscheinlich, aber da sich die Planetoiden bevorzugt in der Ekliptikebene bewegen, müßten die aus solchen Kollisionen entstehenden kleinen und kleinsten Trümmer noch viel stärker zur Ekliptik

hin konzentriert sein, als dies bei den Mikrometeoriten, die das Zodiakallicht hervorrufen, der Fall ist.
Es bleiben also auch hier als Retter in der Not nur die Kometen übrig: sie liefern offenbar durch ihre Emissionen den benötigten Materie-Nachschub. *Whipple* hat 1955 vorgerechnet, daß Kometen die erforderlichen 10 Tonnen Material pro Sekunde, die zur Erhaltung eines stabilen Zodiakallichts notwendig sind, ohne Mühe abgeben können. In erster Linie sind die kurzperiodischen Kometen daran beteiligt, allen voran Encke. Neuere Rechnungen haben quantitative Fragen im Hinblick auf jene Modelle aufgeworfen, die den Staubausstoß vom Kometenkern in die Typ-II-Schweife zum Gegenstand haben (siehe Seite 99, Finson-Probstein-Modell). Doch die Schwierigkeiten scheinen überwindbar zu sein, besonders wenn man bedenkt, daß die kurzperiodischen Kometen früher größer gewesen sein müssen. Encke freilich kommt als Hauptlieferant an Zodiakallicht-Mikrometeoriten durchaus in Betracht, hat er doch auch zur Entstehung von zwei Meteorströmen beigetragen.
Bevor wir uns dem Meteoritenproblem zuwenden, wie es sich seit Jahrhunderten von der Erde aus gesehen stellt, noch eine zeitgemäße Frage: Wie wahrscheinlich ist der *Zusammenstoß eines Raumschiffs* mit Mikrometeoriten und Meteoriten? Zur Abklärung wurden zahlreiche Raumsonden-Sammelexperimente unternommen, eine Menge von Laborexperimenten mit zum Teil erheblichen Unterschieden in den Meßwerten, und außerdem liegen von Mondproben abgeleitete Teilchenfluß-Ergebnisse vor.
Bei allen Versuchen fielen die Schlußfolgerungen so beruhigend aus, daß nun die manchmal etwas übertriebenen Ängste aus der Anfangszeit der Raumfahrt gebannt sind: Auf eine quadratmetergroße Fläche eines Raumschiffs wird nämlich im Tagesdurchschnitt lediglich ein einziges Teilchen von einem Milliardstel Gramm Masse prallen. Natürlich wird die Zahl von Teilchen mit kleinerer Masse größer sein, doch ist dies absolut ungefährlich. Laborexperimente ergaben ihrerseits, daß Metallfolien, die dicker sind als der 10fache Teilchendurchmesser, bis zu einer Teilchengeschwindigkeit von 20 km/s nicht durchschlagen werden. Bei einem Teilchen von beispielsweise 5 mm Durchmesser ist die Aufprallwahrscheinlichkeit für 1 m^2 der Raumschiff-Oberfläche so klein, daß man 200 000 Jahre warten müßte, ehe ein zweiter Treffer erfolgen würde. Allerdings sind dies statistische Mittelwerte. Flöge das Raumschiff durch eine dichtere Meteoritenwolke, durch einen Meteorstrom etwa, wäre die Trefferzahl selbstverständlich bedeutend größer. Aber ein Schutzschild von genügender Dicke dürfte auch in diesem Fall die Gefahr einer Beschädigung abwenden. Weniger berechenbar ist die Gefahr für die Sonden, die den Halleyschen Kometen aus unmittelbarer Nähe untersuchen wollen. Sie werden durch die Kometenkoma fliegen, und dort ist neben Gas eine Menge Kometenstaub vorhanden, der sich mit wesentlich größeren Geschwindigkeiten bewegt und somit viel durchschlagskräftiger ist. Ein speziell entwickelter «Staubschild» wird indes die *Giotto-Sonde* vor Beschädigungen schützen (vergleiche 7. Kapitel, Seite 195).

Eine weitaus größere Gefahr scheint der mögliche Zusammenstoß mit einem Meteoriten der *Apollo-Amor-Gruppe* zu bedeuten. Apollo und Amor sind zwei im Jahr 1932 entdeckte Kleinplaneten, deren Bahneigenschaften von jenen der übrigen *Planetoiden* abweichen. Man vermutet in ihnen Restkörper von kurzperiodischen Kometen, die einen stabilen Endzustand erreicht haben. Anders als die meisten Planetoiden bewegen sie sich nicht zwischen Mars und Jupiter, sondern auf viel exzentrischeren Bahnen, deren Perihel im Innern der Erdbahn liegt und die also die Erdbahn kreuzen. Die Gefahr eines Zusammenstoßes mit der Erde oder einem anderen der inneren Planeten ist dennoch verhältnismäßig klein, da sich bei vielen Mitgliedern der Gruppe in den Perioden stabile Resonanzen gebildet haben: sie passieren in geordneten Rhythmen abwechselnd mit den Planeten die Kreuzungspunkte der Bahnen. Allerdings sind auf der Erde Meteoriten gefunden worden, deren Ursprung ein solcher Apollo-Amor-Planetoid sein könnte.
Für ein Raumschiff ist das Risiko um so kalkulierbarer, je mehr Bahnen von bekannten Planetoiden bei der Wahl der Flugbahn berücksichtigt werden. Für Flüge außerhalb der Marsbahn kann diese Zahl, selbst wenn nur die größeren Kleinplaneten in Betracht gezogen werden, 1800 und mehr betragen. Bei sogenannten Mikroplaneten von nur wenigen hundert Metern Durchmesser sind Überraschungen üblich. So tauchte 1937 der etwa 300 m große Brocken Hermes in nur doppelter Mondentfernung auf. Derart kleine dunkle Himmelskörper sind auf größere Distanzen schwer zu sehen und zu entdecken. Weitere Apollo-Objekte, die auch der Erde hätten gefährlich werden können, wurden durch die moderne Radarüberwachung und Frühwarnsatelliten registriert. Am 13. Februar 1965 zum Beispiel streifte Fireball die Erdatmosphäre, während am 10. April 1972 ein auf 1000 Tonnen geschätztes Objekt in nur 60 km Höhe durch die obere Stratosphäre flog.
Statistisch betrachtet ist die Wahrscheinlichkeit, daß ein so großer Meteorit auf die Erdoberfläche stürzt, äußerst gering; es können Millionen von Jahren zwischen zwei solchen Ereignissen vergehen. Dagegen beweist die bereits erwähnte systematische Radarüberwachung, daß mehrmals jährlich Meteorerscheinungen durch einige Kilogramm schwere, mindestens faustgroße Meteoritenmassen verursacht werden. Nicht alle verglühen bei ihrem Sturz durch die Erdatmosphäre vollständig. Manche treffen auf die Erdoberfläche und reißen die bekannten *Meteoritenkrater* auf, von denen manchmal Überreste gefunden werden können.
Die älteste Überlieferung von einem solchen Ereignis betrifft den Meteoritenfall von *Aigospotamoi* im nordgriechischen Thrakien 468/7 v.Chr. Es bestätigte damals die Theorien von *Anaxagoras* und *Diogenes von Apollonia*, wonach es im Himmel nicht nur leuchtende Sterne gebe, sondern auch dunkle Steine, die herumschwirrten und herabstürzten. *Seneca* und *Plinius* teilten diese Auffassung, stellten indes keinen direkten Zusammenhang zu den Kometen her, obwohl sie diese als materielle Himmelskörper ansahen. Auch heute noch ist es nicht einfach, den Absturz eines Meteoriten direkt mit einem Kometen in Verbindung zu bringen.

Es gibt freilich eine Gegend auf der Erde, wo möglicherweise ein Kometenbruchstück niederging. Es ist das Gebiet der *Mittleren oder Steinigen Tunguska* (Podkamennaya Tunguska), einem der drei gleichnamigen Nebenflüsse des Jenissei in Mittelsibirien, 1000 km nördlich von Irkutsk gelegen. Hier fand am 30. Juni 1908 kurz nach 07 Uhr Lokalzeit eine gewaltige Explosion statt, die in einem Umkreis von 18 km Radius die ganze Landschaft versengte. Größere Verwüstungen reichten bis 40 km Entfernung, am eindrücklichsten sichtbar in den von der Druckwelle umgelegten Bäumen, deren Stämme radial vom Explosionszentrum weggerichtet waren. Der Knall war in Entfernungen von über 1000 km zu hören gewesen. Weltweit registrierten die Seismographen eine Erdbebenwelle, und zudem traten magnetische Störungen auf, ähnlich jenen, die nach Atombombenexplosionen verzeichnet werden. Vor der Explosion war eine ungewöhnlich helle Feuerkugel gesichtet worden, die den Himmel von Südosten nach Nordwesten überquerte und eine dichte Staubfahne nachschleppte. Flammen und eine Rauchwolke markierten die Einschlagstelle, und glühende Materie wurde bis zu Höhen von 20 km emporgeschleudert. Die Nächte nach diesem Datum waren in Westasien und Europa ungewöhnlich hell, während noch zwei Wochen später Messungen in Kalifornien eine reduzierte Durchsichtigkeit der Erdatmosphäre ergaben.
Eine erste Expedition in das kaum bevölkerte Gebiet wurde erst 1927, also 19 Jahre später unternommen. Unter der Leitung von *L.A. Kulik* wurde die Tunguska-Gegend wissenschaftlich durchkämmt, was eine Fülle von mikrometeoritischem Material der Größenordnung 0,5 bis 0,005 mm zutage förderte, doch erstaunlicherweise keine größeren Meteoriten. 1938/39 wurde die Umgebung planmäßig aus der Luft fotografiert, wobei sich die bereits zitierten Beobachtungen von Zeugen als zutreffend erwiesen.
Dieses ebenso spektakuläre wie seltene Vorkommnis regte natürlich die Phantasie mancher Menschen zu mehr oder weniger gewagten Deutungen an. Vom Absturz eines extraterrestrischen Fahrzeugs, eines Brockens aus Antimaterie oder einer nahezu kritischen Masse spaltbaren Materials bis zu einem schwarzen Loch, das hier in die Erde eindrang, sind alle Variationen immer wieder durchgespielt worden. Die Ansicht, die Erde sei damals von einem kleinen Kometen oder einem Kometenbruchstück getroffen worden, wurde 1930 von *Francis Whipple* (nicht zu verwechseln mit Fred Whipple) und 1933 von *Astapovich* näher begründet. Seitdem wird über das Tunguska-Ereignis viel in diesem Sinn geschrieben.
Aus Vergleichen der seinerzeitigen seismographischen und akustischen Aufzeichnungen mit solchen von überirdischen Atombombenexplosionen resultierte eine Intensität, wie sie der Explosion einer mittleren Wasserstoffbombe (mit etwa 12 Megatonnen hochexplosiver Substanz) in 8 km Höhe entspricht. Eine derartige Intensität hätte aber auch ein Kometenkern von 40 Metern Durchmesser und 50 000 Tonnen Masse hervorbringen können, wäre er mit ungefähr 50 km/s geozentrischer Geschwindigkeit auf die Erde gestürzt. Diese Annahme erlaubt fast alle Beobachtungen zu erklären, die Nachthimmel-

Mondkrater Langrenus mit einem Durchmesser von 150 Kilometern und vielen weiteren Kratern, die durch Meteoriteneinschläge verursacht wurden

Cañon Diabolo-Meteoritenkrater in Arizona (USA) von 1,3 Kilometer Durchmesser, entstanden durch den Einschlag eines Riesenmeteoriten von mehreren Millionen Tonnen Masse

a
c
d
e

aufhellung eingeschlossen: sie kann durch die Zerstreuung des Kometenschweifs erfolgt sein. Die in großen Mengen gefundenen mikrometeoritischen Globule wiederum würden dann kondensierten Kometenstaub darstellen.

Ob nun für das Tunguska-Ereignis ein eigentlicher Kleinkomet oder das Bruchstück eines inaktiven Kometen verantwortlich war, ist nicht leicht zu entscheiden. Daß vor dem Ereignis kein in Frage kommendes Objekt beobachtet wurde, spricht nicht gegen die Kometentheorie, denn alle überhaupt möglichen Bahnen führten so dicht an der Sonne vorbei, daß sie sich einer Beobachtung völlig entzogen. Der tschechische Astronom *Lubor Kresak* folgerte aus den Bahnstudien des Tunguska-Objekts, es müsse sich um einen Tauriden-Meteor gehandelt haben. Dieser Strom wird mit dem Kometen Encke in Verbindung gebracht, und die Vermutung liegt demnach nahe, daß 1908 ein großes Bruchstück des Enckeschen Kometen über dem Tunguska-Fluß explodierte und völlig verdampfte, nachdem es sich bei seinem rasenden Fall durch die untere Atmosphäre bis zur Weißglut erhitzt hatte.

Als ein weiteres Beispiel aus jüngerer Zeit seien die *Sikhote-Alin-Meteoriten* aufgeführt, die am 12. Februar 1947 in einer Berggegend bei Wladiwostok in größerer Anzahl auf die Erde fielen. Das größte Stück wog 1,7 Tonnen, während sich die Gesamtmasse von mehr als 23 Tonnen auf über 14 000 Fundstücke verteilte. Die Gegend wurde schon wenige Tage nach dem Ereignis von Geologen untersucht, und Ende April 1947 traf auch die erste größere Expedition der Sowjetischen Akademie der Wissenschaften ein. Über 300 Augenzeugen der Meteorerscheinung in mehr als 50 bewohnten Orten wurden befragt. Nach ihren Aussagen war eine blendend helle Feuerkugel in wenigen Sekunden von Norden nach Süden durch den Himmel gesaust. Bei strahlendem Sonnenschein konnten Schatten beobachtet werden, die sich – dem Fall der Feuerkugel folgend – rasch drehten, und während mehreren Stunden blieb der Meteorspur entlang eine dichte Staubwolke hängen. Nach dem Erlöschen der Erscheinung waren laute Detonationen zu vernehmen, gefolgt von einem Dröhnen und Rumpeln. Auch von einem Beben der Erde wurde berichtet, aber seismische Wellen von diesem Meteoritenfall registrierte nicht einmal die nächste Warte im 375 km entfernten Wladiwostok. Die Gewalt des Ereignisses stand also hinter jener des Tunguska-Objekts weit zurück.

Die Expeditionen fanden zahlreiche gleichförmige Krater, deren Entstehung sich eindeutig auf den Einschlag von Meteoriten zurückführen ließ. Eine Explosion, wie dies gewöhnlich bei anderen Meteoritenkratern zu hören gewesen war, erfolgte nicht. An 383 Stellen wurden Einzelstücke gefunden, 158 entstandene Krater genau vermessen. Wie die Tabelle auf Seite 168 zeigt, war die Anzahl der Stücke – den theoretischen Erwartungen gemäß – desto beträchtlicher, je kleinere Durchmesser sie aufwiesen.

◄ *Geschliffene Querschnitte von Chondriten: a) gewöhnlicher Chondrit, b) Chondrit mit klar ersichtlichen Chondren, dunklen Rinnen – die sonst selten vorkommen – und eingeschlossenem gelbem Olivin, c) Meteorit mit Chondren aus Metallsulfiden (Eisen, Nickel), d) Chondrit mit granulatartiger Struktur und einem einzigen Chondrenrelikt in der Bildmitte, e) Chondrit mit gekritzten Pyroxenkristallen (silbergrau)*

Kraterdurchmesser in m	Anzahl
weniger als 1	66
1–5	56
5–10	21
10–15	8
15–20	4
20–25	2
größer als 25	1

Die Kraterdurchmesser und die Zahl der gefundenen Bruchstücke bestätigten die theoretisch begründeten Zusammenhänge zwischen Kratergröße und Masse des aufprallenden Körpers. Mit Hilfe dieser Beziehung ließ sich auf die Gesamtmasse des Meteoriten-Schauers schließen. Sie belief sich auf 70 Tonnen, wovon nur etwa ein Drittel gefunden wurde.
Im Gegensatz zum Tunguska-Objekt dürfte der *Sikhote-Alin-Meteorit* in Wirklichkeit ein Mikroplanetoid gewesen sein. Aus der anschließenden Darstellung von dessen Bahnverlauf geht die Berührung mit der Erdbahn hervor.

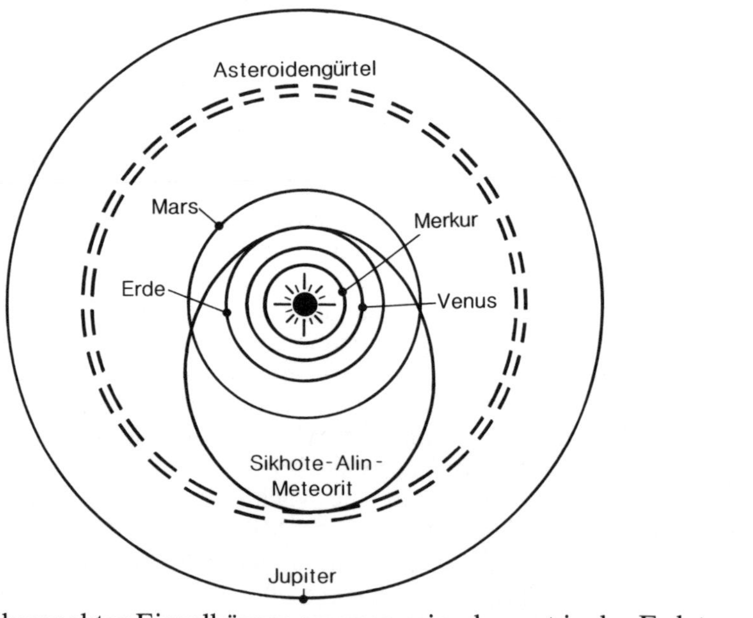

Es muß ein kompakter Einzelkörper gewesen sein, der erst in der Erdatmosphäre auseinanderbarst. *E.L. Krinov*, eines der Mitglieder verschiedener Expeditionen, konnte aufgrund morphologischer Studien an den Bruchstükken nachweisen, daß rund tausend Einzelstücke auf die Erde fielen. Die größten davon, die Hunderte und Tausende von Kilos wogen, brachen beim Aufprall in mehrere Teile auseinander. Jene Stücke, die bereits durch das Auseinanderbersten in der Atmosphäre entstanden, zeichnen sich typischerweise durch eine intakte Schmelzkruste aus, die ein scharf ausgeprägtes

rhegmaglyptisches Relief überzieht. Diese Kruste fehlt an den Bruchstellen, die erst durch den Aufschlag auf dem Erdboden verursacht wurden. Ihr Merkmal sind narbenartige Flächen, begrenzt durch scharfe, gekrümmte und zerrissene Schneiden. Gesammelt wurde auch meteoritischer Staub, der aus scharfkantigen Partikelchen besteht.
Der Sikhote-Alin-Meteoritenschauer bot eine der seltenen Gelegenheiten, Material aufzusammeln, dessen Fallen beobachtet wurde. Das ist für die *Altersbestimmung* von großer Wichtigkeit, weil «frisches» Material noch nicht mit irdischen Gasen und anderen Verbindungen durchsetzt ist. Für diese Altersbestimmung benützt man radioaktive Bestandteile und mißt die Mengenverhältnisse der Ausgangselemente und der Zerfallsprodukte. Es können zwei verschiedene Alter bestimmt werden.

1. *Das radiogene Alter* wird aus dem radioaktiven Zerfall langlebiger Isotope bestimmt. Ist das Zerfallsprodukt ein fester Stoff, gibt das Alter die Zeit seit der letzten Verfestigung des untersuchten Objekts an. Ist das Zerfallsprodukt gasförmig (ein Edelgas), zeigt das Alter den Zeitraum seit der letzten großen Erhitzung des Gesteins an.
2. *Das Bestrahlungsalter* läßt sich anhand der Menge der Spallationsprodukte der Atomkerne in der Oberflächenschicht des meteoritischen Materials feststellen. Diese Spallationsprodukte sind Teilchen (Protonen, Neutronen usw.), die infolge der Wirkung größtenteils hochenergetischer Protonen der kosmischen Strahlung aus den getroffenen Atomkernen heraustreten. Das Bestrahlungsalter gibt demnach die Zeitspanne an, während der ein Meteorit als Kleinkörper im freien Weltraum existierte und seine Oberfläche also der kosmischen Strahlung ausgesetzt war.

Typische Mittelwerte für diese beiden Alter zeigen die folgenden Angaben:

	Radiogenes Alter	*Bestrahlungsalter*
Eisenmeteorite	4,6 Milliarden Jahre	500 Millionen Jahre
Steinmeteorite	4,6 Milliarden Jahre	20 Millionen Jahre

(Die Streuung beim Bestrahlungsalter reicht von mehreren zehntausend Jahren bis fast zu einer Milliarde Jahre.)

Da das radiogene Alter von Erde und Mond ebenfalls 4,6 Milliarden Jahre beträgt, müssen die gleichartigen Meteorite mit dem Sonnensystem entstanden sein. Das wesentlich geringere Bestrahlungsalter weist dagegen erneut auf die Tatsache hin, daß die jetzigen Größen der Meteoriten, vom kopfgroßen Brocken bis zum Staubpartikelchen, sehr viel jüngeren Datums sind.
Auf der Erde werden eine große Anzahl *Krater* als Folgen von Meteoriten-Einschlägen betrachtet. Aber nur bei wenigen von ihnen ist auch tatsächlich meteoritisches Material gefunden worden, wobei die gefundene Menge stets nur einen kleinen Bruchteil der Meteoritenmasse ausmacht, die den Krater erzeugte. Berechnungen zufolge führt die beim Aufprall freiwerdende Energie bei Meteoriten von 100 Tonnen und mehr (wie beim Tunguska-Objekt)

zum vollkommenen Verdampfen. Die mannigfaltigen Größen bekannter Krater gestatten nun den Schluß, daß es kosmische Projektile von einigen Tausend bis zu einer Million Tonnen gegeben haben muß, die auf die Erdoberfläche trafen. Die drei größten Krater von Sudbury in Kanada (Durchmesser 140 km), Vredefort in Südafrika (140 km) und Popigai in Nordostsibirien (100 km) sind nur vermutlich meteoritischen Ursprungs. Das Alter der beiden ersten wird auf annähernd 2 Milliarden Jahre, jenes des dritten auf «nur» 40 Millionen Jahre geschätzt. Wesentlich jünger ist der berühmte *Arizonakrater* im Cañon Diabolo mit einem Alter zwischen 1000

und 50 000 Jahren. In der Umgebung des 1200 m großen und 170 m tiefen Kraters (siehe Abbildung Seite 165) ist meteoritisches Material von mikroskopischen Staubteilchen bis zu großen Brocken eingebracht worden, dessen Gesamtmasse von über 30 Tonnen bloß ein Zehntausendstel der vermuteten Meteoritenmasse ausmacht.

Auf den Seiten 170/171 sind auf einer Karte die wichtigsten *Meteoritenkrater* der Erde eingetragen.

Meteoritenkrater

Wichtigste sichere Meteoritenkrater	
4	Aouelloul-Krater, Mauretanien
7	Barringer-Krater, Arizona
9	Boxhole-Krater, Australien
11	Campo del Cielo-Krater, Argentinien
19	Dalgaranga-Krater, Australien
35	Haviland-Krater, Kansas
36	Henbury-Krater, Australien
44	Kaalijärv-Krater, Estland
76	Odessa-Krater, Texas
90	Sikhote-Alin-Krater, Sowjetunion
98	Tunguska-Krater, Sowjetunion
100	Ungava-Bay, Kanada
104	Wabar-Krater, Saudiarabien
110	Wolf Creek-Krater, Australien

Krater vermutlich meteoritischen Ursprungs	
10	Brent-Krater, Kanada
14	Chinge-Gebiet, Sowjetunion
21	Deep Bay, Kanada
38	Holleford-Krater, Kanada
40	Ungarische Tiefebene, Ungarn/Rumänien
41	Ilumetsa-Krater, Estland
43	Ka-imu-hoku, Hawaii
58	Lonar Lake, Indien
60	Malha-Krater, Sudan
71	Murgab-Krater, Sowjetunion
84	Riesbecken, Deutschland
93	Sudbury Basin, Kanada
103	Vredefort Structure, Südafrika

Über die wichtigsten *Meteoritenfunde* gibt folgende Tabelle Auskunft.

Fundort	Fundjahr oder Falldatum	Masse in Tonnen
Eisenmeteorite		
Hoba, Südwestafrika	1920	60
Cape York, Grönland	1895	33
Bacubirito, Mexiko	1871	27
Mbosi, Ostafrika	1930	26
Willamette, Oregon (USA)	1902	14,2
Chupaderos, Mexiko	1852	14 und 6,8
Otumpa, Argentinien	1783	13,6
Morito, Mexiko	1600	11
Bendego, Brasilien	1784	5,4
Cranbourne, Australien	1854	3,5
Steinmeteorite		
Kirin, China	8.3.1976	1,77
Furnas Co, Nebraska (USA)	18.2.1948	1,07
Long Island, Kansas (USA)	1891	0,56
Paragould, Arkansas (USA)	17.2.1930	0,41

Eine erste Klassifizierung umfaßt Eisen- und Steinmeteorite. Sie wird durch die Zwischengruppe der Steineisenmeteorite verfeinert, die verhältnismäßig selten sind und eine Art Mischform darstellen. Wenn das Eisen überwiegt, heißen sie Lithosiderite. Herrschen die Silikate vor, werden sie Siderolithe genannt. Die Tabelle unten gibt eine Übersicht über die feinere Unterteilung.

Meteorite	
Eisenmeteorite 1. *Hexaedrite* zeichnen sich durch hexaederförmige Spaltbarkeit aus und weisen Neumannsche Linien auf[1] 2. *Oktaedrite* sind oktaederförmig spaltbar und weisen Widmannsstättensche Figuren auf[2] 3. *Ataxite* sind unstrukturiert	*Steinmeteorite* 1. *Chondrite* sind aus kleinen Kügelchen (Chondren) aufgebaut 2. *Achondrite* haben keine chondrenförmige Struktur
Lithosiderite/Siderolithe	

1 Die *Neumannschen Linien* kommen in allen Hexaedriten durch starke Stoßeinwirkung bei Temperaturen zwischen 300 und 600°C zustande (zum Beispiel beim Zusammenprall eines Mikroplaneten mit einem anderen Körper). Sie zeigen die verrutschte Kristallstruktur auf und sehen wie die Kanten leicht gegeneinanderverschobener Spielkarten aus.

2 Die *Widmannsstättenschen Figuren* werden beim Schleifen und Ätzen der Oktaedrite sichtbar und sind die Folge einer Erhitzung bis zur Glut, die in der Kristallstruktur degenerative Erscheinungen erzeugt. Aufgrund dieser Figuren lassen sich Meteorite gut von irdischem Material unterscheiden.

Die Anzahl der fallenden Steinmeteorite ist bedeutend größer als jene der Eisenmeteorite. Bei den Funden allerdings, denen keine beobachteten Fälle vorausgingen, überwiegen die Eisenmeteorite. Dies wird einerseits durch das auffällige Aussehen der Eisenmeteorite verständlich, die wegen der Ausschmelzerscheinungen (Rhegmaglypten) an ihrer Oberfläche leichter auffindbar sind. Andererseits verwittern die porös strukturierten Steinmeteorite schneller und heben sich von irdischen Materialien wenig ab.
Meteoriten-Proben von etwa 700 Fällen und aus rund 900 Funden verteilen sich wie folgt auf die verschiedenen Kategorien:

	Fälle	(%)	Funde	(%)	Summe Fälle und Funde	(%)
Eisenmeteorite	42	(6)	503	(59)	545	(35)
Steineisenmeteorite	12	(2)	55	(6)	67	(4)
Steinmeteorite	628	(92)	304	(35)	932	(61)
Total	682	(100)	862	(100)	1544	(100)

In diesen Zahlen sind die jüngsten Funde, die in der Antarktis gemacht wurden, noch nicht enthalten. 1969 waren es bloß etwa 20. 1975 fand eine japanische Expedition in den Yamatobergen 1000 Meteorite, und 1975 sammelte man in den Allan Hills weitere 300. Die Auswertung dieser Ausbeute wird von Bedeutung sein, weil die Konservierung im Antarktiseis hervorragend war.

Die *chemische Zusammensetzung* der Meteorite erteilt natürlich auch über die kosmische Häufigkeit der Elemente Aufschluß, sofern nur Meteorite untersucht werden, deren Fallen beobachtet wurde. Noch besser ist es, wenn sie schon während des Fallens examiniert werden können. Am 3. Juli 1972 erhielten *Goldberg* und *Aikin* mit Hilfe eines Ionen-Massenspektrometers, das während des β-Tauriden-Meteorstromes in Höhen von 85 bis 120 km hinaufgeflogen wurde, folgende *relative Häufigkeiten der* in den Meteorspuren erzeugten *Ionen:*

Element	Ionen-Häufigkeit für Meteore in Höhe von 101 km	114 km	Häufigkeit des neutralen Elements in Chondriten
Natrium	12,0	9,1	3,8
Magnesium	49,0	57,0	81,0
Silizium	100,0	100,0	100,0
Kalium	0,81	0,38	0,51
Kalzium	3,6	1,2	7,9
Scandium	1,0	0,35	0,005
Chrom	3,4	1,8	1,7
Eisen	149,0	158,0	141,0
Nickel	4,2	4,7	7,6

Die Häufigkeiten basieren auf einem Normwert von 100 für Silizium (Ion bzw. Neutral) und entsprechen einigermaßen jenen der neutralen Elemente in den Chondriten, mit Ausnahme des Scandiums. Obwohl die Sicherheit des Nachweises nicht unbestritten ist, läßt sich nicht von der Hand weisen, daß möglicherweise Scandium in den β-Tauriden-Meteoriten bzw. in den festen Anteilen von deren Ursprungskomet Encke recht häufig vorkommt.

Vergleicht man die Messungen an Ort und Stelle mit den Ergebnissen von spektroskopischen Untersuchungen, ist an deren Zuverlässigkeit nicht zu zweifeln. Dazu kommt, daß auch kleine Häufigkeiten erfaßt werden können, die in der optischen Spektrometrie nur ungenügend sichtbar sind. Und gerade Häufigkeiten von Spurenelementen wie Scandium lassen Rückschlüsse auf die Herkunft der Kometen zu. Auch darüber wird man durch die Weltraummissionen zum Kometen Halley (vergleiche 7. Kapitel) wohl Näheres erfahren.

Relative Häufigkeiten von *Elementen* in Meteoriten und Meteoren aus spektroskopischen Untersuchungen der Leuchterscheinung

Element	Meteoriten		Perseiden-Meteore (2 Fälle)	Draconiden-Meteore (9 Fälle)
Natrium	0,7	0,5	1,3 ± 0,1	
Magnesium	13,9	14,5	13,2 ± 0,6	
Kalzium	1,4	5,0	1,2 ± 0,1	
Eisen	28,6	25,0	29,3 ± 0,5	

In bezug auf die spektroskopisch erfaßbaren Elemente ergibt sich eine gute Übereinstimmung mit den chemischen Analysen der Funde auf der Erde. Ältere irdische Untersuchungen ergaben für die beiden Hauptgruppen der Meteoriten folgende Prozentanteile der enthalten *Elemente:*

Element	In Steinmeteoriten (in %)	In Eisenmeteoriten (in %)
Sauerstoff	35,71	
Eisen	23,31	89,70
Silizium	18,07	
Magnesium	13,67	
Schwefel	1,80	0,08
Kalzium	1,73	
Nickel	1,53	9,10
Aluminium	1,52	
Natrium	0,65	
Chrom	0,32	
Kalium	0,17	
Kohlenstoff	0,15	0,12
Kobalt	0,12	0,62
Phosphor	0,11	0,18
Titan	0,11	
Kupfer		0,04
Andere	1,03	0,16
Total	100,00	100,00

Die völlig verschiedenartige Zusammensetzung wird in erster Linie mit der Herkunft der Meteoriten in Verbindung gebracht. So vermutet man, daß die Eisenmeteorite aus dem inneren Teil des Sonnensystems herkommen und somit von Mikroplaneten stammen, die selber Bruchstücke anderer Himmelskörper sind, zum Beispiel feste Einschlüsse von Kometenkernen. Ursprung der Steinmeteorite dagegen ist vermutlich der Bereich der Planetoiden zwischen Mars und Jupiter; sie können aber auch Kometenprodukte oder -überreste sein. Die Chondriten (siehe Abbildung Seite 166) gaben in jüngster Zeit viel zu reden, enthalten sie doch nicht nur einen überdurchschnittlich hohen Anteil an Kohlenstoff, sondern auch Aminosäuren, die bei der *Entstehung des Lebens* eine entscheidende Rolle spielen.
Fred Hoyle und *Chandra Wickramasinghe* stellten 1978 in ihrem Buch «Lifecloud» (Die Lebenswolke) die Theorie auf, daß Kometen in interstellaren Wolken entstehen, in denen sich auch organische Moleküle befinden. Mit dem Wachsen von Materieklumpen in diesen Wolken bilden sich auch kompliziertere organische Moleküle, die als Vorstufe des Lebens gelten und über spezielle Zellwände verfügen, die ihre Zerstörung durch die Ultraviolettstrahlung verhindern. Im Laufe der Zeit wachsen also in den Kometen primitive Formen von Leben heran, und mit dem Einfangen von Kometen durch die Planetensysteme des Universums wird dieses Leben überallhin verstreut. Und überall dort, wo es günstige Bedingungen antrifft, kann es sich weiterentwickeln.
Ihre Theorie stützen Hoyle und Wickramasinghe vor allem auf die kohlenstoffhaltigen *Chondrite,* die sie in drei Typen einteilen. Typ I enthält 3,5% Kohlenstoff, Schwefel in Form von Sulfaten, Eisen als nickelhaltiges Magnetid und Silikate in amorpher und hydrierter Form. Ihre feinkörnige Struktur weist darauf hin, daß sie sich aus einzelnen kleinen Bestandteilen bei niedriger Temperatur zusammenfügten. Typ II mit 2,5% Kohlenstoffgehalt, elementarem Schwefel und Eisen als hydriertem Silikat besitzt Chondren mit Durchmessern bis zu einem Zentimeter. Typ III mit nur 0,5% Kohlenstoff und weniger hydrierten Verbindungen weist ebenfalls einen kleineren Anteil an Chondren auf, gleicht aber sonst Typ II. Solche Chondrite haben fossilartige Strukturanordnungen, die zuerst am Orgueil- und am Ivuna-Meteoriten entdeckt wurden, später auch in anderen kohlenstoffhaltigen Chondriten, aber sonst in keinen anderen Meteoritenarten. Hier einige der wichtigsten *Meteoritenfälle und -funde mit fossilen Einschlüssen.*

Chondriten-Typ	Meteorit/Fundort	Fall-Datum	Masse
I	Orgueil/Frankreich	14. 5.1864	10 kg
II	Ivuna/Tansania	16.12.1938	0,7
II	Mokoia/Neuseeland	26.11.1908	45
II	Murchison/Australien	28. 9.1969	225
II	Murray/USA	20. 9.1950	7
II	Nagoya/Argentinien	3. 6.1879	5
III	Allende/Mexiko	7. 2.1969	über 1000
III	Vigarano/Rumänien	22. 1.1910	15

Besonderes Aufsehen erregten diese Theorien, weil nach Hoyle und Wickramasinghe die Ausbreitung von Viruserkrankungen auf das Herabsteigen von Viren aus der Atmosphäre zurückzuführen ist. So läßt sich das rasche Um-sich-Greifen von Grippe-Epidemien deuten und deren praktisch gleichzeitiges Auftreten in verschiedenen Kontinenten. Gleichzeitig hoffen diese Wissenschaftler, auch die Plagen des Mittelalters durch solch außerirdische Einflüsse erklären zu können. Die Diskussion dürfte sich vor allem dann fortsetzen, wenn präzisere Ergebnisse über die Zusammensetzung der Kometenkerne und der Meteoritenmaterie vorliegen. Sie wird zweifellos sehr kontrovers verlaufen, da nun frühere Ansichten über die Auswirkung von Kometenerscheinungen differenziert wissenschaftlich begründet werden können. Es sind diesmal erfahrene Spezialisten, die solche Behauptungen aufstellen. Und sie sind nicht allein. 1976 schrieb *Fred L. Whipple:* «Ich bin überzeugt, daß die Kometen wesentlich dazu beitrugen, lebensspendende Gase auf die Erde zu bringen. Es würde mich nicht überraschen, wenn ich erführe, daß Substanzen, die von Kometen stammen, unsere eigentliche Existenz auf diesem Planeten möglich machten.»
Kometen und Meteorite werden aber auch für das *Erlöschen von Lebensformen* auf der Erde verantwortlich gemacht. Und in dieser Hinsicht scheint die vorwissenschaftliche Auffassung ebenfalls nicht nur eine spekulative, sondern geradezu spektakuläre Bestätigung zu finden. Dabei geht es keineswegs nur um sporadische und zufällige Abstürze von kleinen Meteoriten, die beschränktes Unheil in Teilen der Erde anrichteten. Vielmehr sind hier Zusammenstöße mit massiven Meteoriten kometaren oder mikroplanetaren Ursprungs gemeint, die verheerende Folgen für Teile des irdischen Lebens zeitigten. So verdeckte der aufgewirbelte und sich in großen atmosphärischen Höhen ansammelnde Staub und Rauch für Monate oder Jahre das Sonnenlicht, ehe er sich langsam wieder setzte. Auf diese Weise könnte vor 65 Millionen Jahren den Dinosauriern ein dramatisches Ende ihrer Gattung beschieden gewesen sein, während andere, fleischfressende Tiere die Zeit der andauernden Nacht schlimmstenfalls auf kannibalische Weise durchzustehen verstanden, bis erneut aufkeimende und wachsende Pflanzen wieder einen komplexen Lebenszyklus in Gang setzten und neue Evolutionen ermöglichten. Diese Episode in der Geschichte des Lebens auf diesem Planeten stellt nur eines von sich wiederholenden Ereignissen dar, die auf Turbulenzen in der Oortschen Kometenwolke zurückgehen könnten. Und die in regelmäßigen Abständen erfolgende Störung der dort langsam treibenden tiefgekühlten Kometenkerne soll ein noch immer unbekannter Planet X verursachen, der alle 28 Millionen Jahre aus seiner Bahn hinaus und in die Oortsche Wolke hineintorkelt, da sich dann die Einflüsse aller übrigen Planeten aufschaukeln. Eleganter wird diese Periodizität im Auftreten von *erdgeschichtlichen Katastrophen,* die ein Artenaussterben zur Folge haben können, dadurch erklärt, daß man der Sonne einen Tandem-Stern zuordnet, der diese auf einer elliptischen Bahn umkreist und dessen Perihel innerhalb der Oortschen Kometenwolke liegt. Dahin würde dieser Stern somit alle 26

Millionen Jahre zurückkehren. Und weil er gemäß seiner astro-geophysikalischen Funktion auf diese Weise periodisch eine Sintflut hervorruft, gab man ihm auch einen mythologisch verbrämten Namen: Nemesis, die (rächende) Göttin der Gerechtigkeit.

So pauschal und überspitzt diese Theorien klingen – mit den mittelalterlichen Kometenvisionen, die einer ängstlichen Phantasie entsprangen, haben sie kaum mehr etwas gemein. Eine Reihe von Anhaltspunkten spricht nämlich ernstlich dafür, daß die Entwicklungen im Planetensystem nicht immer gleichmäßig verliefen. Die Häufigkeit von Meteoriteneinschlägen auf der Mondoberfläche zeigt zum Beispiel, daß im Laufe der Jahrmillionen sehr unterschiedliche Werte erreicht wurden. Als Ursache wird eine entsprechend stark schwankende Präsenz von Kometen im inneren Teil des Sonnensystems angegeben, was die besagten Hypothesen noch zusätzlich stützt. Wegen des Fehlens einer Atmosphäre und einer damit verbundenen Verwitterung der Kratereinschläge sind solche Analysen wohl beim Mond möglich, nicht aber auf der Erde. Hier werden weit zurückliegende Ereignisse verwischt. Betrachtet man indes eine Mondglaskugel, auf deren Oberfläche ein durch den Aufprall eines Mikrometeoriten entstandener Einschlagkrater zu sehen ist, zeigt sich deutlich, wie geringfügigste Ereignisse im Gedächtnis der Materie gespeichert werden, wenn keine Erosion stattfindet.

Ob die erwähnten Theorien tatsächlich die großen erdgeschichtlichen Ereignisse definitiv zu klären vermögen, ist noch offen. Die Hypothesen weisen auf mögliche Stoßrichtungen des Denkens und Forschens hin, in unserem Zusammenhang immer wieder auf die Einflüsse der Kometen. Zur Bestätigung sind mühsame und kostspielige Experimente zur näheren Erforschung dieser Himmelskörper erforderlich, doch lassen sie sich nur durchführen, wenn ein Komet in die Nähe von Sonne und Erde gelangt. Dies ist bei der *Wiederkehr des Halleyschen Kometen* der Fall. Einige Raumsonden werden an ihm Untersuchungen anstellen, aber davon wird im folgenden Kapitel die Rede sein. Die Auswertung der Ergebnisse dürfte Jahre in Anspruch nehmen. Mit einer gewissen Sicherheit ist anzunehmen, daß man bei der Überprüfung unseres theoretischen Wissens einige Schritte weiterkommen wird. Aber auf die großen Fragen wird es vorläufig wohl nur winzige Teilantworten geben, denn die Kometen stellen lediglich einen Teilaspekt dar. Das Ganze ist noch komplexer, schwieriger, rätselhafter, bekommt man es doch mit Wechselwirkungen in einer Entwicklung zu tun, bei der biologisches, geologisches, planetarisches und stellares Geschehen ineinandergreift. Unser Wunsch, darüber mehr zu erfahren, ist begreiflicherweise sehr groß. Unsere Möglichkeiten dagegen, sichere Erkenntnisse zu erlangen, sind noch immer sehr gering. Trotz der gewaltigen Fortschritte der modernen Wissenschaften wächst unser Wissen über diese letzten Fragen nur äußerst langsam.

7. Kapitel

Rendezvous mit Halley

Weltraum-Missionen zur direkten Erforschung der Kometen

Verschiedene Kometen der siebziger Jahre konnten mit Hilfe der durch die Weltraumfahrt geschaffenen neuen Forschungsmöglichkeiten untersucht werden. Dabei fallen zwei große Vorteile gegenüber der Beobachtung von der Erdoberfläche aus ins Gewicht:

1. Die störenden Einflüsse der Erdatmosphäre spielen keine Rolle mehr. Es lassen sich Strahlungsarten untersuchen, die (zum Schutz des irdischen Lebens) an verschiedenen Schichten der Lufthülle der Erde absorbiert werden. So konnte beispielsweise 1973/74 von Skylab aus im Bereich extrem ultravioletter Strahlung beim Kometen Kohoutek (1973 XII) die Wasserstoffkarona fotografiert werden (siehe Abbildung Seite 103). Dieser Vorteil ist für die ganze Astronomie von entscheidender Bedeutung.
2. Dank der Weltraumfahrt ist es möglich, die Distanzen zu den Körpern unseres Planetensystems teilweise zu überwinden, Beobachtungen aus unmittelbarer Nähe anzustellen oder gar (wie es vorläufig erst beim irdischen Mond der Fall war) Materialproben an Ort und Stelle zu holen. Für die Kometenforschung ist diese Annäherung an das Objekt besonders wichtig, da der interessanteste Teil, der Kometenkern, von der Erde aus immer durch die in der Nähe der Sonne entstehende Koma verhüllt wird. Um den Kern zu untersuchen, ist es also nötig, in diese Hülle einzudringen.

Nicht jeder Komet eignet sich für solche Untersuchungen gleich gut. Ideal wäre es, einen jungen Kometen, der vielleicht zum allerersten Mal ins innere Sonnensystem eindringt, aus unmittelbarer Nähe analysieren zu können. Sein Kern enthielte dann unverfälschte Materie, wie die Oortsche Wolke sie seit den Anfängen des Planetensystems in tiefgefrorenem Zustand bewahrt. Mit jedem Periheldurchgang wird diese Materie der Sonneneinstrahlung ausgesetzt. Ein Teil sublimiert, bildet Koma und Schweife und bleibt als Gas und meteoritischer Staub zurück. Bei der Sublimation mitgerissene feste Brocken werden längs der Kometenbahn verstreut und bilden Meteoritenströme. Dieses Material können wir untersuchen, wenn es auf die Erde fällt oder durch Sonden im Raum eingefangen wird. Aber wie sehen die Substanzen aus, die als gefrorene Masse diese festen Bestandteile zusammenhalten? Das könnte man bei einem neuen Kometen feststellen, der mit Sicherheit die typischen Kometenmerkmale wie Koma und Schweif bildet. Aber die erscheinen unangemeldet, was keine Zeit zur Planung und Realisierung einer Rendezvous-Mission läßt. Zudem sind die Bahnen von solch erstmaligen Besuchern noch viel zuwenig genau bekannt, weshalb ein Verfehlen des Rendezvous möglich wird. Im Gegensatz dazu sind uns die Bahnen von kurzperiodischen Kometen, von denen schon Dutzende von Periheldurch-

gängen registriert wurden, bestens vertraut. Aber diese Kometen sind mindestens ebenso häufig der Sonneneinstrahlung ausgesetzt gewesen und sind somit als gealterte Kometen mit nur schwacher Koma- und Schweifbildung zu betrachten.
Einen brauchbaren Kompromiß liefert der *Halleysche Komet.* Er hat zwar schon bald 30 historisch überlieferte Periheldurchgänge hinter sich und ist also nicht mehr der jüngste, aber innerhalb der Gruppe der kurzperiodischen Kometen wegen seiner verhältnismäßig langen Umlaufzeit von 76 Jahren einer der aktivsten. Maßgebend war auch der Umstand, daß man Halleys Bahn außerordentlich genau kennt. Mit seinem günstigen nächsten Periheldurchgang im Jahre 1986 empfahl er sich für einen Rendezvous-Termin auch deshalb, weil damals, als solche Missionen ernstlich diskutiert wurden, noch genügend Zeit für Planung und Vorbereitung zur Verfügung stand. Nicht zu unterschätzen ist auch die psychologisch-politische Seite der Angelegenheit: solche Forschungsprojekte sind sehr kostspielig. Das Budget der europäischen *Giotto-Mission* sieht einen Aufwand von rund 500 Millionen DM vor. Solche Projekte werden von Wissenschaftlern im Rahmen von Science Programme Committees vorgeschlagen, die über feste Kredite verfügen und unter Beratung von Politikern darüber entscheiden. Freilich ist Halley dank seiner historischen Vergangenheit nicht irgendein Komet, sondern für viele *der* Komet schlechthin. *Brian G. Marsden* vom Büro der IAU (International Astronomical Union) in Cambridge/Massachusetts meinte einmal, für den Durchschnittsbürger bestehe das Sonnensystem aus Mars, den Saturnringen und dem Halleyschen Kometen. Trotzdem wurden die ehrgeizigsten Pläne nicht weiterverfolgt. Raumschiffe sollten, durch gewaltige Sonnensegel oder durch Ionenraketen angetrieben, in die rückläufige Bewegung des Kometen einschwenken, monatelang neben ihm her fliegen und seinen Kern aus wenigen Kilometern Entfernung untersuchen oder gar darauf landen. Bei den realisierten Projekten werden Messungen indes nur während weniger Stunden möglich sein.
Historische Berühmtheit erlangte der Halleysche Komet im Laufe von zwei Jahrtausenden. Allerdings weiß man erst seit seiner Wiederkehr von 1682, daß es sich um ein und denselben Himmelskörper handelt, den man früher schon – wie *Crommelin* und *Cowell* anhand geschichtlicher Aufzeichnungen nachwiesen – 25mal registriert hatte. Seit 1682 sah man ihn noch weitere dreimal, so daß die Wiederkehr 1985/86 die 30. gesicherte Beobachtung dieses Kometen über einen Zeitraum von 22 Jahrhunderten bedeutet, was auch aus der folgenden Tabelle hervorgeht. Vielleicht reichen Einzelbeobachtungen sogar bis ins Jahr 467 v.Chr. zurück, wie überhaupt anzunehmen ist, daß Halley schon viel früher erschien.
Von Halleys Erscheinen anno 240 v. Chr. berichtet eine chinesische Quelle. Von jenem des Jahres 164 v. Chr. wußte man bis vor kurzem nichts. Erst als 1984/85 weitere der 2000 spätbabylonischen Tontafeln entziffert werden konnten, die gegen Ende des 19. Jahrhunderts entdeckt worden waren und seither im British Museum lagerten, fand man das Erscheinen von Kometen in den Jahren 164 und 87 v. Chr. erwähnt. Die ausführlichen Berichte lassen

Überlieferte Periheldurchgänge des Halleyschen Kometen

Vor Christus	25. Mai	240	
	13. Okt.	164	
	6. Aug.	87	
	11. Okt.	12	
Nach Christus	26. Jan.	66	
	22. März	141	
	18. Mai	218	
	20. April	295	
	16. Febr.	374	
	28. Juni	451	Größte Periode von 79,25 Jahren
	27. Sept.	530	
	15. März	607	
	3. Okt.	684	
	21. Mai	760	
	28. Feb.	837	11. April 837: Kleinste bisherige Entfernung zur Erde von 0,04 A. E. = 6 Mill. km (Halley so hell wie Venus)
	19. Juli	912	
	6. Sept.	989	
	21. März	1066	
	19. Apr.	1145	
	29. Sept.	1222	
	26. Okt.	1301	
	11. Nov.	1378	
	10. Juni	1456	
	26. Aug.	1531	
	27. Okt.	1607	
	15. Sept.	1682	
	13. März	1759	
	16. Nov.	1835	Kleinste Periode von 74,42 Jahren
	20. Apr.	1910	
	Febr.	1986	Minimalabstand zur Erde 0,42 A. E. = 63 Mill. km am 11. April 1986 (Halley nur so hell wie schwache Sterne)

keinen Zweifel daran aufkommen, daß damals kein andrer als der Halleysche Komet aufgetaucht war. Da für das Jahr 87 v. Chr. noch weitere Beobachtungen vorliegen, konnte die Lücke des Jahres 164 v. Chr. geschlossen und gleichzeitig die Zuverlässigkeit des chinesischen Quellenwerks – der ältesten überlieferten Aufzeichnung – bewiesen werden.
Für alle übrigen Periheldurchgänge liegen mehrere Aufzeichnungen vor, zum Teil mit ausführlichen Beobachtungsdaten, die für die Bahnberechnungen herangezogen werden können. 1985/86 ist es bereits das vierte Mal, daß die Wiederkehr des Halleyschen Kometen vorausgesagt wurde. Zeit und Ort

des Erscheinens am Himmel sind längst bekannt, so daß man ihn gezielt suchen kann. Nach den Bahnangaben Halleys hatte schon *Clairaut* unter Berücksichtigung aller damals bekannten Störungen den Periheldurchgang von 1759 auf einen Monat genau vorausberechnen können. 1835 betrug die Abweichung nur noch drei Tage. Zugleich wurde durch die Verbesserung der Teleskope und die Einführung der Himmelsfotografie die Beobachtungsdauer mehr und mehr verlängert. *Palitzsch* gelang die Entdeckung 1758/59 knapp zweieinhalb Monate vor dem Periheldurchgang, und *Wolf* in Heidelberg sichtete den Kometen bereits am 11. September 1909, also mehr als sieben Monate vor dessen letzter Perihelpassage am 20. April 1910. Mit den damals größten Teleskopen blieb er bis ins Jahr 1911 im Gesichtsfeld. Dann verschwand er in die Tiefen des äußeren Planetensystems. Doch diesmal blieb er nicht fast 74 Jahre (wie zwischen 1836 und 1909) unsichtbar, sondern weniger als 72. Am 16. Oktober 1982 konnte der Komet mit dem Fünf-Meter-Teleskop auf dem Mount Palomar von *Jewitt* und *Danielson* fotografisch wiederentdeckt werden. Er war ein schwaches Lichtpünktchen, dessen Helligkeit 19 Millionen mal kleiner war als die jener Sterne, die gerade noch mit bloßem Auge wahrzunehmen sind. Ein Jahr später meldete die Agentur Tass, Halley sei am 12. Oktober 1983 vom Selentschuk-Observatorium mit dem größten Spiegelteleskop der Welt vor dem Sternbild der Zwillinge gesichtet worden. Zwischen ihm und der Erde lagen noch 1,4 Milliarden Kilometer, und sein Licht war so schwach wie das einer Kerzenflamme in 25 000 km Entfernung.
Diese Erfolge sind nicht nur den vorzüglichen Teleskopen zu verdanken, sondern ebenso den *genauen Bahnberechnungen.* Beidemal wurde Halley gezielt gesucht und auf der vorausbestimmten Bahn gefunden. Diese Bahnberechnungen sind im Jet Propulsion Laboratory (JPL) in Kalifornien von *Donald K. Yeomans* ausgeführt worden, der gegen 900 Einzelbeobachtungen aus drei Jahrhunderten (1607 bis 1911) verwertete, wobei die ältesten noch von Kepler ohne Fernrohr durchgeführt worden waren. Neben diesen Beobachtungsdaten hatte Yeomans die Störungen durch die größeren Planeten und die nicht-gravitativen Kräfte zu berücksichtigen. Die genaue Übereinstimmung von Rechnung und Beobachtung bestätigt auch die Theorien über den Aufbau des Kometenkerns, die den quantitativen Einfluß dieser nicht-gravitativen Kräfte beschreiben.
Wohl ist Halleys Komet der erste, zu dem Weltraummissionen entsandt wurden, aber schon seit einem halben Jahrtausend sorgte er für entscheidende Fortschritte in der Kometenforschung. 1531 unternahm *Apian* erste genaue Positionsbestimmungen, 1607 *Kepler* erste Versuche einer Bahnberechnung. 1682 gelang es *Edmond Halley* zum ersten Mal, die Identität eines Kometen mit dessen früheren Erscheinungen festzustellen, was zur ersten erfolgreichen Vorhersage der Wiederkehr für 1759 führte. 1835 beobachtete *Bessel* Ausströmungen vom Kern und entwickelte erste Modelle zur Erklärung der Schweifform und der nicht-gravitativen Kräfte. 1910 konnten sowohl Fotografie als auch Spektroskopie zur Erforschung eingesetzt werden und 1985/86 schließlich die Mittel der Weltraumfahrt.

Die *Missionen* zum Kometen Halley haben eine bald 25jährige Vorgeschichte. Der früheste Vorschlag, den Kometen mit Hilfe einer Raumsonde zu erkunden, kam 1961 von *Pol Swings*. Es folgten Studien der NASA und europäische Vorschläge. 1974 plante die Europäische Raumfahrtbehörde ESA (= European Space Agency) ein Rendezvous mit dem Kometen Encke für 1980. 1979 sah man eine gemeinsame ESA/NASA-Doppelmission vor, die sowohl einen Vorbeiflug an Halley als auch ein späteres Rendezvous mit dem Kometen Tempel 2 zum Ziel hatte. Dafür hätte jedoch ein neuartiger Antrieb entwickelt werden müssen, das sogenannte SEPS (Solar Electric Propulsion System), auf dessen Realisierung aus finanziellen Gründen verzichtet wurde. Aus denselben Gründen wurden schon früher kühne Projekte fallengelassen, nach denen ein eigentliches *Rendezvous* mit Halley und nicht bloß ein Vorbeiflug beabsichtigt war. Der Unterschied besteht lediglich in der relativen Geschwindigkeit der Raumkapsel zum Kometen. Bei einem Vorbeiflug beträgt sie mehrere km/s. Von einem Rendezvous läßt sich erst sprechen, wenn diese Relativgeschwindigkeit nur noch wenige m/s ausmacht. Eine so kleine Geschwindigkeit gegenüber Halley zu erreichen, ist deshalb besonders schwierig, weil Halley sich auf einer retrograden Bahn, d.h. rückläufig bewegt, während sich die Erde (und die übrigen Planeten) rechtläufig bewegen. Da eine Sonde beim Abschuß die Bewegungsrichtung der Erde um die Sonne verfolgt, schwenkt sie ebenfalls in eine rechtläufige Bahn ein und fliegt mit der sehr hohen Relativgeschwindigkeit von 60 km/s oder mehr am rückläufigen Kometen vorbei. Ein Rendezvous erfordert also eine geschickte Umlenkung der Flugrichtung der Sonde mit ungemein hohem Energieeinsatz und entsprechend starken Antriebssystemen oder aber eine jahrelange Reise mit Vorbeiflug am Planeten Jupiter, was gleichfalls eine Umlenkung zur Folge haben würde. Diesen letzten Vorschlag unterbreitete *M. Hunter* bereits 1967, doch als die anderen Projekte gestrichen wurden, war dazu der spätest mögliche Starttermin (1977) bereits verpaßt.
Wirkliche Rendezvous-Missionen können erst in den neunziger Jahren realisiert werden und Landungen auf einem Kometenkern samt Rückflug zur Erde mit Proben von Kometenmaterie erst Anfang des folgenden Jahrhunderts. Pläne für derartige Missionen bestehen bereits. 1985/86 allerdings finden nur Vorbeiflüge statt, auch wenn wir sie Rendezvous nennen.
Nach dem Ausstieg der NASA aus der Doppelmission baute die ESA 1980 die kleine Sonde, die ihren Beitrag an das Gemeinschaftsunternehmen dargestellt hätte, zu einer eigenständigen europäischen Kometenmission aus. Seit Juli 1980 trägt sie den Namen «Giotto», nach dem Florentiner Maler *Giotto di Bondone* (1266–1337), der 1301 den Halleyschen Kometen gesehen hatte und ihn vermutlich auf seinem Fresko «Anbetung der drei Könige» in der Arena-Kapelle von Padua abbildete.
Später vernahm man, daß vier weitere Missionen zum Halleyschen Kometen – zwei japanische und zwei russische – entsandt werden sollten. Das veranlaßte die NASA, ihre Raumsonde ISEE-3, die seit 1979 in 200 Erdradien Entfernung den Sonnenwind überwachte, in eine Kometensonde mit der

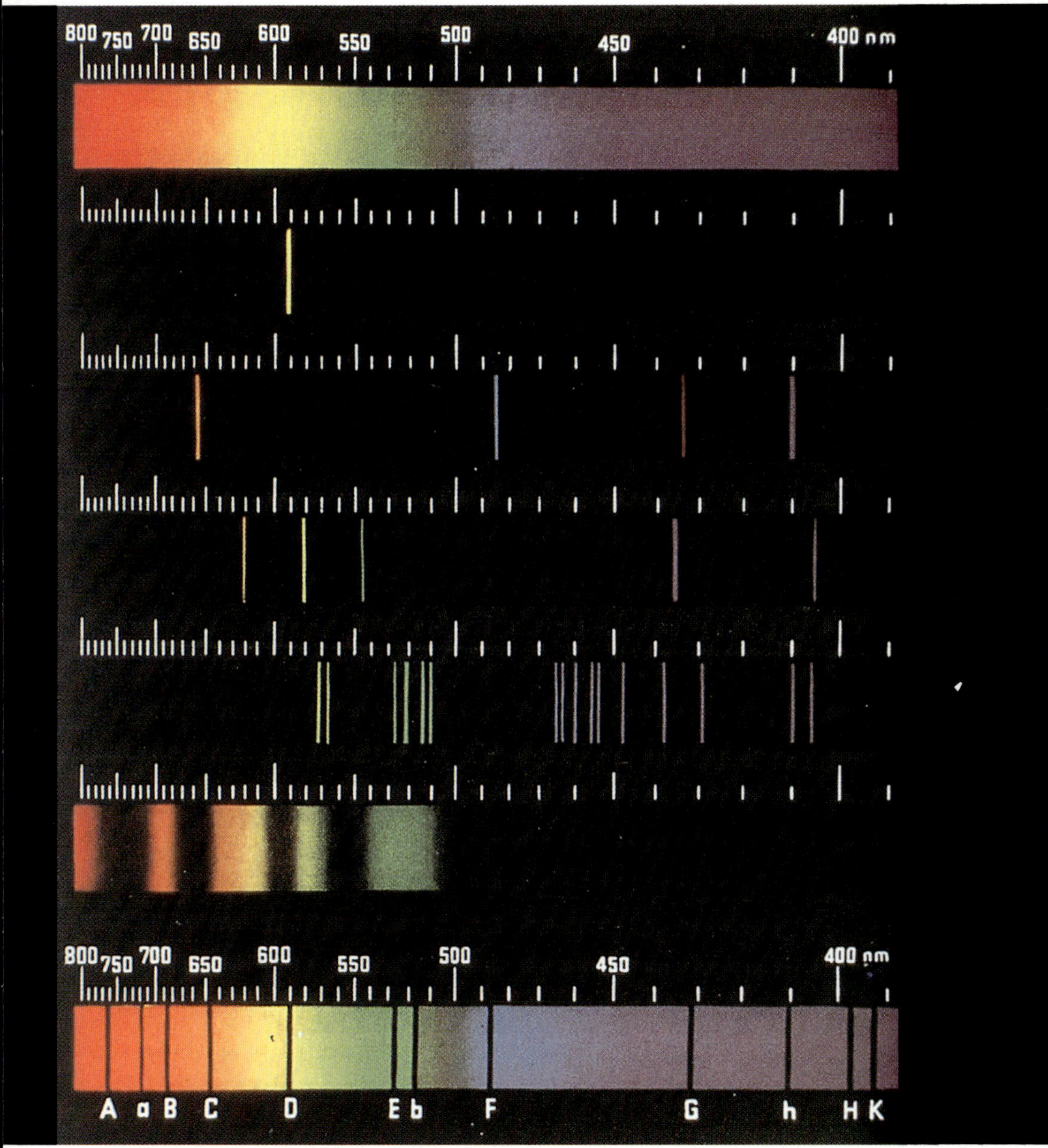

Kontinuierliches Spektrum des Glühlichts (zuoberst), anschließend (von oben nach unten) Emissions- bzw. Linienspektren von Natrium, Wasserstoff, Quecksilber und Kupfer; Absorptionsspektrum des Chlorophylls; Spektrum des Sonnenlichts mit Fraunhoferschen Absorptionslinien

▲
Komet Halley: Aus einer Schwarz-Weiß-Aufnahme von 1910 im Digitalverfahren hergestelltes Farbbild zur Enthüllung der chemischen Zusammensetzung der Kometenmaterie

Halleysonde Giotto der Europäischen Weltraumbehörde ESA

Fotomontage des Vorbeiflugs von Giotto am Kometenkopf von Halley, nach einer Aufnahme des Kometen vom 8. Mai 1910

Kometen-Missionen 1984–1986

Sonde	Organisation (Land)	Nutzlast in kg	Anzahl der mitgeführten Experimente	Abschuß-Rakete	Abschuß-Datum	Kommunikationsrate in kbits/s	Vorbeiflug Datum	Relativgeschwindigkeit in km/s	Abstand zum Kometen in km	Zielgenauigkeit
ICE (International Cometary Explorer)	NASA (USA)	97	8	ISSE-3	22. Dez. 1983		11. Sept. 85*		10000*	
		126		Space Shuttle	Juli 1985	120	26. März 86	60	800	90**
Vega-1	UdSSR***	102	11	Proton	Dez. 1984	10	6. März 86	70–80	10000	500
Vega-2		102	11		Dez. 1984		9. März 86		3000	500
Planet-A	ISAS (Japan)	10	2	Impr. Mu-3S	Aug. 1985	128	8. März 86	70	50000	500
MS-T5		15	3				9. März 86		10 Mill.	500
Giotto	ESA (Europa)	53	11	Ariane 1	2. Juli 85	53	13. März 86	68	500	90**

* Durchflog bereits den Schweif des Kometen P/Giacobini-Zinner.

** Die von der Space Shuttle aus gestartete Sonde hat ein optisches Navigationssystem an Bord, während die Giotto-Sonde nach den Vorbeiflügen von Vega-1 und Vega-2 am 6. bzw. 9. März 1986 von der Sowjetischen Akademie der Wissenschaften genaue Positionsdaten für den Kometenkern erhält, so daß am 11. März eine letzte Bahnkorrektur erfolgen kann.

*** Vega hat mit dem blauglitzernden hellsten Stern des Sternbilds Leier nichts zu tun. Es ist die Abkürzung für *«Venera-Halley»*, wobei im Russischen das H wie ein G ausgesprochen wird. Diese Sonden werden zuerst an der Venus vorbeifliegen und dort Atmosphärensonden aussetzen.

Bezeichnung ICE (International Cometary Explorer) umzuwandeln. Sie flog am 11. September 1985 als erste Sonde durch einen Kometenschweif, aber nicht durch jenen von Halley, sondern den von *P/Giacobini-Zinner*. Die Umlaufzeit dieses Kometen beläuft sich auf 6,52 Jahre, und in seinem Perihel ist er knapp 1 A.E. von der Sonne entfernt. Später entschloß sich die NASA, mit Hilfe eines Space Shuttle doch noch eine Sonde zu Halley zu starten, so daß im ganzen *sieben Kometenmissionen* unterwegs sind. Die vorstehende Tabelle gibt einen Überblick.
Bevor wir etwas eingehender die Giotto-Mission vorstellen, seien kurz die Ziele der übrigen Missionen beschrieben.

1. *Die NASA-Sonde ICE* hat bereits am 11. September 1985 den Schweif des Kometen P/Giacobini-Zinner durchflogen. Die Auswertungen ihrer Messungen werden erste neue Erkenntnisse über den Einfluß des Kometenschweifs auf die unmittelbare interplanetarische Umgebung vermitteln. Spätere Vorbeiflüge an Halley dürften sie bestätigen und differenzieren. ICE verfügt weder über eine Kamera an Bord noch über Staubmeßgeräte, und das seit über sechs Jahren in Betrieb stehende Ionenspektrometer mußte umprogrammiert werden, damit es auch Kometen-Ionen messen kann. Nach dem Vorbeiflug vom 11. September 1985 bewegt sich ICE weiter von der Erde fort, um sich dreißig Jahre später der Erde von der anderen Seite her wieder anzunähern. Gelingt es (zum Beispiel mit einem Space Shuttle oder mit dann zur Verfügung stehenden Raumstationen) die Sonde einzufangen, käme die NASA in den Besitz einer Kometenschweifprobe.
2. *Die Vega-Missionen* der Sowjetischen Akademie der Wissenschaften, die seit Dezember 1984 unterwegs sind, haben zuerst für atmosphärische Untersuchungen Sonden auf der Venus abgesetzt. Diese Kometensonden sind wie die amerikanische Halley-Sonde dreiachsig stabil und führen also im Gegensatz zu Giotto und den japanischen Sonden keine Drehbewegung aus. Sie haben praktisch eine komplette Giotto-Ausrüstung an Instrumenten und Kameras an Bord, so daß die Untersuchungen jene der ESA und der japanischen ISAS ausgezeichnet ergänzen werden. Außerdem verfügen die Vega-Raumkapseln über vier Spektralphotometer für Wellenlängen vom UV- bis zum Radiobereich.
3. Von den *japanischen Sonden* ist Planet-A als letzte der Halley-Sonden Mitte August 1985 gestartet, während MS-T5 seit Januar 1985 unterwegs ist. Mit ihnen will das Sagamihara-Forschungszentrum des Institute of Space and Astronomical Science (ISAS) bei Tokio Plasma-Analysen durchführen und die Magnetfelder untersuchen. Als einzige Sonden sind sie mit einer UV-Kamera bestückt. Diese wird sicherlich eindrückliche Bilder der seit Kohoutek bekannten Wasserstoff-Korona aufnehmen, die weiter reicht als 10 Millionen km und in der Frequenz der intensiven Lyman-Alpha-Resonanzlinie des Wasserstoffs die Koma überstrahlt. Beträgt das Verhältnis zwischen Nutzlast und Raumsondengewicht bei Giotto und den Vega-Sonden 1:15 bis 1:20, liegt es bei den japanischen Sonden bei 1:8 bis 1:12. Die Japaner versuchen demnach mit einem Minimum an Aufwand ein Maximum an Resultaten herauszuholen. Allerdings findet der Vorbeiflug ihrer Sonden mit 50000 bzw. 10 Millionen Kilometern Entfernung vom Kometenkern in verhältnismäßig sicherem Abstand vom starken Beschuß durch Staubpartikel statt.
4. Die vom *Space Shuttle* in Umlauf gesetzte *NASA-Sonde* schließlich ist neben einer Weitwinkel- und einer langbrennweitigen Kamera ähnlich wie Giotto mit einem

Ionen- und einem Neutral-Massenspektrometer ausgerüstet, um die Zusammensetzung des Staubschweifs (Typ II) und die Intensität des Magnetfeldes zu messen. Da diese Sonde als letzte ungefähr sechs Wochen nach Halleys Periheldurchgang vom 9. Februar 1986 erst am 26. März desselben Jahres am Kometenkern vorbeifliegt und von ihm etwa gleich weit entfernt sein wird wie zuvor Giotto, kann der zweifellos hochinteressante Vergleich der Resultate zur Bestätigung und Ergänzung dienen sowie zur Feststellung einer allfälligen Entwicklung in dieser Zeitspanne.

Zum besseren Verständnis der Experimente der *Giotto-Mission* soll hier eine Tabelle das physikalische Wissen über den Halleyschen Kometen in Erinnerung rufen und weitere Eigenschaften numerisch, so wie sie geschätzt worden sind, angeben. Es handelt sich somit nur um ungefähre Werte, deren wissenschaftliche Herleitung und Würdigung bereits in vorhergegangenen Kapiteln vorgenommen wurde. Außerdem veranschaulichen einfache Skizzen auf den Seiten 188 und 189 die Bahnverhältnisse.

Physikalische Eigenschaften des Halleyschen Kometen

Kometenkern	
Form	sphärisch
Durchmesser	6 km
Gesamtmasse	100 Milliarden Tonnen
Durchschnittliche Dichte	1 g/cm^3
Rotationsdauer	42 Stunden (Angaben schwanken zwischen 10 und 50)
Temperatur an der Oberfläche	–115 °C
Albedo (= Reflexionsvermögen der Oberfläche)	15%
Zusammensetzung:	
Wassereis	80%
Andere Materialien	20%
Freisetzung von Substanzen in Sonnennähe (Begegnungsphase)	
Gesamte Gasfreisetzung	20 Tonnen pro Sekunde
Gesamte Staubfreisetzung	10 Tonnen pro Sekunde
Endgeschwindigkeit von Gasteilchen	750 m/s
Endgeschwindigkeit von Staub	2 bis 500 m/s
Fluchtgeschwindigkeit an der Kernoberfläche	2 m/s
Ausdehnung der Koma	400000 km
Schweife	Typ I (Plasma bzw. Ionen) Typ II (Staub)
Zugehörige Meteoritenströme	η Aquariden (Mai) Orioniden (Oktober)

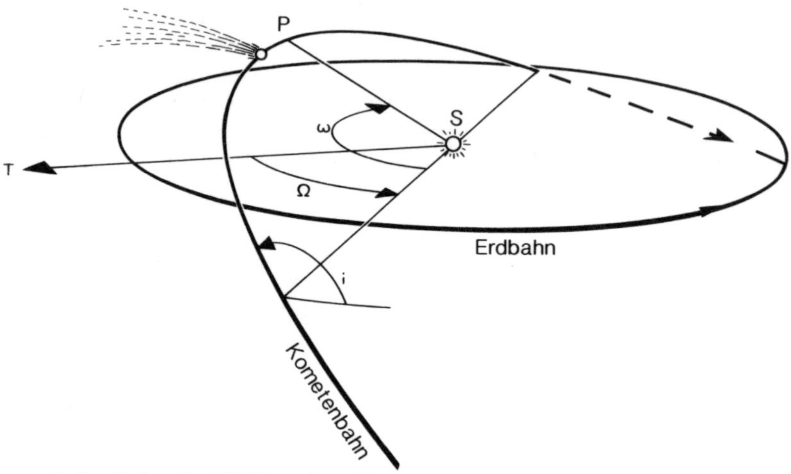

Heliozentrische Bahn des Halleyschen Kometen

Bahndaten

Periode 1910–1986	75,81 Jahre
Perihelentfernung	0,587 A. E.
Exzentrizität	0,9673
Aphelentfernung	35,31 A. E.
Geschwindigkeit im Perihel	ca. 60 km/s
Geschwindigkeit im Aphel	ca. 1 km/s
Bahnneigung zur Ekliptik	162,238°
Länge des Perihels	111,853°
Länge des aufst. Knotens	58,153°
Periheldurchgang	9. Februar 1986
Kleinste Entfernung von der Erde (11. April 1986)	0,42 A. E.
Scheinbare Helligkeit	$+4\overset{m}{.}0$

Am 2. Juli 1985 startete *Giotto* vom Weltraumbahnhof Kourou in Französisch-Guayana zu seinem Flug. Eine Ariane-1-Rakete hob den 960 kg schweren ESA-Satelliten zunächst auf eine Erdumlaufbahn. Nach einigen Erdumkreisungen schwenkte er mit Hilfe seines Eigenantriebs auf eine heliozentrische Bahn ein, die etwas innerhalb der Erdbahn verläuft und am 13. März 1986 die Bahn des Halleyschen Kometen kreuzen wird. Bereits 22 Minuten nach dem Start übernahm das Europäische Zentrum für Weltraumoperationen in Darmstadt die Kontrolle über die Giotto-Sonde. Von Darmstadt aus wird sie während des ganzen Fluges gesteuert und kontrolliert. Von dort aus werden alle Befehle bezüglich Navigation und Abruf von wissenschaftlichen Daten erteilt. Zum Giotto-Datenübertragungsnetz gehören Bodenanlagen, die über die ganze Erde verteilt sind, darunter das 64-Meter-Radioteleskop in Parkes (Neusüdwales/Australien) sowie mehrere NASA-Stationen, die in kritischen Missionsphasen mit ihren Antennenkapazitäten unterstützend mitwirken.

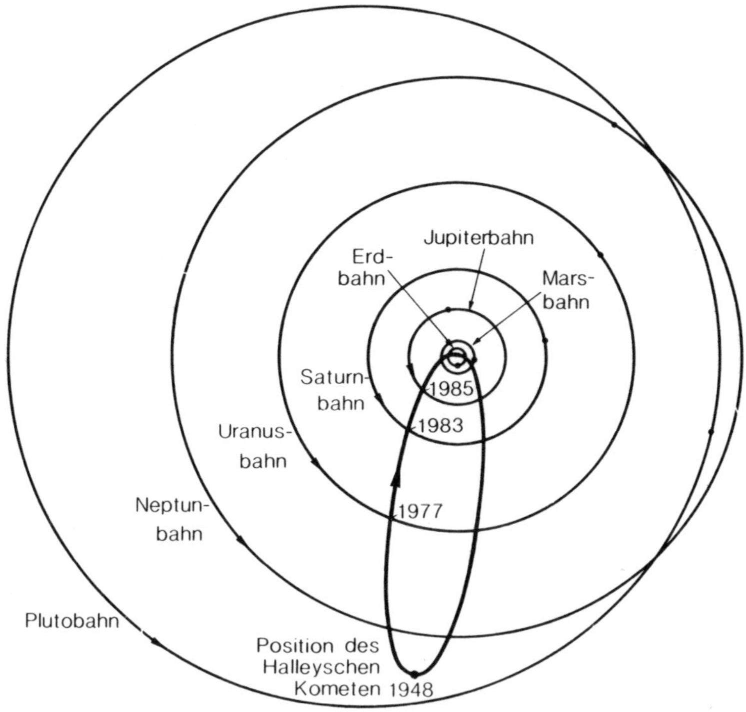

Schematische Zeichnung der Bahn des Halleyischen Kometen 1910–1986

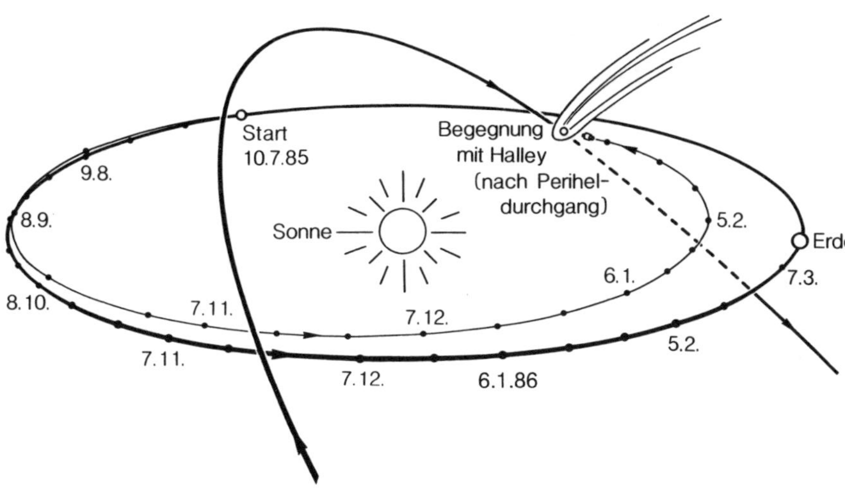

Giotto-Bahnverlauf

Dank des Umstandes, daß die beiden Vega-Sonden einige Tage vor Giotto an Halley vorbeifliegen, und der Bereitschaft der Sowjetischen Akademie der Wissenschaften zur Zusammenarbeit, können neueste Positionsmessungen des Kometenkerns verwendet werden, um die Bewegung von Giotto nach einer Flugdauer von acht Monaten so zu korrigieren, daß er etwa 48 Stunden vor der größten Annäherung an Halley in eine optimale Begegnungsflugbahn gelenkt wird.
Im Moment des Vorbeiflugs werden Halley, Sonne und Erde fast ein gleichseitiges Dreieck bilden: der Komet ist dann fast 1 A.E. (150 Mill. km) sowohl von der Erde als auch von der Sonne entfernt. Der Sonne wird Halley vorher wesentlich näher kommen, wenn er am 9. Februar 1986 durch sein *Perihel* läuft. Seine Minimalentfernung wird 0,587 A.E. oder 88 Mill. km betragen. Zu diesem Zeitpunkt nun entfaltet der Komet eine große Aktivität, aber er wird dem Beobachter dennoch keinen aufregenden Anblick bieten, da zwischen ihm und der Erde sich 230 Mill. km erstrecken. Am 11. April 1986, bei der größten Annäherung an die Erde, liegen dagegen nur 63 Mill. km dazwischen. Dieses Datum wäre für einen Vorbeiflug der Giotto-Sonde insofern günstig, als dann die Übertragung der Beobachtungsdaten einfacher wäre. Trotzdem bedeutet das Vorbeiflugsdatum vom 13. März 1986 keinen Kompromiß zwischen dem Perihel-Datum und jenem der größten Erdnähe. Für eine Begegnung ist vielmehr die *Lage des Kometen* bezüglich der Ekliptik entscheidend. Gemäß Bahnverlauf (siehe Darstellung auf Seite 188) durchkreuzt Halley zweimal die Erdbahnebene. Am 9. November 1985 passiert er den aufsteigenden Knoten ☊, am 11. März 1986 den absteigenden Knoten ☋. Und nur diese zwei Daten kommen für einen Vorbeiflug in Frage. Bei einem Minimum an Abschußenergie bleiben die Sonden in der Ekliptikebene und müssen den Kometen in dieser treffen. Zur Erreichung des Treffpunktes vom 11. März 1986 wird überdies wesentlich weniger Abschußenergie als beim früheren Termin benötigt. Das ist ein doppelter Vorteil, befindet sich doch der Komet am 9. November 1985 noch weit von seinem Perihel entfernt; die geringe Aktivität wäre daher für die geplanten Experimente wenig ergiebig.
Die folgende Zeichnung zeigt die *gegenseitige Lage von Sonde und Komet* während des Vorbeiflugs. Von der Bewegungeraden aus bildet die Richtung zur Erde einen Winkel von 44,3°, jene zur Sonne einen solchen von 107,2°. Die Hauptsymmetrieachse Giottos ist drallstabilisiert, so daß die Sonde mit 15 Umdrehungen pro Minute rotiert. Von dieser Rotation ausgenommen (entdrallt) ist die Hochleistungsantenne, die stets zur Erde gerichtet sein muß. Die Achse des Antennenspiegels bildet mit der Sondenachse einen Winkel von 44,3°.

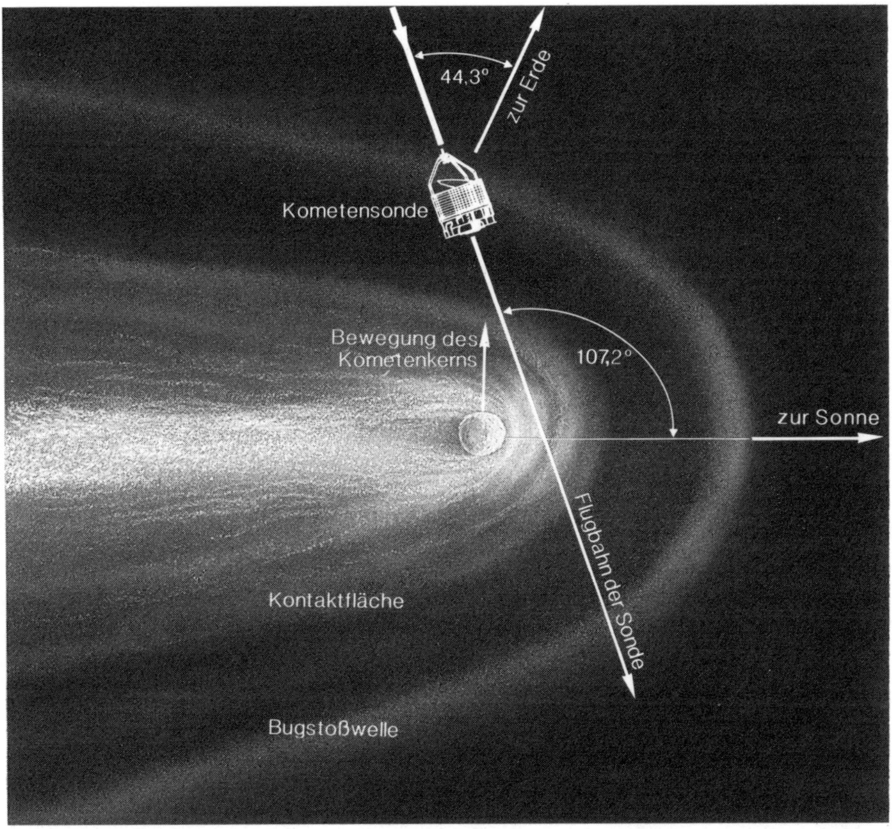

Die Winkelöffnung von 17,2° zwischen den Bewegungsgeraden von Sonde und Komet wäre für ein Rendezvous (d. h. einen Nebeneinanderflug) günstig, doch weil sich der Komet gegenläufig bewegt, mißt der Winkel zwischen den Bewegungsrichtungen 162,8°. So verläuft der Vorbeiflug ziemlich rasch, und in genügender Nähe bleibt darum wenig Zeit für Fotoaufnahmen und Experimente.

Die eigentliche Begegnungsphase währt rund 30 Stunden. Sie wird mit einer zweistündigen «Generalprobe» eingeleitet, die hauptsächlich der Kalibrierung der Experimente dient. Die Experimentierphase selbst dauert nur knapp 4 Stunden. Sie beginnt $3^{h}45^{min}$ vor der Zeit 0 (Null), zu der sich Giotto am kometennächsten Punkt befindet. Der *«Arbeitsplan»* dürfte etwa folgendermaßen aussehen:

Zeit	Lage von Giotto	Erscheinungen/Experimente
-22^h		Start des Dauerkontakts mit Giotto Experimente im Schonbetrieb (Format 3)
-6^h		Start der Datenaufnahme für 6 Experimente Start Meßpassage in Parkes (Australien)
-4^h	Entfernung 1 Mill. km vom Kometenkern	Start Meßpassage in DSS 43 (NASA-Station) «Bugstoßwelle» des Kometen (?)
-3^h45		Start der Datenaufnahme für alle übrigen Experimente (Format 1)
-1^h		Eintritt in den sichtbaren Bereich der Kometenkoma Auftreffen der ersten Staubteilchen Umschalten der Datenübertragung (Format 1/2, Maximum 53 Kbits/s)
-10^{min}		Auftreffen von Staubpartikeln in großer Anzahl Aufnahme der besten Bilder vom Kometenkern
-1^{min}	4000 km	«Kontaktfläche» des Kometen (?) Beginn der wichtigsten Meßphase: Übertragung von Daten, die unser Wissen über Kometen ganz wesentlich erweitern sollen
-15^{sec}	1000 km	Große Aktivität von Kometenauswurfteilchen (Einschlagen eines größeren Staubteilchens könnte eine Ablenkung der Sonde mit vorzeitigem Abbruch der Funkverbindung bewirken)
0	500 km	Giotto am kometennächsten Punkt
$+15^{min}$		Ende der Mission

Während des Vorbeiflugs werden von der Giotto-Bordkamera zahlreiche Fotos aufgenommen (etwa alle 4 Sekunden ein Bild), von denen die besten eine Auflösung von 20 m aufweisen. Die große Frage bleibt, ob der Kern überhaupt sichtbar sein wird. In unmittelbarer Nähe der Kernoberfläche erreichen die Staubpartikel nämlich noch nicht die Fluchtgeschwindigkeit, weshalb sie sich zu einer Wolke hoher Dichte ansammeln könnten, die optisch wohl undurchdringlich wäre. Möglicherweise werden aber diese Teilchen vom Sonnenwind schneller weggeblasen, als neue «nachgeliefert» werden. Dieses Phänomen entsteht in großer Sonnennähe eines Kometen und wurde schon von Kepler beobachtet. Es bewirkt mit abnehmender Distanz von der Sonne eine Verkleinerung des Komadurchmessers. Beim

Enckeschen Kometen wurde das scheinbare Paradox, wie die Tabelle zeigt, 1828 und 1838 gemessen.

1828		1838	
Sonnendistanz in A. E.	Koma-Durchmesser in km	Sonnendistanz in A. E.	Koma-Durchmesser in km
1,46	505000 km	1,42	453000 km
1,32	415000 km	1,19	194000 km
0,97	193000 km	1,00	126000 km
0,85	126000 km	0,83	102000 km
0,72	74000 km	0,76	90000 km
0,34	22000 km	0,39	10600 km
		0,34 (Perihel)	4800 km

(Nach R. Jägermann: Kometenformen, Petersburg 1903)

Ob sich auch die Halleysche Koma so verhält, ist zu bezweifeln, denn beim Vorbeiflug der Sonden hat der Komet bereits wieder doppelte Periheldistanz erreicht. Entscheidend ist das Wechselspiel von Sonnenwind auf der einen Seite und Sublimationsrate der Kernoberfläche auf der anderen, wobei letztere u.a. von der Sonneneinstrahlung abhängt. Die zwei sich konkurrenzierenden Effekte nehmen beide mit wachsender Entfernung von der Sonne an Intensität ab. Das Ergebnis läßt sich indes schwer voraussagen, da individuelle Schwankungen sowohl beim Sonnenwind als auch bei der Sublimationsrate infolge der Beschaffenheit der Kernoberfläche unberechenbar sind.

Unabhängig davon wird mit Hilfe der an Bord ablaufenden Experimente viel Neues über die Element- und Isotopenzusammensetzung der neutralen Teilchen, der Ionen und der Staubpartikel des Kometen zu erfahren sein. Von diesen Meßergebnissen erwartet man bedeutsamen Aufschluß über die komplizierten physikalischen und chemischen Prozesse, die sich in der Kometenatmosphäre abspielen. Man hofft, daraus auch auf die «Muttermoleküle» schließen zu können, aus denen der Kometenkern besteht. Wenn diese Identifizierung gelingt, wird die Giotto-Mission für die Wissenschaft der Kometen zum historischen Ereignis.

Die Wechselwirkung zwischen Sonnenwind und Ionosphäre des Kometen ist in vielen Punkten jener zwischen Sonnenwind und Magnetosphäre der Planeten ähnlich (siehe Abbildung auf Seite 132 mit dem Magnetoschweif der Erde). Allerdings sind die Größenverhältnisse gänzlich verschieden. Der relativ kleine Kometenkörper und seine große Ionosphäre, verbunden mit Schockfront und Schweif, können Schauplatz bisher unbekannter Prozesse sein. Sie werden an Bord der Sonde durch die Plasma-Versuchsvorrichtungen und das Magnetometer untersucht. In der Tabelle sind die *Giotto-Experimente* aufgelistet, von denen anschließend einige noch etwas genauer beschrieben werden.

Abk.	Experiment	Institut/ Universität	Land	Masse (kg)	Energie (Wh)	Datenrate (bits/s) Format 1	Format 2
HMC	Halley Multicolor Camera (Farbkamera)	Lindau	D	11,48	48,8	20058	
NMS	Neutral Mass-Spectrometer	Heidelberg Bern	D CH	10,94	40,4	4156	
IMS	Ion Mass Spectrometer	Bern	CH	8,76	38,0	3253	
JPA	Plasma Analysis 1	London	GB	4,08	16,8	3975	1265
RPA	Plasma Analysis 2	Toulouse	F	2,85	14,8	2530	1807
PIA	Particulate Impact Analyser (Staub-Massen-spektrometer)	Heidelberg	D	10,00	46,4	2891	5782
DID	Dust Impact Analyser (Staubeinschlag-Analysator)	Canterbury	GB	2,00	7,6	361	903
OPE	Optical Probe Experiment (Streulicht und Resonanzlinien-Messung)	Verrières	F	1,10	4,8	723	
MAG	Magnetometer	Köln	D	1,25	4,8	1265	
EPA	Energetic Particle Analysis	Maynooth	IRL	00,50	2,8	181	
GRE	Giotto Radio-Science Exper.	Bochum	D	–	4,0	–	
			Total	52,96	229,2	39393	

Diese Experimente lassen sich in fünf Gruppen einteilen:

1. Farbkamera (HMC)

   Diese fotografiert den *Kometenkern,* sofern er überhaupt sichtbar wird. Obwohl aus Beobachtungen bereits bekannt ist, daß der Massenschwerpunkt nicht unbedingt mit dem Punkt größter Helligkeit zusammenfällt, steuert die Kamera diesem Punkt nach und macht während der entscheidenden Phase von wenigen Minuten 70 Farbaufnahmen des Kerns (oder der ihn verbergenden Decke) mit einer Auflösung von 20 bis 50 m.

   Die Optik hat eine Brennweite von 1 m und eine Objektivöffnung von 16 cm. Damit der Kometenstaub die empfindliche Einrichtung nicht beschädigt, erfolgt durch einen 45°-Planspiegel eine Periskopumlenkung des Lichts. Dieser Kamera-«Ellbogen» ist in der Abbildung der Sonde auf Seite 184 und noch besser in der Darstellung auf Seite 195 zu sehen. Da Giotto ständig rotiert, müssen die Belichtungszeiten sehr kurz sein. Sie betragen 0,01 ms (Millisekunden) pro Zeile des CCD-Flächendetektors. Ein ganzes Bild wird in etwa 10 ms aufgebaut. Während des Vorbeiflugs schwenkt die Kamera von vorne nach hinten, damit der Kometenkern stets im Blickfeld bleibt.

2. Massenspektrometer (NMS, IMS)
   Das *Neutralgasmassenspektrometer (NMS)* untersucht die *Gase,* die auf der Kernoberfläche verdampfen. Zur Untersuchung gehören die chemische Analyse der Gase, die Bestimmung der Molekülarten, der Temperatur und der Strömungsgeschwindigkeit sowie der Isotopenzusammensetzung der vorkommenden Elemente. Dazu dienen zwei verschiedene Sensoren. Ein doppelfokussierendes Massenspektrometer (M-Analysator) mißt die chemische und die Isotopenzusammensetzung der Gase, derweil ein reiner Energieanalysator (E-Analysator) neben Informationen über die chemische Zusammensetzung auch Angaben über Temperatur und Strömungsgeschwindigkeit der Gase liefert. Und liegt in größeren Entfernungen vom Kometen die Neutralgasdichte noch unter der Empfindlichkeitsgrenze der Instrumente, werden beide Analysatoren als Ionenmassenspektrometer für niederenergetische Ionen betrieben.
   Am Beispiel des NMS läßt sich gut die internationale Zusammenarbeit aufzeigen: Das Max-Planck-Institut für Kernphysik in Heidelberg war für den E-Analysator und die Gehäuse der Versuchsvorrichtungen verantwortlich, das Physikalische

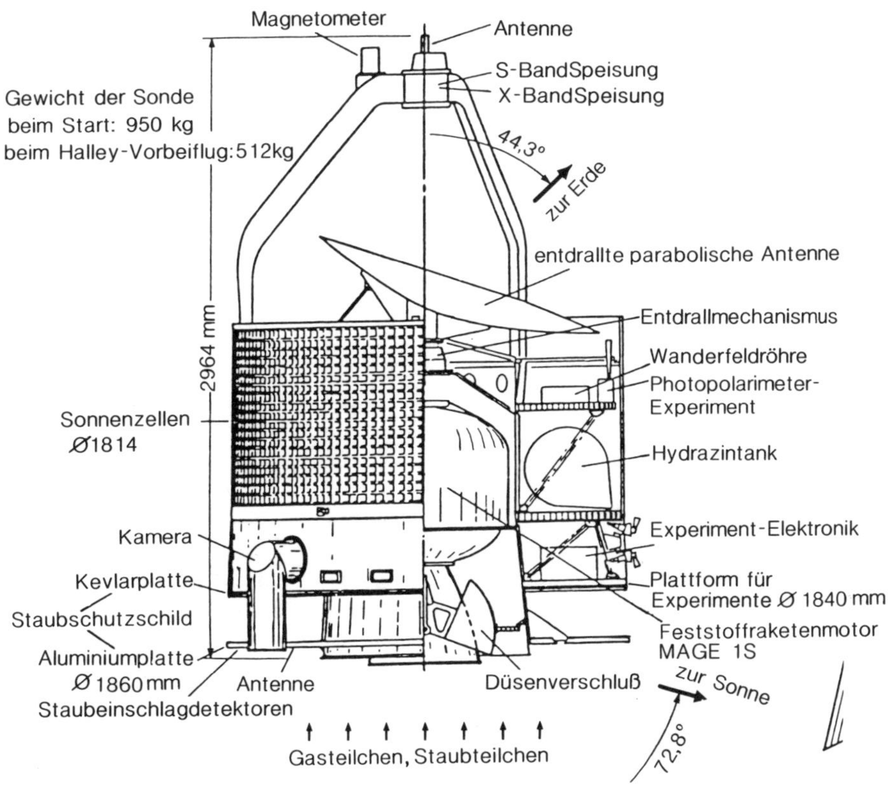

Die Giotto-Raumsonde

Institut der Universität Bern für den M-Analysator und die Umwelttests sowie für die Eichung der Detektoren und des gesamten NMS. Die Detektoren schließlich wurden im Centre de Recherches en Physique de l'Environnement Terrestre et Planétaire in St-Maur entwickelt und die Elektronik an der University of Texas in Dallas.

Das *Ionenmassenspektrometer (IMS)* verfügt ebenfalls über zwei Sensoren, die abgekürzt HIS (High Intensity Spectrometer) und HERS (High Energy Range Spectrometer) genannt werden. HERS mißt hochenergetische *Ionen,* die aus allen Richtungen außer von vorne eintreffen, und wird vorwiegend im äußeren Bereich der Koma eingesetzt. Im inneren Bereich dagegen, wo die Intensität des Ionenstromes aus der Anflugrichtung zunimmt, erhält mehr und mehr HIS den Vorrang. Während des Vorbeifluges werden daher auch die zugewiesenen Datenanteile vertauscht.

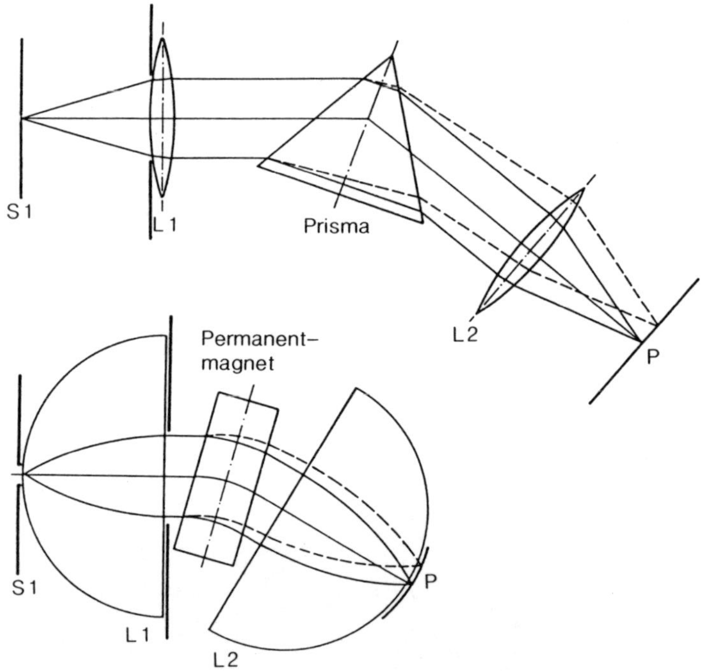

Optisches Analogon und Prinzipskizze der Ionenoptik

HIS eignet sich gut, um mit einem optischen Analogon das Prinzip eines Massenspektrometers zu veranschaulichen (siehe Skizzen). Oben ist die Erzeugung eines Lichtspektrums dargestellt: Weißes Licht geht von einem Spalt (S1) aus zuerst durch eine Linse (L1), dann durch ein optisches Prisma, wo seine verschiedenfarbigen Wellen mehr oder minder stark abgelenkt werden, und gelangt durch eine zweite Linse (L2), die diese Farben auf einem Schirm (D) getrennt fokussiert (scharf abbildet). Ionenoptisch braucht man für ein entsprechendes massenauflösendes System zwei Quadrisphären als Linsen sowie einen Permanentmagneten als Prisma (untere Skizze). Beim HIS gibt es zusätzlich zu dem mit S1 bezeichneten

Analogon noch einen Deflektor, der als einziger Teil des IMS außerhalb der Satellitenschutzhaut angebracht ist. Seine beiden Metallplatten bieten dem vorbeiströmenden Gas und Staub eine minimale Angriffsfläche. Im elektrischen Feld zwischen diesen Platten werden die Ionen des ersten Kugelanalysators abgelenkt. Danach sorgt eine Nachbeschleunigungsstrecke dafür, daß die Ionen auf jenen Impuls pro Ladung gebracht werden, der ihnen ermöglicht, den Permanentmagneten zu durchfliegen. Je nach Energie bzw. Masse treffen nun die Ionen hinter dem zweiten Kugelanalysator auf verschiedene Stellen des Detektors (P), wo sie demgemäß registriert werden.

3. Plasmaexperimente (JPA, RPA)
   Plasmameßgeräte verzeichnen wie das IMS den Einfall von *Gasteilchen.* JPA mißt Ionen, ihre Energie und Winkelverteilung; RPA tut dasselbe in bezug auf Elektronen. Beide Analysatoren sollen die Wechselwirkungen zwischen Halley und dem interplanetaren Plasma (Sonnenwind) untersuchen.
4. Staubexperimente (PIA, DID)
   Die Zusammensetzung der *Staubteilchen* (einige Millionstel bis Billionstel mg) wird durch das Massenspektrometer PIA untersucht. Die sechs DID-Sensoren im Staubschild funktionieren im Prinzip wie Kondensatoren, die sich nach dem Einschlag eines Staubpartikels entladen. Einschlagshäufigkeit und Massenbestimmung führen zur Untersuchung der Massenverteilung des Kometenstaubs, und zwar in dem sehr breiten Bereich von 1 mg bis einem Trillionstel mg.
5. Magnetometer (MAG)
   Mit diesem Experiment soll – sofern vorhanden – das *Eigenmagnetfeld* des Kometen gemessen werden. Zugleich werden die durch den Kometen deformierten interplanetaren Magnetfelder untersucht.
6. Von den übrigen Experimenten sei noch der *Energetische Teilchen-Analysator (EPA)* erwähnt, der die Massenspektrometer und Plasmageräte ergänzt. Er verbucht die einschlagenden Teilchen, die aus der Richtung kommen, aus der die meisten Partikel höherer Energie erwartet werden – also auch die aus der Sonnenrichtung. Sollte sich während des Vorbeiflugs ein Teilchensturm (beispielsweise infolge eines Sonnenausbruchs) ereignen, sind die EPA-Messungen für die Auswertung der übrigen Experimente unentbehrlich.

Wog *Giotto* beim Start volle 960 kg, so beträgt seine Masse beim Vorbeiflug an Halley nur noch etwas über 500 kg. Ein Zehntel davon entfällt auf die Versuchsgeräte samt der dazugehörigen Elektronik, also auf die Nutzlast. Der große Rest wird von der notwendigen Infrastruktur in Anspruch genommen, also vom Traggestell, den Plattformen, der Antenne usw. sowie von den Batterien und den Solarzellen, die sich auf der zylindrischen Oberfläche des Zentralkörpers der Sonde befinden. Die Leistung der Solarzellen (190 W) würde allerdings in der Hochbetriebsphase der Vorbeiflugs nicht ausreichen, da dann 220 W benötigt werden. Drei aufladbare Batterien mit je 105 Wh Kapazität sorgen indes dafür, daß sämtliche Experimente ohne Strompanne ablaufen können. Dies garantieren auch schon die Batterien allein, sollten die Solarzellen eine Stunde vor dem Erreichen des kometennächsten Punktes wegen der einfallenden Staubteilchen außer Funktion gesetzt werden.
Die empfindlichen Experimente und alle übrigen Geräte würden freilich innerhalb kürzester Zeit nach dem Eindringen der Sonde in den Kometenbe-

reich zerstört, wären sie nicht durch einen geeigneten Schild vor den aufprallenden Kometenteilchen geschützt. Diesen Teilchen (Gas und Staub) verleiht die Vorbeiflugsgeschwindigkeit von 69 km/s eine enorme Durchschlagskraft. Die größeren unter ihnen mit einer Masse von 0,1 g, deren Auftreten mit Sicherheit zu erwarten ist, vermöchten ein Aluminiumblech von 8 cm Dicke zu durchdringen. Ein so dicker Schild hätte aber allein schon ein Gewicht von 600 kg! Man ließ sich darum etwas Geeigneteres einfallen.
Der *Giotto-Staubschutzschild,* im Bild auf Seite 184 unten gut erkennbar, ist nämlich aus energieverschluckenden Teilen zusammengebaut (vergleiche auch Darstellung auf Seite 195). Ganz außen, d. h. zuvorderst in der Bewegungsrichtung, ist eine weißgestrichene 1 mm starke Aluminiumplatte angebracht. Prallt ein Teilchen auf, verdampft es zusammen mit einem Teil des durchschlagenen Bleches. So entsteht ein Wölkchen aus Staub- und Aluminiummaterie, das einen 23 cm breiten Zwischenraum durchquert und dann auf eine zweite Platte trifft, eine 30-mm-Kevlar/PU-Schaum/Mylar-Platte. Dort gibt es seine Restenergie an eine derart große Fläche ab, daß ein Durchschuß dieser Platte als sehr unwahrscheinlich erscheint. Sollte dies in einzelnen Extremfällen dennoch geschehen, sind die Versuchsgeräte auf ihrer E-Plattform noch durch die Trägerplatte in Form einer 40 mm dicken Aluminium-Wabenstruktur geschützt.
Der Schutzschild ist für das Gelingen des ganzen Unternehmens von größter Bedeutung und wurde deshalb unter strengen Bedingungen getestet. Man hat an alles nur Denkbare gedacht, alles Berechenbare berechnet. Dem Erfolg sollte nichts mehr im Wege stehen. Wenn die Raumsonde, kurz nachdem alle Meßdaten zur Erde gefunkt worden sind, auf ihrer Reise durchs All einen Zusammenstoß mit einem Mikrometeoriten erleidet, wird man dies kaum beklagen. Denn dann werden wir bereits im Besitz eines wesentlich erweiterten Wissens über die Kometen sein, das wir Giotto verdanken.

Literaturverzeichnis

Das Manuskript zu diesem Buch wurde am 18. Juli 1985 abgeschlossen. In der Zwischenzeit ist eine größere Anzahl Kometen-, speziell Halley-Bücher erschienen. Im folgenden Verzeichnis ist nur eine Auswahl der vom Verfasser benützten Literatur aufgeführt.

Alfvén, Hannes: *On the theory of comet tails,* Tellus 9, 92, 1957

Archenhold, F.: *Kometen, Weltuntergangsprophezeiungen und der Halleysche Komet,* Berlin 1910

– *Alte Kometeneindruckblätter,* Berlin-Treptow 1917

Berlach, Benjamin: *Unvorgreifliches Urtheil, von der Cometen Würckung und Bedeutung,* Schweidnitz 1681

Bernoulli, Jacob: *Neu-erfundene Anleitung, wie man den Lauff der Comet- oder Schwantz-sternen in gewisse grundmäßige Gesätze einrichten ...,* Basel 1681

Bessel, F. W.: *Untersuchungen über die scheinbare und wahre Bahn des im Jahre 1807 erschienenen Kometen,* Königsberg 1810

– *Beobachtungen über die physische Beschaffenheit des Halley'schen Kometen und dadurch veranlaßte Bemerkungen,* Astron. Nachr. 13, 185, 1936a

– *Populäre Vorlesungen über wissenschaftliche Gegenstände,* Hamburg 1848

– *«Ich habe Euch lieb, aber der Himmel ist mir näher»,* Eine Autobiographie in Briefen, Minden 1984

Biermann, Ludwig: *Kometenschweife und solare Korpuskularstrahlung,* Zeitschr. für Astrophysik 29, 274, 1951

Bird, M. K., ed.: *Observations of Comets – Radio and otherwise,* Max-Planck-Institut für Radioastronomie, Bonn 1984

– *Die GIOTTO-Mission zum Kometen Halley,* Bonn 1985

Bölsche, Wilhelm: *Komet und Weltuntergang,* Jena 1910

Brahe, Tycho: *De Cometa Anni 1577, De Cometa Anni 1585,* Opera omnia, Frankfurt 1608

– *Astronomiae Instauratae Mechanica,* Nürnberg 1602

– *Astronomiae Instauratae Progymnasmata,* Frankfurt 1648

Brandt, John C./Chapman, Robert D.: *Introduction to Comets,* Cambridge Univ. Press 1981

Burggraven, J. C.: *Wolgemeinter und Nicht weniger wahrhaffter Discours von Den Prognosticis und Deutung der Cometen,* Frankfurt 1681

Calder, Nigel: *Das Geheimnis der Kometen,* Wahn und Wirklichkeit (The Comet is coming), Frankfurt/M. 1981

Carl, Th.: *Repertorium der Kometen,* München 1864

Chladni, Ernst Florens Friedrich: *Über den kosmischen Ursprung der Meteorite und Feuerkugeln (1794),* mit Erläuterungen von Günter Hoppe, Leipzig 1979

Classen, J.: *15 Kometenflugblätter des 17. und 18. Jahrhunderts,* Leipzig 1977

Clube, Victor/Napier, Bill: *The Cosmic Serpent,* A catastrophist View of Earth History, London 1982

Delsemme, A.H., ed.: *Comets, Asteroids, Meteorites (Interrelations, Evolution and Origins),* The University of Toledo, Ohio 1977
Enciclopedia Italiana di Scienze, Lettere ed Arti, Milano-Roma 1929
Encke, J.F.: *Über die nächste Wiederkehr des Cometen von Pons,* Astron. Nachrichten 9, 317, 1831
ESA: *Scientific and experimental aspects of the Giotto mission,* Proceedings of an international meeting on April 1981 at Noordwijkerhout, The Netherlands, European Space Agency 1981
Florenskij, K.P.: *Preliminary Results from the 1961 Combined Tunguska Meteorite Expedition,* Meteoritica, USSR Academy of Sciences, Committee on Meteorites, 23, Moskau 1963
Francisci, Erasmus: *Verwerffung des Cometen-Gespötts,* s.l. 1681
Freeberg, Jacquelyn H.: *Terrestrial Impact Structures,* Washington 1966
Frick, Johannes: *Phil. und Theol. Bemerkungen von den Cometen,* Ulm 1681
Fromm, Erich: *Märchen, Mythen, Träume,* Eine Einführung in das Verständnis einer vergessenen Sprache, Hamburg 1981
Fulke, William: *A Goodly Gallerye, Book of Meteors* (London 1563), ed. by Th. Hornberger, Philadelphia 1979
Furneaux, R.: *The Tungus Event, The Great Siberian Catastrophe of 1908,* Frogmore, St. Albans, Herts 1977
Hahn, Hermann-Michael: *Zwischen den Planeten, Kometen, Asteroiden, Meteorite,* Stuttgart 1984
– *Kometen,* Eine Übersicht, ORION Nr. 208, 1985
Haller, Johannes: *Das XLI Buch von den Tigurineren und der Stadt Zürich,* 1615
Halley, Edmond: *Correspondence and Papers,* ed. by Eugene F. MacPike, London 1937
Hawkins, Gerald S.: *The Physics and Astronomy of Meteors, Comets and Meteorites, New York 1964*
Heath, Sir Thomas: Aristarchus of Samos, the Ancient Copernicus, A History of Greek Astronomy, originally published 1913, New York 1981
Heinsius, Gottfried: *Beschreibung des im Anfang des Jahres 1744 erschienenen Cometen nebst einigen darüber angestellten Betrachtungen,* St. Petersburg 1744
Henbest, Nigel/Marten, Michael: *The New Astronomy,* Cambridge University Press 1983
Herrmann, Joachim: *dtv-Atlas zur Astronomie,* München 1973
Herschel, J.F.W.: *Observations of Comet Halley made at Feldhausen,* London 1838
– *Results of Observations made at the Cape of Good Hope,* London 1847
Hevelius, Johannes: *Cometographia,* Danzig 1668
– *Prodromus Cometicus,* Quo Historia Cometae Anno 1664 exorti, 1665
– *Selenographia,* 1647
– *Machina Coelestis,* 1673
Hillebrand, Carl: *Über die wahrscheinliche Bahnform und den Ursprung der Kometen,* Wien 1908
Hoyle, Fred/Wickramasinghe, N.C.: *Die Lebenswolke,* So empfing die Erde das Leben von den Sternen, Frankfurt/M. 1979
Högner, W./Richter, N.: *Isophotometrischer Atlas der Kometen I/II,* Leipzig 1969/1979
Hutchison, Robert: *The search for our beginning,* An enquiry, based on meteorite research, into the origin of our planet and of life, London 1983
Jeans, Sir James: *Der Werdegang der exakten Wissenschaft,* Bern 1948

Kepler, Johannes: *Gesammelte Werke,* Hsg. Max Caspar, *Mysterium Cosmographicum,* Bd. I, München 1938, *Astronomia nova,* Bd. III, München 1937, *Harmonices mundi,* Bd. VI, München 1940, *De Cometis, Bd. VIII (?),* München 1963
– *Selbstzeugnisse,* Stuttgart 1971
Kirch, G.: *Neue Himmels Zeitung,* s.l., s.a.
Krafft, Fritz/Meyer-Abich, Adolf: *Große Naturwissenschaftler,* Biographisches Lexikon, Frankfurt/M. 1970
Krinov, E. L.: *The Tunguska and Sikhote-Alin meteorites,* in: The Moon, Meteorites and Comets, ed. B. M. Middlehurst and G. P. Kuiper, University of Chicago Press 1963
La Grande Encyclopédie des Sciences, des Lettres et des Arts, Paris 1985
Lavater, Ludwig: *Historische Erzehlung vast aller der Kometen bis auf das Jahr 1556,* ergänzt 1556–1681 von Joh. Jacob Wagner, Zürich 1681
Littrow, Carl von: *Sternschnuppen und Kometen,* Geschichte der Entdeckung des Zusammenhangs zwischen diesen beiden Gattungen von Himmelskörpern, Wien 1867
Lovell, A-C. B.: *Meteor Astronomy,* Oxford 1954
Luther, Martin, Übers.: *Die Bibel oder die ganze Heilige Schrift des Alten und Neuen Testaments,* Basel 1946
Marsden, B. G./Sekanina, Z.: *Comets and Nongravitational Forces IV,* Astronom. Journal, 76, 1971
– *Comets and Nongravitational Forces VI,* Periodic comet Encke 1786–1971, Astronom. Journal, 79, 1974
– and Yeomans, D. K.: *Comets and Nongravitational* Forces V, Astronom. Journal, 78, 1973
Mccall, G. J. H., ed.: *Meteorite Craters,* Stroudsburg, Pennsylvania 1977
McGuire, J. E./Tamny, Martin: *Certain Philosophical Questions: Newton's Trinity Notebook,* Cambridge University Press 1983
NASA: *The international Halley Watch,* Report of the Science Working Group, July 1980
Neue Zürcher Zeitung: *Vom Halleyschen Kometen,* Tagesbericht, 19. Mai 1910 u. a.
Newton, Sir Isaac: *Philosphiae Naturalis Principia Mathematica,* 3d Ed. 1726, Cambridge 1972
– *A treatise of the System of the World,* London 1969
Oort, J. H.: *The Structure of the Cloud of Comets surrounding the Solar System, and a Hypothesis concerning its Origin,* Bulletin of the Astronomical Institutes of the Netherlands, 11, 408, 1950
– and Schmidt, M.: *Differences between New and Old Comets,* Bull. of the Astr. Inst. of the Neth., 11, 419, 1951
– *Origin and Development of Comets,* The Observatory, Oxford 1951
Paracelsus: *Usslegung des Cometen erschynen im hochbirg,* zu mitlem Augsten 1531, s.l., s.a.
Ponnamperuma, Cyril: *Comets and the Origin of Life,* Dordrecht 1981
Rahn, H.: *Philologischer Discurs über der Cometen Bedeutung, oder Grundliche zusammenfassung underschiedlicher meinungen über die bedeutung und würckung der Cometen,* Zürich 1665
Rehm, Albert: *Das siebente Buch der Naturales Quaestiones des Seneca und die Kometentheorie des Poseidonios,* München 1922
Röser, Siegfried: *Die Erscheinung des Halleyschen Kometen in den Jahren 1835 und 1836,* Sterne und Weltraum, 24, 243, 1985
Reinhard, R.: *Giotto – A Mission to Halley's Comet,* ESA-bulletin 24
– *Space Missions to Halley's Comet and Related Activities,* ESA-bulletin 29

– *The Giotto Project – A Fast Flyby of Halley's Comet,* ESA Journal 1981, Vol. 5
Schaifers, Karl/Traving, Gerhard, Bearb.: *Meyers Handbuch über das Weltall,* Mannheim 1984
Space Science Board: *Strategy for the Exploration of Primitive Solar-System Bodies – Asteroids, Comets and Meteoroids 1980–1990,* National Academy of Science, Washington, D.C. 1980
Sekanina, Zdenek: *Relative Motions of Fragments of the Split Comets I.* A New Approach, Icarus 30, 574–594, 1977
– and Pansecchi, Luigi: *The Anti-Tail of Comet Bradfield (1975 p),* Astrophysical Letters 18, 61–63, 1977
Senecae, Lucii Annaei ad Lucilium Naturalium Questionum Liber septimus et ultimus, in quo agitur De Cometis, Venetiis 1522
Stanek, Bruno: *Planeten-Lexikon,* Bern 1980
Stifter, Adalbert, *Die Sonnenfinsternis,* Stuttgart 1963
Strauss, H.A./Strauss-Kloeber, S.: *Die Astrologie des Johannes Kepler,* Eine Auswahl aus seinen Schriften, Fellbach 1981
Strömgren, Elis: *The Short-Periodic Comets and the Hypothesis of their Capture by the Major Planets,* Kopenhagen 1947
Struve, Otto/Winnecke, A.: *Pulkowaer Beobachtungen des Großen Kometen von 1858,* Mémoires de l'Académie Impériale des Sciences de Saint-Péterspourg 1860
Sulzer, J.G.: *Gespräch von den Cometen,* s.l. 1742
Tages-Anzeiger für Stadt und Kanton Zürich: *Amerika in Erwartung des Kometen, Im Weltraume, Kometenfurcht,* 19. Mai 1910 u.a.
Taust, Joh. Gottfried: *Cometa redivivus,* Hall 1681
Theophili et Themothei: *Erstes Emauntisches Spazier-Gespräch von Cometen und Erdbeben,* Augsburg 1680
Thorndike, Lynn, ed.: *Latin Treatises on Comets Between 1238 and 1368 A.D.,* The University of Chicago Press 1950
Valentiner, W.: *Die Kometen und Meteore,* Leipzig und Prag 1884
Warth, M./Reiff, W.: *Meteorite und Meteorkrater,* Stuttgarter Beiträge zur Naturkunde, 6, 1976
Wattenberg, Dietrich: *Astronomen-Briefe in Archiven und Bibliotheken der DDR,* Berlin-Treptow 1974
Wegner, Georg Wilhelm: *Die unnöthige Furcht für den Cometen in einer Predigt über Jeremia 10,2. am Sonntage Reminiscere 1744 vorgetragen und mit philosophischen und astronomischen Anmerkungen begleitet,* Berlin 1744
Whipple, Fred L.: *A Comet Model I. The Acceleration of Comet Encke,* The Astrophysical Journal, 111, 1950
– *A Comet Model II. Physical Relations for Comets and Meteors,* The Astroph. J., 113, 1951
– *A Comet Modell III. The Zodiacal Light,* The Astroph. J., 121, 1955
– *Comments on the Sunward Tail of Comet Arend-Roland,* Sky and Telescope, July 1957
– *Background of modern comet theory,* Nature Vol. 263, 1976
Wilkening, Laurel L., ed.: *Comets,* The University of Arizona Press 1982
Wolf, Rudolf: *Handbuch der Astronomie, ihrer Geschichte und Literatur,* Zürich 1891
– *Cometen und Cometen-Aberglauben,* Ein populärer Vortrag, Zürich 1857
Wurm, K.: *Die Kometen,* Berlin 1954
Ziegler, Jacob: *Bericht von den natürlichen Ursachen der Cometen oder Sternruten,* Zürich 1680

Bild- und Tabellennachweis

Archenhold, F.: Alte Kometeneindruckblätter, Berlin-Treptow 1917 (Seiten 16, 19, 95); Astronomisches Institut der Universität Bern (Seite 106 oben); Baader Planetarium KG, München (Seite 131 unten); Bäck, Elias: Kurtze Beschreibung derer Cometen ..., Augsburg 1744 (Seite 95 u.); Bernoulli, Jacob: Neu-erfundene Anleitung ..., Basel 1681 (Seite 59); Brahe, Tycho: Opera omnia, Frankfurt 1608 (Seite 53); Brandt, John C./Chapman, Robert D.: Introduction to Comets, Cambridge University Press 1981 (Seite 100); British Museum, London (Seite 44 rechts o.); Clube, Victor/Napier, Bill: The Cosmic Serpent, London 1982 (Seite 44 links o.); Europäische Südsternwarte, La Silla/Chile (Seite 103 u.); Hale-Observatorien (Seite 85 o.); Haller, Johannes: Das XLI Buch von den Tigurineren und der Stadt Zürich, 1615 (Seiten 42, 43); Hamburger Sternwarte (Seite 44 u.); Hevelius, Johannes: Selenographia, 1647 (Seiten 54, 55); Hutchinson, Robert: The search for our beginning, London 1983 (Seite 166); International Halley Watch (Seiten 105, 184 o.); Jünger, W. Verlag, Frankfurt/M. (Seite 85 u.); Kepler, Johannes: De Cometis (1619), Ges. Werke Bd. VIII, München 1963 (Seite 57); Lipß, Friedrich Gustav: Ohnvorgreiffliche Gedanken ..., Rotenburg ob der Tauber 1681 (Seite 22); MacPike, Eugene F. (ed.): Edmond Halley, Correspondence and Papers, London 1937 (Seite 41); Naef, Robert A.: Der Sternhimmel 1964, Aarau 1963 (Seite 149); Newton, Sir Isaac: A treatise of the System of the World, London 1969 (Seiten 68, 73); Physikalisches Institut der Universität Bern (Seiten 132 u., 184 links u., rechts u. = Fotomontage von Markus Zuber, 195, 196); Rohner, Bernard, Fernsehen DRS (Seite 132 o.); Schroedel Schulbuchverlag GmbH, Hannover 1976 – Dorn-Bader Physik-Grundkursband 12/13 (Seite 183); Sfountouris, Argyris (Seiten 104, 106 u., 131 o., 165 u.); V-Dia-Verlag, Heidelberg (Seite 165 o.); Whipple, Fred: Background of modern comet theory, Nature Vol. 263, 1976 (Seite 103 o.); Yerkes-Observatorien (Seite 86 o. und u.). Vgl. auch Literaturverzeichnis für vollständige Titelangaben. Die Zeichnungen stellte Stefan Hager her. Der Rest der Abbildungen wurde vom Autor zur Verfügung gestellt.

Die Tabellen wurden folgenden Werken entnommen: Brandt, John C./Chapman, Robert D.: Introduction to Comets, Cambridge Univ. Press 1981 (Häufigkeit der Elemente); Hawkins, Gerald S.: The Physics and Astronomy of Meteors, New York 1964 (Meteore und Meteoriten); Wurm, K.: Die Kometen, Berlin 1954 (Kometen-Daten).

Glossar

In diesem Glossar sind astronomische Begriffe erklärt, wobei auf deren Zusammenhang mit den Kometen hingewiesen wird. Ausführliche Erläuterungen findet man im vorhergehenden Buchtext. In den hier folgenden Erklärungen sind Begriffe, die in der alphabetischen Abfolge vorkommen, *kursiv gesetzt:* sie weisen also auf ihre gesonderte Behandlung im Glossar hin.

Aktionszone (Attraktionszone)	Bereich um einen Planeten, in welchem dessen Gravitationskraft auf einen dritten Körper (z. B. einen Kometen) größer ist als die Anziehungskraft der Sonne. Kometen, die in die Aktionszonen von Jupiter oder Saturn eindringen, erfahren starke Bahnverformungen → *Bahnstörungen*
Amorph	Formlos, gestaltlos
Antapex	Punkt, aus dem ein sich bewegender Körper zu kommen scheint → *Apex*
Apex	Zielpunkt einer Bewegung. Der Apex der durch die Rotation unserer Galaxis bedingten Bewegung der Sonne ist ein Punkt im Sternbild Herkules
Aphel (Aphelion)	Sonnenfernster Punkt der elliptischen Kometen- bzw. Planetenbahnen. Bei den langgestreckten Ellipsen der Kometenbahnen sind auch mit den größten Teleskopen keine Kometen im Aphel zu sehen → *Perihel*
Apogäum	Erdfernster Punkt der Mondbahn oder einer elliptischen Satellitenbahn → *Perigäum*
Astronomische Einheit (A. E.)	Entspricht der mittleren Entfernung Erde–Sonne oder dem Durchschnittsradius der Erdbahn. Sie dient als Basis der astronomischen Entfernungsbestimmung → *Parallaxe.* 1 A. E. = ca. 150 Mill. km
Astrophysik	Teilgebiet der Astronomie, das sich mit den physikalischen Eigenschaften der Himmelskörper befaßt, z. B. Größe, Masse, Helligkeit, Temperatur, Strahlungsart usw., sowie mit deren Entstehung und Entwicklung → *Himmelsmechanik*
Bahnneigung	Winkel zwischen der Erdbahnebene (*Ekliptik*) und der Ebene der Bahn eines anderen Planeten oder eines Kometen. Während die Bahnneigungen für die Planeten unseres Sonnensystems klein sind, können sie bei Kometen auch ganz große Werte annehmen → *Knoten*
Bahnstörungen	Einflüsse auf die Bahnbewegung eines Himmelskörpers (z. B. Planet, Komet) um einen Zentralkörper (z. B. Sonne) durch einen dritten (oder weitere) Körper wegen der Überlagerung der Gravitationswirkungen → *Dreikörperproblem*; *Himmelsmechanik*
Bessel-Bredichin-Theorie	Älteste Theorie zur Erklärung der durch die Ausströmungen aus dem Kometenkern bewirkten Veränderungen der Kometenbahn → *Jets; Nicht-gravitative Kräfte*

Boliden — Ältere Bezeichnung für große, besonders helle Meteorerscheinungen, vor allem solche, die auch akustisch wahrnehmbar sind → *Feuerkugeln*

Chondren (Chondrulen) — Kleine, fast kugelförmige Körper, die in konglomeratartige Steinmeteoriten eingebettet sind → *Chondrite*

Chondrite — Wichtige *Steinmeteoriten*art mit kugelförmigen Einschlüssen aus Olivin oder Pyroxen; besonders bei den kohlenstoffhaltigen Chondriten wird ein kometarischer Ursprung angenommen

Dissoziation — Vorübergehende, reversible Aufspaltung eines *Moleküls* in Teilmoleküle oder atomare Bestandteile; in der Kometen*koma* durch die Sonneneinstrahlung (speziell den Sonnenwind) hervorgerufen

Dreikörperproblem — Die Bestimmung der Bahnbewegung eines Himmelskörpers im *Gravitations*bereich von zwei anderen Körpern stellt ein analytisch allgemein unlösbares Problem dar. Wenige Spezialfälle sind exakt lösbar; bei den übrigen muß man sich mit guten Näherungen begnügen, die größten rechnerischen Aufwand erfordern. Die heutige Weltraumfahrt wäre ohne die Hilfe von Computern undenkbar → *Himmelsmechanik*

Eisenmeteorit — Auf der Erde gefundener, hauptsächlich Eisen und Nickel enthaltender Körper außerirdischen Ursprungs → *Meteorit*

Ekliptik — 1. Ebene der Bewegung der Erde um die Sonne, in der sich mit kleinen Abweichungen auch die übrigen Planeten unseres Sonnensystems bewegen, aber nur wenige Kometen → *Bahnneigung; Knoten*

2. Schnittlinie der Erdbahnebene mit der Himmelssphäre, die sich als scheinbare jährliche Bahn der Sonne durch den Fixsternhimmel manifestiert. Sie wird durch die zwölf Sternbilder des Tierkreises umsäumt

Elektronen — Negativ geladene, sehr massenarme Elementarteilchen. Im neutralen Atom sind sie in gleicher Anzahl vertreten wie die *Protonen* des Atomkerns und umgeben diesen als Hülle → *Ionen*

Ellipse — Ovale, geschlossene Kurve von variabler Breite (→ *Exzentrizität*). Häufigste Bahnform von Himmelskörpern, so auch der Kometen → *Kegelschnitte*

Erdatmosphäre — Lufthülle der Erde, die aus verschiedenen Schichten besteht → *Ionospähre; Van-Allen-Gürtel*

Evolution — Entwicklung, Wandlung, Veränderung. In der Astronomie meist mit großen Zeitdauern verbunden. Eine der wenigen Ausnahmen ist das äußere Erscheinungsbild der Kometen, das oft einem raschen Wechsel unterworfen ist, was bei der Entstehung des Kometenaberglaubens eine entscheidende Rolle spielte

Exzentrizität, numerische — Mathematisches Maß, um bei den verschiedenen *Kegelschnitten* die Abweichung von der Kreisform exakt darzustellen. Ein Kreis hat demnach die Exzentrizität null, für eine *Parabel* ist sie gleich eins, für die *Hyperbeln* größer als eins. Bei den *Ellipsen* ist die Exzentrizität das Verhältnis des Brennpunktabstandes zur großen Achse und liegt zwischen null und eins

Feuerkugeln	Älterer Ausdruck für besonders auffällige *Meteore* (Sternschnuppen), die stärker als die hellsten Fixsterne aufleuchten und an Strahlkraft oft auch die Venus in ihrem größten Glanz übertreffen → *Boliden*
Fixstern	Selbstleuchtender Himmelskörper (Sonne). Im Gegensatz zu *Planeten* und Kometen verändern die Fixsterne ihre gegenseitige Lage (Sternbilder) am Firmament auch in sehr langen Zeiträumen nur unmerklich
Flares	Helle Gebiete der Sonnenoberfläche, durch Hochtemperaturausbrüche entstanden, während denen hochenergetische elektromagnetische Strahlung sowie Partikelströme (→ *Plasmastrahlung*) emittiert werden, die sowohl für die Bildung der Kometenschweife als auch für die Entstehung magnetischer Stürme in der oberen Erdatmosphäre verantwortlich sind → *Polarlichter; Protuberanzen*
Flucht-geschwindigkeit	Minimalgeschwindigkeit, die ein abgeschossener Körper (Rakete) benötigt, um keine geschlossene Bahn (Kreis oder Ellipse) um den Zentralkörper (Erde) zu beschreiben, sondern dessen Gravitationsbereich auf einer Parabelbahn für immer zu verlassen. Auf der Erdoberfläche beträgt die Fluchtgeschwindigkeit 11,2 km/s → *Kreisbahngeschwindigkeit; Kosmische Geschwindigkeit*
Frühlingspunkt	Einer der zwei Schnittpunkte des Himmelsäquators mit der *Ekliptik*. An ihm steht (von der Erde aus gesehen) die Sonne zur Zeit der Frühlings-Tag-und-Nachtgleiche (21. März). Auch Widderpunkt genannt → *Sommerpunkt*
Galaxie	Größere strukturierte Ansammlung von *Fixsternen* von kugel-, ellipsoidförmiger oder flacher Gestalt, letztere oft diskusscheibenartig mit Spiralarmen, daher die ältere Bezeichnung «Spiralnebel». Die Galaxie, in der sich unser Sonnensystem befindet, sehen wir «von innen» als Milchstraßenband im Nachthimmel (griech. gala = Milch)
Gegenschein	Ganz schwaches Leuchten des *Zodikallichtes* um den gerade der Sonne gegenüberliegenden Punkt des Nachthimmels
Gegenschweif	→ *Schweife von Kometen*
Gezeitenkräfte	Aus der verschieden großen *Gravitations*wirkung auf der «Vorder-» und der «Rückseite» eines Himmelskörpers entstehende «Zerreißkräfte». Auf der Erdoberfläche führen die durch die Gravitationswirkung des Mondes bedingten Gezeitenkräfte zur gleichzeitigen Hebung der Meere (Flut) an der dem Mond zu- und abgewandten Seite. Ein Kometenkern kann in der Nähe seines *Perihels* durch die Gezeitenwirkung der Sonnengravitation in Stücke gerissen werden
Globulen	1. Verhältnismäßig kleine und dichte Ansammlung von interstellarer Materie, die durch die Gravitationskontraktion bis zur «Zündung» weiterverdichtet und erhitzt wird, was die Geburt eines Sterns bedeutet 2. Kleine, kugelförmige Partikel aus flüssiger oder erstarrter Materie, letztere häufig bei Funden von *Meteoriten*

Gravitation (Gravitationskraft)	Anziehungskraft zwischen zwei Körpern, die von der Größe ihrer Massen und dem gegenseitigen Abstand abhängig ist. Eine der wichtigsten Naturkräfte, für das Verständnis der astronomischen Erscheinungen von einzigartiger Bedeutung
Gravitationsgesetz	Von Isaac Newton formulierte quantitative Beschreibung der Wirkung der *Gravitation*
Halo	Ring- bzw. kugelschalenförmiger Bereich um einen Körper, meist im Zusammenhang mit besonderen optischen Erscheinungen
Heliozentrisch	Mit der Sonne im Mittelpunkt
Himmelsmechanik	Teilgebiet der Astronomie, das sich mit den Bewegungen der Himmelskörper befaßt, diese aus der *Gravitations*wirkung herleitet und für beliebige Zeiten in Vergangenheit und Zukunft berechnet. Die großen Erfolge in der präzisen Beschreibung der Planeten- und Kometenbewegungen im 18. und 19. Jh. machten die «astronomische Genauigkeit» sprichwörtlich. Ein modernes Beispiel ist die heutige Weltraumfahrt → *Astrophysik*
Hydriert	Chemisch gebundenen Wasserstoff enthaltend. Im Unterschied zu hydratisiert, was ‹chemisch gebundenes Wasser enthaltend› bedeutet (z. B. Salze mit Kristallisationswasser)
Hyperbel	Nicht-geschlossene Bahnkurve eines Himmelskörpers. Bei seiner nicht-periodischen Bewegung auf einer Hyperbelbahn nähert sich z. B. ein Komet aus dem «Unendlichen» kommend auf dem einen Schenkel der weit geöffneten *Hyperbel* der Sonne (die sich im einen Brennpunkt befindet) bis zum *Perihel*, um sich dann auf dem anderen Schenkel wieder auf das «Unendliche» hin zu bewegen → *Exzentrizität; Kegelschnitte*
Interplanetarer Raum	Der nicht ganz leere Raum zwischen den Planeten unseres Sonnensystems, in dem sich u. a. als Kometenüberbleibsel kleine und kleinste *Meteorite* sowie feiner und feinster Meteoritenstaub befindet → *Zodiakallicht*
Interstellarer Raum	Der nicht ganz leere Raum zwischen den Sternen, in dem sich fein, aber unregelmäßig verteilt die Überreste ausgebrannter Sterne befinden, aus denen sich mit der Zeit neue Sterngenerationen bilden können → *Globulen*
Ionen	Elektrisch positiv bzw. negativ geladene Atome, da sie eigene *Elektronen* abgegeben bzw. fremde aufgenommen haben
Ionosphäre	Aus verschiedenen Schichten bestehende Region der *Erdatmosphäre* in über 50 km Höhe, in der durch die Ultraviolett- und Röntgenstrahlung der Sonne die *Moleküle* und Atome der Lufthülle ionisiert werden. An der Ionosphäre werden Radiowellen reflektiert, was den Radioempfang rund um den Erdball möglich macht
Isophoten	Kurven gleicher Helligkeit; sie geben (wie die Höhenlinien auf einer Landkarte) bei den photometrischen «Kartographierungen» von Kometenschweifen Auskunft über deren Struktur
Jets	Eruptionen aus dem Kometenkern, bewirkt durch die Sonneneinstrahlung und Erwärmung von dessen Oberfläche. Die ausgestoßene Materie ist bei der Schweifbildung beteiligt; die

	entstehenden Rückstoßkräfte (→ *Nicht-gravitative Kräfte*) beeinflussen die Bahnbewegung des Kometen
Kegelschnitte	Kurven, die eine Ebene aus dem Mantel eines Doppelkegels schneiden kann. Je nach Lage der Ebene bezüglich der Kegelachse und der Mantellinien ist es ein Kreis, eine *Elipse*, eine *Parabel* oder eine *Hyperbel*. Die Bahnen von Gravitationsbewegungen sind immer Kegelschnitte
Keplersche Gesetze	Drei von Johannes Kepler 1609 und 1618 aufgestellten physikalische Gesetze, die sowohl die Gravitationsbewegung eines Körpers (Planeten) um einen Zentralkörper (Sonne) als auch die Zusammenhänge in einem *Planetensystem* quantitativ beschreiben
Kern eines Kometen	Nur wenige km großer, tiefgefrorener *«schmutziger Schneeball»*, aus dem in Sonnennähe durch Sublimation der Oberfläche jene Materie freigesetzt wird, welche die *Koma* und die *Schweife* des Kometen bildet und diesen zu einem spektakulären Objekt werden läßt. Geheimnisvollster Teil des Kometen, von dessen Erforschung durch Raumsonden viele neue Erkenntnisse erhofft werden
Kiesbankmodell	→ *Sandbankmodell*
Knoten, absteigender bzw. aufsteigender	Die zwei Durchstoßpunkte der Bahn eines Planeten oder Kometen durch die Ebene der *Ekliptik*. Im aufsteigenden Knoten bewegt sich der Himmelskörper von Süden nach Norden durch die Ekliptik, im absteigenden Knoten in umgekehrter Richtung
Koma eines Kometen	Hellster Teil des Kometen, bestehend aus Gas und Staubpartikeln, die vom *Kern* freigesetzt werden und diesen bis zur Unsichtbarkeit verhüllen. Die Koma ist bei allen Kometen vorhanden und gab diesen den Namen (griech. Haar). Bei großen *Kometen* kann ihr Durchmesser über 100000 km betragen
Kometen, große	Durchschnittlich treten pro Jahrhundert nur ein bis zwei große Kometen auf. Sie haben *Schweife* bis zu 100 Mill. km Länge, die sich über weite Teile des Himmelsgewölbes hinziehen und oft auch am Tag sichtbar bleiben
Kometen, neue	Auf Parabel- oder Hyperbelbahnen erstmals in das innere Sonnensystem eindringende Kometen. Da ihr *Kern* vorher nie der Sonneneinstrahlung ausgesetzt war, enthält er Substanzen im Urzustand der Entstehung unseres *Planetensystems*, die bei der Sublimation freigesetzt und der Forschung zugänglich gemacht werden
Konjunktion	Wichtige Konstellation von Gestirnen, die ‹Zusammentreffen›, ‹Zusammenfallen‹ bedeutet. Zwei Himmelskörper stehen in Konjunktion, wenn sie von der Erde aus gesehen (fast) in derselben Blickrichtung erscheinen → *Opposition*
Kopf eines Kometen	Populäre Bezeichnung für *Kern* und *Koma* zusammen
Kosmische Geschwindigkeit, Erste	→ *Kreisbahngeschwindigkeit*
Kosmische Geschwindigkeit, Zweite	→ *Fluchtgeschwindigkeit*

Kosmische Strahlung — Aus dem Weltall eindringende hochenergetische Partikelstrahlung elektrisch geladener Teilchen, in erster Linie von *Protonen* und *Elektronen*, die teilweise von der Sonne emittiert (Sonnenwind) werden, aber im allgemeinen unbekannter Herkunft sind

Kosmogonie — Lehre von der Entstehung der Welt, speziell unseres Sonnensystems. Neben den mythisch-religiösen Schöpfungslehren gibt es seit dem Beginn des wissenschaftlichen Denkens immer wieder neue kosmogonische Theorien, in denen die Kometen oft eine wichtige Rolle spielen

Kosmologie — Lehre vom materiellen Aufbau des Universums, speziell der größeren Strukturen im Weltall (→ *Galaxie*), unter Berücksichtigung der physikalisch-chemischen und biologischen Gesetze. Zu einer vollständigen Kosmologie gehört auch eine *Kosmogonie* und eine Theorie über die dynamischen Prozesse, die den *Kosmos* ständig verändern

Kosmos — Griech. = Welt. Wird in der Astronomie als Bezeichnung für das gesamte Weltall (lat. universum) verwendet

Korpuskularstrahlung — Im Gegensatz zur elektromagnetischen Strahlung (Licht, Radiowellen usw.) ein Strom kleiner, energiegeladener Teilchen → *Kosmische Strahlung; Plasmastrahlung*

Korpuskeln — Kleine und kleinste Teilchen. Der Ausdruck wird meist zur unspezifischen Bezeichnung von *Molekülen*, Atomen und atomaren Bestandteilen verwendet

Kreisbahngeschwindigkeit — Kleinste Geschwindigkeit, mit der ein Körper (Rakete) an der Oberfläche eines Himmelskörpers (Erde) abgeschossen werden muß, um nicht auf diesen zurückzufallen, sondern ihn auf der kleinstmöglichen Bahn zu umkreisen. Auf der Erdoberfläche beträgt die Kreisbahngeschwindigkeit 7,9 km/s → *Kosmische Geschwindigkeit; Fluchtgeschwindigkeit*

Kurzperiodische Kometen — Willkürliche Einteilung der Kometen nach der Dauer ihres Umlaufs um die Sonne. Zu dieser Gruppe gehören etwa 100 Kometen mit *Perioden* von einigen wenigen bis zu ca. 200 Jahren

Leoniden — Durch den gleichnamigen kometarischen *Meteoritenstrom* jährlich Anfang November verursachter *Meteorschauer*

Lichtdruck — → *Strahlungsdruck*

Magnetosphäre — Der Raum um einen Himmelskörper, der ein Magnetfeld besitzt. Die Magnetosphäre der Erde hat keine kugelsymmetrische Struktur, sondern ist infolge der Wechselwirkung mit dem Sonnenwind auf der der Sonne zugewandten Seite zusammengedrückt, auf der Rückseite schweifförmig ausgedehnt, wodurch die Erde zu einem «magnetischen Kometen» wird

Metaphysik — Seit Aristoteles die Wissenschaft, die sich mit den Dingen auseinandersetzt, die es «neben der Physik» gibt, also mit den nicht-materiellen (überirdischen) Erscheinungen und den Spekulationen darüber. In der Spätantike und im Mittelalter Bezeichnung für die Philosophie schlechthin

Meteor — Leuchterscheinung in der *Erdatmosphäre*, die durch das Eindringen eines kleineren oder größeren Körpers aus dem Weltraum (→ *Meteorit*) verursacht wird. Volkstümlich als Sternschnuppe bezeichnet

Meteoriten — Kleine und kleinste Himmelskörper, die beim Eindringen in die *Erdatmosphäre* Meteorerscheinungen hervorrufen. Während grammschwere Meteorite dabei vollständig verglühen, können größere (manchmal mehrere Tonnen schwere) bis auf die Erdoberfläche gelangen, wo sie Meteoritenkrater aufreißen. Die manchmal aufgefundenen Überreste solcher außerirdischer Materie unterteilt man in *Eisenmeteorite* und *Steinmeteorite*

Meteoritenkrater — → *Meteoriten*

Meteoritenstrom — Lockere Ansammlung von *Meteoriten* verschiedener Größe, die sich auf eng benachbarten Gravitationsbahnen um die Sonne bewegen. Nachgewiesenermaßen sind viele Meteoritenströme kometarischen Ursprungs, d. h. Überbleibsel aufgelöster Kometen → *Meteorschauer; Leoniden; Perseiden*

Meteorkrater — Ältere Bezeichnung für Meteoritenkrater → *Meteoriten*

Meteorologie — Wetterkunde. Lehre von den physikalischen Gesetzmäßigkeiten in der Lufthülle der Erde (Atmospärenphysik). Sehr hartnäckig wurden bis zu Galilei antike Theorien verteidigt, welche die Kometen als meteorologische Erscheinungen deuteten

Meteorschauer — Volkstümlich Sternschnuppenregen genannt. Weit überdurchschnittlich häufiges Aufleuchten von *Meteoren*. Sie treten auf, wenn die Erde auf ihrer Bahn um die Sonne einen *Meteoritenstrom* durchkreuzt. Es gibt jährlich wiederkehrende Meteorschauer → *Leoniden; Perseiden*

Mikrometeorit — Nur wenige Milligramm schwerer Meteorit. Meteoritischer Staub besteht aus noch kleineren Partikeln

Milchstraßensystem — → *Galaxie*

Molekül — Kleinste Einheit eines Stoffes, die noch alle chemischen Eigenschaften der betreffenden Substanz aufweist. Aufgebaut aus gleichen oder verschiedenartigen Atomen

Neumannsche Linien — Struktur, die beim Ätzen der Schnittflächen von *Meteoriten* sichtbar wird. Sie dient wesentlich zur Unterscheidung verschiedener Typen von Meteoritenfunden

Nicht-gravitative Kräfte — Hauptsächlich durch *Jets* verursachte Rückstoßkräfte, die neben der *Gravitation* (aber im Vergleich zu dieser nur unwesentlich) die Bahn eines Kometen beeinflussen. Moderne Kometenmodelle können mit Hilfe dieser Kräfte feinste Variationen im Kometenlauf nachvollziehen

Nova — Plötzlich aufleuchtender *Fixstern*, der viel heller als die brillantesten Gestirne strahlen kann (*Supernova*), aber für nur sehr kurze Dauer (Tage oder Monate). Stellt ein entscheidendes Stadium in der Sternentwicklung dar (→ *Evolution, Kosmologie*), wobei der Fixstern explosionsartig auseinanderbirst. Seltene astronomische Erscheinung, die – entgegen früheren Spekulationen – in keinem Zusammenhang mit den Kometen steht

Oortsche Wolke	Kugelschalenförmige Ansammlung von Kometenkernen am äußersten Rand unseres *Planetensystems*, von wo aus von Zeit zu Zeit einzelne durch Störungen gegen die Sonne geschleudert werden. Benannt nach dem Astrophysiker Jan Hendrik van Oort
Opposition	Wichtige Konstellation von Gestirnen, die (lat.) ‹Gegenüberstehen› bedeutet. Zwei Himmelskörper stehen in Opposition, wenn sie von der Erde aus unter einem Winkel von 180° erscheinen → *Konjunktion*
Ovenden-Flandern-Hypothese	Spekulative Theorie über die Entstehung und Herkunft der Kometen, benannt nach zwei Astronomen, die sie in jüngster Zeit aufgegriffen und neu begründet haben → *Planetoiden*
Parabel	Nicht-geschlossene Bahnkurve eines Himmelskörpers, die bei den *Kegelschnitten* den Grenzfall zwischen *Ellipse* und *Hyperbel* darstellt, wenn die Schnittebene gerade parallel zu einer Kegelmantellinie steht. Die numerische *Exzentrizität* der Parabel ist = 1. Weit weniger Kometen als früher angenommen besitzen eine Parabelbahn. Genauere Berechnungen ergeben statt ihrer oft eine langgestreckte (sehr exzentrische) Ellipse
Parallaxe	Winkel, unter dem von einer bestimmten Entfernung aus eine feste Basisstrecke erscheint. Seine Messung ist für die Entfernungsbestimmung unzugänglicher Punkte (wie es die Örter der Gestirne sind) unerläßlich. Beim Mond und sehr nahen Kometen genügt als Basisstrecke der Abstand zweier Sternwarten auf verschiedenen Kontinenten. Sonst, speziell für die Parallaxe der *Fixsterne*, dient der mittlere Radius der Erdbahn (→ *Astronomische Einheit*) als Basis
Perigäum	Erdnächster Punkt der Mondbahn oder einer elliptischen Satellitenbahn → *Apogäum*
Perihel (Perihelion)	Sonnennächster Punkt der Bahnen von Körpern des *Planetensystems*. Bei Kometen von großer Wichtigkeit, da nur in der Umgebung des Perihels die Sonneneinstrahlung ausreicht, um *Koma* und *Schweife* zu erzeugen, ihnen also ihre spektakuläre und zu früheren Zeiten furchterregende Gestalt zu verleihen → *Aphel*
Periode	Umlaufdauer eines Himmelskörpers auf einer kreisförmigen oder elliptischen Bahn. Die Perioden bekannter Kometen reichen von einigen wenigen Jahren bis zu Jahrtausenden. Jene des Halleyschen Kometen (76 Jahre) ist ein durchschnittlicher Wert
Periodisch	Sich nach einer bestimmten Zeitdauer (vgl. *Periode*) spontan wiederholend. Alle Gravitationsbewegungen von Himmelskörpern auf geschlossenen Bahnen (Kreisen, *Ellipsen*) sind periodisch. Dagegen sind die Kometen, die sich auf nicht-geschlossenen Bahnkurven (*Hyperbel, Parabel*) bewegen, nicht-periodische Erscheinungen
Periodizität	Regelmäßige Wiederkehr, Frequenz. Die Periodizität der Kometenerscheinungen ist lange nicht erkannt worden. Edmond Halley entdeckte sie nach dem Erscheinen des später nach ihm benannten berühmten Kometen

Perseiden	Durch den gleichnamigen kometarischen *Meteoritenstrom* jährlich Mitte August verursachter *Meteorschauer*
Photonen	Lichtkorpuskel. Nach der Quantentheorie stellt jede Strahlung auch einen Teilchenstrom dar und umgekehrt (Dualismus). Das Photon ist das Quantum der elektromagnetischen Strahlung und hat die Ruhmasse null
Planet	Satellit eines *Fixsterns*. Unser Sonnensystem (→ *Planetensystem*) besitzt neun große Planeten (darunter die Erde) und sehr viele *Planetoiden*. Im Gegensatz zu den Kometen verändern die Planeten ihre Gestalt auch über längere Zeiträume nicht wesentlich. Am Nachthimmel leuchten die Planeten, indem sie Sonnenlicht reflektieren, und erscheinen als Gestirne, die ihren Ort zwischen den Fixsternen (Sternbildern) ständig verändern. Planet bedeutet (griech.) ‹herumirrendes Gestirn› → *rechtläufige*, bzw. *rückläufige Bewegung*
Planetarische Hypothese	Schon im Altertum aufgestellte, in der Neuzeit wieder aufgenommene Theorie, wonach die Kometen durch vulkanartige Auswürfe der *Planeten* (oder der Planetmonde) entstehen. Trotz der in jüngster Zeit durch Raumsonden auf den Jupitermonden entdeckten Vulkantätigkeit bleibt die planetarische Hypothese sehr umstritten
Planetensystem	Die Gesamtheit aller Planeten eines *Fixsterns*, oft auch als Sonnensystem bezeichnet. Die dynamischen Zusammenhänge in einem solchen System werden durch die *Keplerschen Gesetze* und das Newtonsche *Gravitationsgesetz* dargestellt
Planetoiden	Seit Beginn des 19. Jahrhunderts in wachsender Zahl entdeckte kleine und kleinste *Planeten*, deren Bahnen oft wesentlich größere *Exzentrizitäten* und *Bahnneigungen* aufweisen als jene der neun großen Planeten. Die Mehrzahl von diesen mehreren tausend Himmelskörpern bewegt sich im Bereich zwischen Mars- und Jupiterbahn. Dort soll sich nach der *Ovenden-Flandern-Hypothese* früher ein 10. großer Planet befunden haben, durch dessen Auseinanderbersten sowohl die Planetoiden als auch die Kometen entstanden wären
Plasmaschweif	→ *Schweife von Kometen*
Plasmastrahlung, solare	Neben der elektromagnetischen Strahlung von der Sonne vor allem aus den Gebieten der Sonnenflecken und *Flares* emittierter Partikelstrom, der zur Hauptsache aus hochenergetischen *Protonen* und *Elektronen* besteht und populär als Sonnenwind bezeichnet wird. Vom erdmagnetischen Feld eingefangene Plasmateilchen bilden den äußeren Bereich des *Van-Allen-Strahlungsgürtels*. Bei erhöhter Sonnenaktivität (Sonnenwindstürmen) dringen Plasmateilchen bis zu den oberen Atmosphärenschichten vor und bewegen sich auf engen Spiralbahnen zu den Magnetpolen, wobei sie *Polarlichter* erzeugen. Mit der Entdeckung der solaren Plasmastrahlung gelang es auch, die Entstehung der früher rätselhaften *Plasmaschweife* der Kometen zu erklären
Polarlichter	Meist rotes oder grünes Aufleuchten und Glühen in Gestalt gewundener Bänder in der Atmospäre, sichtbar nur in den

	südlichen und nördlichen Polarregionen (Süd- und Nordlichter). Sie entstehen durch die Wechselwirkung der solaren *Plasmastrahlung* mit den Luftmolekülen
Poynting-Robertson-Effekt	Wechselwirkung zwischen *Gravitation* bzw. solarer *Plasmastrahlung* und Teilchen ganz bestimmter mikrometeoritischer Größe, die für die Entstehung des *Zodiakallichtes* entscheidend sind. Dadurch wird sowohl verhindert, daß der *interplanetare Raum* vom Sonnenwind leergefegt wird, als auch, daß der mikrometeoritische Staub in die Sonne stürzt. Trotzdem würde das Zodiakallicht nach und nach erlöschen, wenn die Kometen durch ihre Auflösung nicht Nachschub an mikrometeoritischer Materie lieferten
Proton	Der Kern des Wasserstoffatoms und – neben dem Neutron – Baustein aller übrigen Atomkerne. Es trägt eine positive elektrische Ladung und ist etwa 2000mal schwerer als das *Elektron*. Zusammen mit diesem im Sonnenwind für die Bildung von Plasmaschweifen bei Kometen verantwortlich
Protuberanzen	Große Gaseruptionen aus der Sonnenoberfläche, die Höhen von mehreren tausend km erreichen und bei Sonnenfinsternissen als rote Lichtbögen am Rand der verdunkelten Sonnenscheibe sichtbar werden → *Flares*
Radiogenes Alter	Aus der Halbwertzeit des radioaktiven Zerfalls und den Mengenverhältnissen bestimmter in ihnen enthaltener Substanzen ermitteltes Alter von *Meteoriten* → *Strahlungsalter*
Raketen-Effekt	Rückstoßkraft, erzeugt durch den Ausstoß vieler kleiner, aber schneller Teilchen. Im Gegensatz zum Propeller- und Düsenantrieb auch im leeren Raum (Weltraum) wirksam. Durch die *Jets* erfahren die Kometenkerne in der Umgebung ihres *Perihels* solche *nicht-gravitative Kräfte*, die ihre Bahnen verformen
Rechtläufige Bewegung	Umlaufbewegung von Körpern im Sonnensystem, die – von der Nordseite der *Ekliptik* aus gesehen – im Gegenuhrzeigersinn verläuft. Die Erde und alle großen *Planeten* sind rechtläufig, aber nicht alle Kometen → *Rückläufige* Bewegung; *Retrograde Bewegung*
Rekombinationsleuchten	Durch die Wiedervereinigung von *Ionen* und *Elektronen* erzeugtes Licht. Ein wichtiger Bestandteil der Helligkeit von Kometen*koma* und *Plasmaschweif* sowie von Meteorerscheinungen
Repulsivkraft	Abstoßende, zurückschlagende Kraft; führt als Folge des *Strahlungsdruckes* bzw. der *Plasmastrahlung* der Sonne auf die aus dem *Kern* des Kometen sublimierenden Teilchen zur Bildung der Staub- bzw. Plasmaschweife
Resonanzfluoreszenz	Leuchterscheinung in gewissen Substanzen, angeregt durch Einstrahlung von bestimmter Wellenlänge. Wichtiger Bestandteil im Licht der *Koma* der Kometen
Retrograde Bewegung	Im Gegensatz zur *rechtläufigen Bewegung* eine Umlaufbewegung im Uhrzeigersinn. In unserem Sonnensystem führen einige Planetenmonde, mehrere *Planetoiden* und viele Kometen retrograde Bewegungen aus

Rhegmaglypten — Durch Hitzeeinwirkung erzeugte Oberflächenstruktur von *Meteoriten*

Rückläufige Bewegung — 1. Im Gegensatz zur üblichen ‹Wanderbewegung› der *Planeten* innerhalb des Sternhimmels eine regelmäßig zu beobachtende scheinbare Umkehr und ‹Rückwärtsbewegung› von Osten nach Westen, was zu den berühmten Planetenschleifen führt. Die Ursache liegt in der gleichzeitigen Bewegung der Erde, von wo aus wir beobachten

2. Früher auch verwendeter Ausdruck zur Bezeichnung einer *retrograden Bewegung*

Sandbank-Modell — Vorstellung vom Aufbau des *Kerns* eines Kometen als lockerer Ansammlung von kleinen Körpern wie bei einer Sand- oder Kiesbank, wobei außer der *Gravitation* keine anderen, die Teile fest verbindenden Kräfte vorhanden sind. Dieses ältere Modell führte zu Widersprüchen bei der Deutung von Beobachtungen → *Schmutziger Schneeball*

Schmutziger Schneeball — Um 1950 von Fred Whipple eingeführte Modellvorstellung für den *Kern* der Kometen. Die verschiedenen Bestandteile (Gesteinsbrocken, Staubkörner aller möglichen Substanzen und Größen usw.) werden durch tiefgefrorenes Eis (zur Hauptsache Wassereis) fest zusammengehalten → *Sandbank-Modell*

Schweife von Kometen — 1. Plasmaschweif: Gerader, langgestreckter, streng von der Sonne abgewandter Schweif, der durch die Wechselwirkung von kometaren Plasmateilchen und Sonnenwind entsteht. Er ist entsprechend der Sonnenaktivität plötzlichen und großen Veränderungen unterworfen.

2. Staubschweif: Gekrümmter, oft aufgefächerter und unterteilter, von der Sonne abgewandter, nachgeschleppter Schweif. Er besteht aus Staubpartikeln verschiedener Größe, die bei der Sublimation der Kernoberfläche freigesetzt wurden und die der Strahlungsdruck der Sonne nach ‹hinten› abtreibt.

3. Gegenschweif: Selten zu beobachtender Schweiftyp. Wegen der besonderen gegenseitigen Lage von Sonne, Erde und Komet scheint der Gegenschweif gegen die Sonne gerichtet zu sein.

Ein Komet kann einen, zwei oder alle drei Schweiftypen aufweisen. Er kann aber – was bei den nur teleskopisch zu beobachtenden Kometen häufig der Fall ist – auch gar keinen Schweif entwickeln

Solare Wolke — Urzustand des Sonnensystems (vgl. *Globulen*). Aus dieser Materiewolke haben sich im Zentrum die Sonne, in gewissen Entfernungen von ihr die *Planeten* und aus der Restmaterie vermutlich die *Kerne* der Kometen gebildet. Da diese Kerne tiefgefroren am Rande des *Planetensystems* verweilen (→ *Oortsche Wolke*), sind möglicherweise in ihnen Substanzen im Urzustand der Schöpfung erhalten, die durch neue Kometen in unsere Nähe gelangen. Dies zu untersuchen, ist wesentliches Ziel der *Sonden zu den Kometen*

Solarsystem	→ *Planetensystem*
Sommerpunkt	Höchster Punkt der scheinbaren Sonnenbahn (→ *Ekliptik*) nördlich des Himmelsäquators, an dem sich die Sonne zur Sommersonnenwende (22. Juni) befindet, auch Krebspunkt genannt → *Frühlingspunkt*
Sonden zu den Kometen	Weltraummissionen zur physikalischen Untersuchung von Kometen aus unmittelbarer Nähe. Dank der *Himmelsmechanik* kann man sie auf Bahnen bringen, die die Kometenbahn an geeigneter Stelle kreuzen. Den Halleyschen Kometen besuchen auf diese Weise mehrere Himmelslaboratorien, darunter Giotto von der europäischen Weltraumbehörde ESA. Von ihren Ergebnissen erhofft man sich neue Erkenntnisse über den Aufbau der *solaren Wolke*
Sonnenschrammer	Kometen, die in ihrem *Perihel* der Sonnenoberfläche sehr nahe kommen oder gar in die obersten Sonnenschichten eindringen. Es gibt Beobachtungen von solchen Ereignissen
Sonnensystem	→ *Planetensystem*
Sonnenwind	→ *Plasmastrahlung, solare*
Spektralanalyse	Physikalisch-chemische Untersuchungen über den elementaren Aufbau der Stoffe durch Erzeugung und Interpretation von Spektren. Für die *Astrophysik* unentbehrliches Hilfsmittel, um aus der Strahlung der Himmelskörper zusätzliche Informationen herauszulesen
Spektroskopie	Methode zur Erzeugung von Spektren des Lichtes und anderer Strahlungsarten. Neben den *Teleskopen* sind spektroskopische Apparate die wichtigsten astronomischen Instrumente, und deren Erfindung und ständige Verbesserung ist für die astrophysikalische Forschung von entscheidender Bedeutung
Spektrum	Produkt der Zerlegung des Lichtes (z. B. mit Hilfe eines Glasprismas) oder anderer Strahlungsarten in ihre elementaren Bestandteile. Seit dessen Entdeckung durch Newton von revolutionierender Bedeutung für die Astronomie. Durch die *Spektralanalyse* z. B. der verschiedenen Spektren von *Koma* und *Schweifen* der Kometen lassen sich viele in ihrem Licht verborgene Botschaften entziffern
Spiralnebel	→ *Galaxie*
Staubschweif	→ *Schweife von Kometen*
Steinmeteorit	Auf der Erde gefundener Körper außerirdischen Ursprungs, der hauptsächlich aus Silikaten aufgebaut ist → *Meteoriten*
Sternschnuppe	→ *Meteor*
Sternschnuppenregen	→ *Meteorschauer*
Strahlungsalter	Durch Analyse der Einwirkung *kosmischer Strahlung* bestimmte Aufenthaltsdauer von *Meteoriten* im All nach ihrer Entstehung, z. B. als Auflösungsprodukte von Kometen
Strahlungsdruck	Durch die *Photonen* der elektromagnetischen Strahlung ausgeübte Kraft, wenn sie auf eine bestimmte Fläche auftreffen. Ist bei der Bildung der Staub*schweife von Kometen* wesentlich beteiligt, da die aus dem *Kern* durch Sublimation freigesetzten Staubpartikel ihm eine genügend große ‹Angriffsfläche› bieten

Supernova	Außerordentlich helle *Nova*
Teleskop	Griech. = Fernrohr. Bedeutendstes astronomisches Instrument, das seit seiner Erfindung zu Beginn des 17. Jhs. zahllose Entdeckungen und enorme Fortschritte ermöglichte, darunter auch die Einordnung der Kometen ins Sonnensystem und ihre Entmythifizierung
Tierkreis	Aus den zwölf Sternbildern, die in der Zone der *Ekliptik* liegen, bestehender Gürtel des Fixsternhimmels. In ihm findet die scheinbare Bewegung von Sonne, Mond und *Planeten* statt, was dessen Bedeutung für die Astrologie ergibt. Die Kometenbewegungen sind nicht auf den Tierkreisgürtel beschränkt, da sie auch in Ebenen mit großen *Bahnneigungen* stattfinden
Tierkreislicht	→ *Zodikallicht*
Tychonisches Weltsystem	Auf Tycho Brahe zurückgehendes Modell des Sonnensystems, bei dem die Sonne um die Erde, die übrigen *Planeten* aber um die Sonne kreisen. Tycho konnte dadurch, ohne elliptische Bahnen anzunehmen, auch das unregelmäßige Erscheinen von Kometen erklären
Ultraviolettstrahlung	→ *Kosmische Strahlung*
Van-Allen-Gürtel	1958 durch die ersten Erdsatelliten nachgewiesener, von Van Allen vorausberechneter Bereich in den oberen und obersten Atmosphärenschichten, wo das Erdmagnetfeld Korpuskel der *kosmischen Strahlung* einfängt. Es gibt einen Gürtel zwischen 2000 und 4000 und einen zweiten zwischen 10000 und 20000 km Höhe. Ihre Gefährlichkeit für die Weltraumfahrt wurde überschätzt, denn man kann sie umschiffen
Wasserstoff-Korona	Die *Koma* der Kometen oft bis zu einem Radius von einigen Mill. km als Halo umgebendes dünnes Wasserstoffgas, dessen *Ultraviolettstrahlung* von der *Erdatmosphäre* nicht durchgelassen wird. Nach theoretischen Voraussagen erstmals 1973 beim Kometen Kohoutek vom Weltraum aus fotografiert
Widmannstättensche Figuren	Beim Ätzen der Schnittflächen von *Meteoriten* sichtbar werdende Strukturen, die zur Klassifizierung dienen
Zodiakalkreis	→ *Tierkreis*
Zodiakallicht	Tierkreislicht. Von mikrometeoritischen Teilchen des *interplanetaren Raumes* gestreutes Sonnenlicht. Da sich diese Teilchen bevorzugt in der *Ekliptik* aufhalten, leuchtet der feine Schimmer im *Tierkreis* auf. In mittleren geographischen Breiten nur zu sehen, wenn die Ekliptik steil zum Horizont verläuft, d. h. im Frühling am Abend- bzw. im Herbst am Morgenhimmel nach dem Ende bzw. vor Beginn der Dämmerung → *Gegenschein*

Register

Das Glossar mit Erklärungen von Begriffen, die mit Kometen (bzw. Meteoren und Meteoriten) in Zusammenhang stehen, befindet sich auf den Seiten 204 bis 216.